# 数据可视化 Python 编程实践

吕鉴涛 ◎ 主　编
卫金磊　邹国栋　李纲　陈祖义 ◎ 副主编

人民邮电出版社
北京

图书在版编目（CIP）数据

数据可视化Python编程实践 / 吕鉴涛主编. -- 北京：人民邮电出版社, 2024.12
ISBN 978-7-115-63817-5

Ⅰ. ①数… Ⅱ. ①吕… Ⅲ. ①软件工具－程序设计 Ⅳ. ①TP311.561

中国国家版本馆CIP数据核字(2024)第043956号

## 内 容 提 要

本书系统地介绍了数据可视化技术及其在诸多领域的实际应用。本书首先阐述了数据可视化技术的基本概念及相关的基础知识；然后采用理论与实践相结合的方式，针对实际应用中的各种不同类型的数据，通过多种图表及示例代码展示了这些数据的可视化方法；最后介绍了数据可视化技术在不同领域中的基本应用。

本书可以作为高等院校计算机、数据科学与大数据技术等相关专业的数据可视化教材，也可以供从事数据可视化、数据分析的相关技术人员参考使用。

◆ 主　　编　吕鉴涛
　　副 主 编　卫金磊　邹国栋　李　纲　陈祖义
　　责任编辑　高　扬
　　责任印制　马振武

◆ 人民邮电出版社出版发行　北京市丰台区成寿寺路11号
　　邮编　100164　电子邮件　315@ptpress.com.cn
　　网址　https://www.ptpress.com.cn
　　北京市鑫霸印务有限公司印刷

◆ 开本：787×1092　1/16
　　印张：22.25　　　　　　　　2024年12月第1版
　　字数：528千字　　　　　　　2024年12月北京第1次印刷

定价：129.80元

读者服务热线：(010)53913866　印装质量热线：(010)81055316
反盗版热线：(010)81055315
广告经营许可证：京东市监广登字 20170147 号

# 前　言

## 技术背景

数据可视化是将数据通过图表方式呈现出来，使数据更加直观、更易理解。20 世纪 60 年代，随着集成电路计算机的出现，数据可视化技术得到了基础设施的支持。随着计算机技术的不断发展，数据可视化技术也得到了极大的发展。

最初，数据可视化技术主要采用静态图表呈现数据，例如柱状图、饼图、折线图、雷达图、散点图等。这些静态图表虽然能够直观地呈现数据，但是无法展示数据的多维性和变化趋势。为了解决这些问题，数据可视化技术开始采用动态图表呈现数据，例如动态柱状图、动态地图等。这些动态图表可以更好地展示数据的多维性和变化趋势，使数据更加生动、直观。

随着计算机图形处理技术的不断发展，高级的数据可视化技术可以使用虚拟现实和增强现实技术来呈现数据，使用户可以更加深入地了解数据，并进行更加精细的分析和决策。

未来，随着人工智能技术的不断发展，数据可视化也将变为数据智能化——可根据不同的需求自动调整数据的呈现方式。同时，数据可视化也将更加人性化——可根据用户的习惯和喜好进行数据的个性化呈现。数据可视化技术的发展将进一步促进数据的应用及其价值的挖掘，为人们的生产和生活带来更多的便利。

## 本书内容

本书共 11 章，内容分别如下。

第 1 章　数据可视化概述，简要阐述数据可视化的起源、分类、基本流程、设计原则和技巧等相关知识，并介绍常用的数据可视化工具（Matplotlib）的安装和使用等相关内容。

第 2 章　常见的数据读/写方法及数据预处理，介绍常见数据类型的读/写操作及数据预处理的基本方法。

第 3 章　常见类型数据的可视化，详细介绍常见类型的数据可视化方法。

第 4 章　生物信息数据可视化，介绍生物信息数据的可视化方法，包括 DNA 微阵列、基因差异化表达、读取核酸序列、高通量测序、蛋白质接触图、系统发育树、蛋白质三维结构等。

第 5 章　神经网络与深度学习可视化，介绍神经网络结构及深度学习过程中各种关键数据，例如 Loss、Accuracy、卷积核、特征图、学习率和类激活图等的可视化。

第 6 章　音频数据可视化，介绍音频数据可视化的基本方法和示例应用。

第 7 章　财经数据可视化，介绍几种常用的财经数据接口及 GDP、证券交易等相关数据的可视化方法。

第 8 章 程序运行信息动态展示与 Python 可视化编程，介绍程序运行信息的动态监控及基于 Ryven 的可视化编程方法。

第 9 章 3D 数据可视化方法，介绍 VTK、Mayavi、Open3D 等几种常见的 3D 数据可视化工具及基于这些工具的点云数据可视化和三维重建的基本方法。

第 10 章 基于动画的数据展示，介绍几种常用的 Python 动画制作的工具，包括 PyOpenGL、MoviePy 和 Manim，并介绍利用这些工具进行动态数据展示的基本方法。

第 11 章 基于 Python 的架构图可视化，介绍系统架构图可视化的基本方法和实际应用。

此外，本书还提供了一些电子版的补充阅读材料，其中包括本书编程环境配置等相关内容。

## 本书特色

### 1．侧重讲解实际应用，激发读者学习兴趣

本书根据不同领域的数据特点分别介绍了数据可视化的一些基本方法及实际应用案例，其中所涉及的相关背景知识较为广泛，但并不侧重讲解这些知识，而是侧重讲解这些知识的实际应用，通过实践使读者对这些知识进行反复理解和消化。书中选用了许多简单且易于上手的示例，告诉读者如何将这些知识应用到实践中，以激发读者的学习兴趣。

### 2．基于代码讲解技术，助力培养实战技能

本书最大的特色在于它以通俗易懂的语言讲解技术，并配备了大量的 Python 代码。这些代码从实战的角度出发，对技术细节进行了详细的诠释。每段代码都附有详细的注释，可以帮助读者清晰理解和快速掌握所涉及的概念、原理和技术。此外，本书还提供了二维码，读者通过手机等便携电子设备扫描书中的二维码，即可观看示例代码运行结果中出现的动画、视频、人机交互等非静态数据展示的结果。

### 3．配套立体化教辅资源，全方位服务教师教学

编者为本书打造了配套的 PPT 课件、微视频、源代码等辅助资源，可以全方位帮助院校教师开展数据可视化相关课程的教学工作。

## 致谢

在编写本书之际，我获得了诸多师友的支持和帮助，谨此向他们表达深深的谢意。

首先，我要感谢我的家人。他们是我脚踏实地、锲而不舍的坚实后盾。家人的信任、支持与理解，是我编写此书的不竭动力。

其次，还要感谢我的好友程小伟、郭洋，他们参与了前期资料的收集和整理，并在我写作本书的过程中提供了诸多宝贵的意见和建议。感谢好友——青年钢琴家周泉老师提供的美妙动听的钢琴曲，让我获得珍贵的音频数据可视化素材。

最后，感谢所有为本书付出心血的人，是大家的共同努力才让本书能更好地呈现在读者面前。

由于编者文笔浅陋、编写时间仓促，同时计算机科技日新月异，故书中难免存在疏漏之处，敬请广大读者朋友不吝指正。

为了便于学习和使用，我们提供了本书的配套资源。读者扫描并关注下方的"信通社区"二维码，回复数字 63817，即可获得配套资源。

"信通社区"二维码

**特别说明**：本书为黑白印刷，书中图片未能体现部分程序运行结果的彩色效果，读者可在配套资源中获取相关彩图。

吕鉴涛

2024 年 8 月于成都

# 目 录

第 1 章 数据可视化概述 ·········· 1
1.1 数据可视化简介 ·············· 1
1.1.1 数据与数据可视化 ········ 1
1.1.2 数据可视化的起源
与分类 ················ 2
1.1.3 数据可视化的基本流程 ···· 2
1.1.4 数据可视化设计原则
与技巧 ················ 4
1.2 数据可视化常用工具
——Matplotlib ················ 5
1.2.1 Matplotlib 简介 ·········· 5
1.2.2 Matplotlib 的安装与使用 ··· 6

第 2 章 常见的数据读/写方法及数据
预处理 ···················· 20
2.1 常见的数据读/写方法 ·········· 20
2.1.1 Numpy 文件读/写 ········ 20
2.1.2 pandas 文件读/写 ········ 25
2.1.3 Python 内置文件读/写
方法 ·················· 30
2.2 数据预处理 ·················· 32
2.2.1 数据清洗 ·············· 32
2.2.2 数据集成 ·············· 40
2.2.3 数据变换 ·············· 47
2.2.4 数据归约 ·············· 53

第 3 章 常见类型数据的可视化 ····· 57
3.1 关系型数据可视化 ············ 57
3.1.1 散点图系列 ············ 57
3.1.2 瀑布图 ················ 60

3.1.3 等高线图 ·············· 62
3.2 分布型数据可视化 ············ 63
3.2.1 统计直方图 ············ 64
3.2.2 柱形分布图 ············ 66
3.2.3 箱形图 ················ 67
3.2.4 小提琴图 ·············· 69
3.3 比例型数据可视化 ············ 70
3.3.1 条形图 ················ 70
3.3.2 饼状图 ················ 72
3.3.3 圆环图 ················ 73
3.3.4 南丁格尔玫瑰图 ········ 75
3.3.5 雷达图 ················ 79
3.4 时间序列型数据可视化 ········ 81
3.4.1 阶梯图 ················ 81
3.4.2 折线图 ················ 82
3.4.3 面积图 ················ 83
3.5 其他复杂类型数据可视化 ······ 86
3.5.1 热力图 ················ 86
3.5.2 矩阵散点图 ············ 88
3.5.3 RadViz 图 ············· 92
3.5.4 词云图 ················ 93

第 4 章 生物信息数据可视化 ······ 96
4.1 DNA 微阵列数据可视化 ······· 96
4.2 基因差异化表达——聚类图 ···· 99
4.3 读取 FASTA 文件的核酸序列
并计算 GC 含量 ·············· 102
4.4 高通量测序 ················· 105
4.4.1 HTSeq 的安装与测试 ···· 105
4.4.2 HTSeq 与高通量测序数据
分析 ················· 106

4.5 基因组可视化 ............ 112
4.6 蛋白质接触图 ............ 118
4.7 系统发育树 ............ 120
4.8 蛋白质三维结构可视化 ...... 124
  4.8.1 基于 PyMOL 的蛋白质
    三维结构可视化 ...... 124
  4.8.2 基于 Dash Bio 的蛋白质
    三维结构可视化 ...... 131

## 第 5 章 神经网络与深度学习可视化 ...... 136

5.1 神经网络结构可视化 ...... 136
  5.1.1 基于 ANN Visualizer 的
    神经网络结构可视化 ...... 136
  5.1.2 Keras 神经网络结构
    可视化 ...... 140
5.2 深度学习数据可视化 ...... 144
  5.2.1 TensorBoard 简介 ...... 144
  5.2.2 Loss 及 Accuracy 曲线
    可视化 ...... 144
  5.2.3 卷积核及特征图
    可视化 ...... 149
  5.2.4 梯度下降与学习率
    可视化 ...... 155
  5.2.5 混淆矩阵及其可视化 ...... 158
  5.2.6 类激活图可视化 ...... 160
5.3 基于 VisualDL 的深度学习
  可视化 ...... 164
  5.3.1 VisualDL 简介 ...... 164
  5.3.2 VisualDL 的使用
    方法 ...... 164
  5.3.3 基于 VisualDL 的数据
    可视化 ...... 167
  5.3.4 VisualDL.service ...... 176

## 第 6 章 音频数据可视化 ...... 177

6.1 音频信号简介 ...... 177
  6.1.1 音频信号的物理性质与
    信号采集 ...... 177
  6.1.2 数字音频信号的量化与
    存储 ...... 178
6.2 Python 音频处理工具简介 ...... 179
6.3 音频信号处理与可视化 ...... 185
  6.3.1 音频信号的载入与
    显示 ...... 185
  6.3.2 音频数据扩充 ...... 187
  6.3.3 音频数据增强 ...... 191
  6.3.4 音频信号分帧 ...... 197
  6.3.5 短时傅里叶分析 ...... 204
  6.3.6 频谱图与声音语谱图 ...... 205
  6.3.7 音频特征值提取 ...... 210
6.4 音乐数据动态可视化 ...... 216
  6.4.1 音乐波形动态可视化 ...... 217
  6.4.2 音乐频谱动态可视化 ...... 218

## 第 7 章 财经数据可视化 ...... 223

7.1 常用的财经数据接口 ...... 223
  7.1.1 pandas-datareader ...... 223
  7.1.2 AKShare ...... 225
7.2 GDP 数据分析与可视化 ...... 227
  7.2.1 数据来源 ...... 228
  7.2.2 GDP 数据可视化示例 ...... 228
7.3 证券交易数据可视化 ...... 234
  7.3.1 K 线图 ...... 235
  7.3.2 其他类别图 ...... 242
7.4 数据动态可视化 ...... 247

## 第 8 章 程序运行信息动态展示与 Python 可视化编程 ...... 253

8.1 Heartrate 程序运行可视化
  监测 ...... 253
  8.1.1 Heartrate 简介 ...... 253
  8.1.2 Heartrate 应用示例 ...... 255
8.2 PySnooper 与程序运行状态
  监控 ...... 256
  8.2.1 PySnooper ...... 256
  8.2.2 Snoop ...... 258

8.3 Birdseye 与函数调用信息可视化·············261
8.4 Pycallgraph 与函数关系可视化·····263
8.5 Ryven 与 Python 可视化编程····267
 8.5.1 Ryven 简介·············267
 8.5.2 Ryven 的安装与启动······268
 8.5.3 Ryven 应用示例··········269

## 第 9 章 3D 数据可视化方法·············274

9.1 Mpl_toolkits 与 3D 数据可视化·············274
9.2 基于 VTK 的 3D 数据展示·····277
 9.2.1 VTK 简介·············277
 9.2.2 VTK 与 3D 数据可视化·····278
9.3 基于 Mayavi 的 3D 数据展示·····286
 9.3.1 Mayavi 简介·············286
 9.3.2 基于 Mayavi 的 3D 数据可视化方法·············287
9.4 基于 Open3D 的数据可视化方法·············297
 9.4.1 Open3D 简介·············297
 9.4.2 Open3D 与点云数据可视化·············298
 9.4.3 基于 Open3D 的三维重建·············310

## 第 10 章 基于动画的数据展示·············315

10.1 基于 Matplotlib Animation 的动画绘制·············315
10.2 基于 PyOpenGL 的动画·············319
 10.2.1 PyOpenGL 简介及安装·············319
 10.2.2 基于 PyOpenGL 的动画示例·············320
10.3 基于 MoviePy 的动画·············323
 10.3.1 MoviePy 的安装与测试·············323
 10.3.2 基于 MoviePy 的动画示例·············323
10.4 基于 Manim 的动画·············326
 10.4.1 Manim 的安装与运行·············326
 10.4.2 基于 Manim 的动画示例·············326

## 第 11 章 基于 Python 的架构图可视化·············334

11.1 Diagrams 的安装与使用简介·············334
11.2 Diagrams 架构图绘制对象简介·············335
 11.2.1 Diagrams 对象·············335
 11.2.2 Nodes 对象·············337
 11.2.3 Clusters 对象·············339
 11.2.4 Edges 对象·············341
11.3 基于 Diagrams 的架构图绘制示例·············343

## 参考文献·············346

# 第1章　数据可视化概述

　　数据可视化在信息化时代中具有非常重要的意义。首先，数据可视化可以帮助人们更好地理解数据。在大数据时代，数据量庞大，如果只是通过表格等形式呈现，很难让人们快速理解其中的内容。而数据可视化可以通过图表等呈现形式，让人们更加直观地理解数据的特点和趋势。其次，数据可视化可以帮助人们更好地分析数据。通过数据可视化，人们可以更加直观地看到数据之间的联系和规律，从而更好地分析数据，发现其中的问题和机会。

　　随着人工智能、大数据等新技术的不断创新，数据可视化技术也将不断发展，为数据分析和决策提供更加强大的工具和支持。

## 1.1　数据可视化简介

### 1.1.1　数据与数据可视化

　　数据，通常是对客观世界存在及所发生的各种事件进行记录并可以鉴别的符号。数据记载了客观事物的性质、状态及相互关系等。数据不仅指数字，还包括文字、字母、数学符号、图形、图像、音频、视频及其他各种类型的信息载体等。在计算机科学中，数据是指所有能输入计算机并被计算机程序处理的数字、字母、符号等的总称。计算机存储和处理的对象十分广泛，表示这些对象的数据也随之变得越来越复杂。

　　数据经过加工后就成为信息，数据是信息的表现形式和载体，而信息是数据的内涵，信息是加载于数据之上的，对数据进行含义的解释。

　　数据可视化就是数据中信息的可视化，是一种将数据转换为图表的过程。人类处理图形、图像等可视化符号的效率远高于处理数字、文本的效率。经过可视化的数据，可以让人更直观、清晰、准确、快速地了解数据中蕴含的信息，从而使数据的价值最大化。

　　数据可视化的目的是从数据中寻找模式、关系和异常3个方面的信息。

　　模式，指的是数据中的规律。在使用社交媒体时，我们可能会常常惊讶于它对我们的"了如指掌"。其实，这些都是后台的人工智能系统通过分析我们发布在平台上的各种文字、照片、音视频、上网浏览内容的类别、上网时间轨迹等各种信息，来判断我们的兴趣、爱好、作息模式等，进而推送我们感兴趣的内容和广告。

　　关系，指的是数据之间的相关性，在统计学中，通常代表关联性和因果关系。"尿布与啤酒"是一个稍显陈旧但又让人津津乐道的故事。故事情节是这样的，美国沃尔玛超市管理人员发现一个非常有趣的现象，即把尿布与啤酒这两种毫无关系的商品摆在一起，能够大幅增加两者的销量。主要原因在于，美国的妇女通常在家照顾孩子，她们常常会嘱咐丈夫在下班回家的路上为孩子买尿布，而丈夫在买尿布的同时又会顺手购买自己爱喝的啤酒。沃尔玛超市管理人员从数据中发现了这种关联性，因此，将这两种商品并置，从而大大提高了销量。

异常，指的是有问题的数据。通过异常分析，用户可及时发现各种异常情况。例如，利用支付宝、微信或者信用卡等进行在线支付时，系统会实时判断这笔支付行为是否正常，主要是通过支付的时间、地点、商户名称、金额、频率等要素来判断。这里面的基本原理是寻找异常值。如果用户的支付行为被判定为异常，这笔交易可能会被终止。

### 1.1.2 数据可视化的起源与分类

严格意义上的数据可视化起源于 20 世纪 50 年代的计算机图形学。当时，人们通过计算机创造出了一些基本的图表。后来，随着计算机运算能力的迅速提升，人们建立了规模越来越大、复杂程度越来越高的数值模型，从而造就了形形色色、体积庞大的数值型数据集。同时，人们不但利用医学扫描仪和显微镜等数据采集设备收集大型的数据集，而且利用可以保存文本、数值和多媒体信息的大型数据库来存储数据。因此，就需要更高级的计算机图形学技术与方法来处理和可视化这些规模庞大的数据集。随着数据应用领域的扩大，数据的表现形式也不断发生变化，逐渐发展演变成今天的数据可视化技术，并在军事、医疗、建筑、经济等众多领域被广泛应用。

根据所处理的数据对象的不同，数据可视化可分为科学可视化与信息可视化。

科学可视化是数据可视化的一个应用领域，主要关注空间数据（例如三维空间测量数据、计算模拟数据和医学影像数据等）与三维现象的可视化。其重点在于对客观事物的体、面及光源等的逼真渲染，并探索如何用几何、拓扑和形状特征等来呈现数据中蕴含的规律。科学可视化是计算机图形学的一个子集，是计算机科学的一个分支。

信息可视化是一个跨学科领域，旨在研究大规模非数值型资源的视觉呈现。其处理对象主要是非结构化数据，例如金融交易数据、社交网络数据和文本数据，其核心挑战是如何从大规模、高维、复杂的数据中提取出有用信息。与科学可视化相比，信息可视化更贴近我们的生活与工作，它包括地理信息可视化、时变数据可视化、层次数据可视化、网络数据可视化、非结构化数据可视化等。我们常见的地图是地理信息数据，属于信息可视化的范畴。

进入 21 世纪，原有的可视化技术已难以应对海量、高维、多源和动态数据的分析挑战。为此，研究人员综合可视化、图形学、数据挖掘等学科领域的内容，提出了新的理论模型、可视化方法和用户交互手段，辅助用户从大尺度、复杂的数据中快速挖掘有用的信息，以便用户做出有效决策。这门新的学科被称为可视分析学，是科学可视化与信息可视化领域发展的产物，侧重于借助交互式的用户界面进行数据分析与推理。

### 1.1.3 数据可视化的基本流程

数据可视化不是简单的视觉映射，而是一个以数据流向为主线的完整流程。数据可视化的基本流程如图 1-1 所示，它主要包括数据采集、数据处理和变换、可视化映射与人机交互和用户感知等。一个完整的可视化过程，可以被看成数据流经过一系列处理模块并得到转化的过程，用户通过可视化交互从可视化映射后的结果中获取知识和灵感。

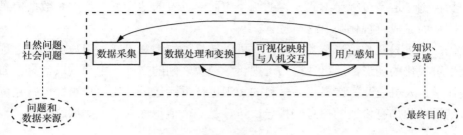

图 1-1　数据可视化的基本流程

可视化基本流程的各模块之间并不仅仅是线性连接，而是任意两个模块之间都存在联系。例如，数据采集、数据处理和变换、可视化映射与人机交互方式的不同，会导致不同的可视化结果，用户通过对不同的可视化结果的感知，产生不同的灵感。

可视化的基础是数据，而数据一般是通过各种机器设备记录、采样或人工调查记录等方式来进行采集的。数据采集分为主动数据采集和被动数据采集两种形式。主动数据采集是指以明确的数据需求为目的，利用相应的设备和技术手段主动采集所需要的数据，例如卫星成像、监控数据等。被动数据采集则以数据的自动生成为主，例如各种设备中自带的传感器数据，在机床生产中，机器人传感器所生成的数据，飞机、汽车等在运行过程产生的各种数据等。

数据处理和变换，是进行数据可视化的前提条件，包括数据预处理和数据挖掘两个过程。一方面，前期采集到的原始数据不可避免地会含有各种噪声和误差，数据质量较低。因此，原始数据通常需要进行缺失值处理、异常值处理、错误数据清洗、数据变换等预处理后方可用于后续的数据分析任务，否则可能会严重影响分析结果，误导用户做出错误的决策。另一方面，数据的特征、模式往往潜藏于海量的数据中，只有进行进一步的数据挖掘才能将其提取出来。

数据可视化的显示空间通常是二维的，例如计算机屏幕、大屏幕显示器等。3D 图形绘制技术解决了在二维平面显示三维物体的问题。但是在大数据时代，我们所采集到的数据通常具有 4V 特性：大量（Volume）、多样化（Variety）、高速（Velocity）、价值密度（Value）低。如何从高维、海量、多样化的数据中挖掘出有价值的信息来支撑决策，除了需要对数据进行清洗、去除噪声，还需要依据业务目的对数据进行二次处理。常用的数据处理方法包括降维、聚类、切分、抽样等。

对数据进行清洗、去噪，并按照业务目的进行数据处理之后，就到了可视化映射环节。可视化映射是整个数据可视化流程的核心，是指将处理后的数据信息映射成可视化元素的过程。可视化元素通常由 3 个部分组成——可视化空间、标记及视觉通道。

① 可视化空间，通常是指各种机器设备的显示屏等 2D 空间。

② 标记，指的是数据属性到可视化几何元素的映射，用来代表数据属性的归类。根据空间自由度的差别，标记可以分为点、线、面、体，分别具有零维、一维、二维、三维自由度。例如，我们常见的散点图、折线图、柱状图、三维立体图，就分别采用了点、线、面、体 4 种不同类型的标记。

③ 视觉通道，指的是数据属性的值到标记的视觉呈现参数的映射，通常用于展示数据

属性的定量信息。常见的视觉通道包括标记的位置、大小（例如长度、面积、体积）、形状（例如三角形、圆、立方体）、方向、颜色等。

标记与视觉通道是可视化编码元素的两个方面，二者的结合可完整地对数据信息进行可视化表达，从而完成可视化映射这一过程。

可视化的结果只有被用户感知之后，才可以转化为知识和灵感。用户在感知过程中，除了被动接受可视化的图形，还可通过与可视化各模块之间的交互，主动获取信息。如何对心理学、统计学、人机交互等诸多相关学科的知识进行灵活运用，让用户更好地感知可视化的结果，将结果转化为有价值的信息来指导决策，是一个值得深入研究的课题。

### 1.1.4 数据可视化设计原则与技巧

#### 1. 数据可视化设计原则

我国近代著名思想家、翻译家严复在《天演论》中的"译例言"讲到"译事三难：信、达、雅"。这指的是高品质翻译的基本标准，这一标准在数据可视化领域同样适用。

数据可视化设计的第一原则是可信原则，相当于"信"。它要求我们要正确表达数据中的信息，反映数据的本质及对所反映的事物和规律进行正确的认识，同时不产生偏差和歧义。数据可视化设计的第二原则是清晰地表达信息原则，相当于"达"。它要求我们在进行可视化设计时，减少不必要的绘图元素，让图表能清晰地展示数字关系。数据可视化设计的第三原则是美学原则，相当于"雅"。它要求我们设计的可视化作品能让人赏心悦目，具有一定的艺术性，形式与内容和谐统一。

#### 2. 数据可视化设计技巧

我们在进行数据可视化设计时，可以利用以下技巧。若能灵活运用这些技巧，数据可视化便可以真正达到信、达、雅的标准，在优雅地阐明信息实质内涵的同时，让人耳目一新地观察到原始数据中不存在的高维信息。

① 建立视觉层次，用醒目的颜色突出数据，淡化其他元素。
② 高亮显示重点内容。
③ 提升不同区域的色阶跨度。
④ 借助场景来表现数据指标。
⑤ 将抽象的、不易理解的数字转换为容易被人感知的图表。
⑥ 尽量让图表简洁。

下面我们以 2021 年全球 GDP 中发达国家（或地区）与最不发达国家（或地区）的占比为例，来展示不同方案的数据可视化所带来的不同信息感知效果。数据可视化方案选择示例如图 1-2 所示。

从图 1-2 中可以看出，不同的数据可视化方案在数据信息的展示效果上有明显的差异。我们直接看数字几乎感受不到什么差别，特别是对多维大数据，很难直接从数字上看出其深度含义。当我们将数字转化为图形时，就实现了从抽象到具象的提炼转化。若在图形具象化的基础上再构建数据展示场景，将静态的图形元素升华为故事性的描述，无疑会让数据可视化的效果更具张力。

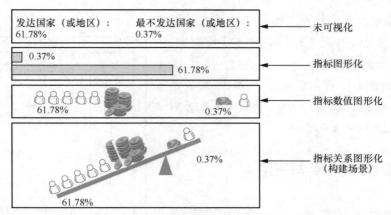

图 1-2　数据可视化方案选择示例

越是复杂的数据，可视化方案的选择就越重要，它将对我们能否从纷繁复杂的数据中提炼出有效的决策支持信息产生直接的影响。

## 1.2　数据可视化常用工具——Matplotlib

### 1.2.1　Matplotlib 简介

Matplotlib 是一款用于数据可视化的 Python 工具包，支持跨平台运行，它能够根据 Numpy 数组来绘制 2D 或 3D 图像。Matplotlib 由约翰 D.·亨特（John D. Hunter）在 2002 年开始编写，2003 年发布了第一个版本，并加入 BSD 开源软件组织。Matplotlib 1.4 是最后一个支持 Python 2 的版本，本书完稿时其最新版本为 Matplotlib 3.7.0。

Matplotlib 提供了一整套面向绘图对象编程的应用程序接口（API），能够很轻松地实现各种图形的绘制，并且它可以配合 Python 图形用户界面（GUI）工具（例如 PyQt、Tkinter 等）在应用程序中嵌入图形。同时 Matplotlib 也支持以脚本的形式嵌入 IPython shell、Jupyter Notebook、Web 应用服务器中使用。

Matplotlib 由 3 个不同的层次结构组成，分别是脚本层、美工层和后端层。其中，脚本层是层次结构中的最顶层。我们编写的绘图代码大部分都在该层运行，其主要任务是生成图形与坐标系。美工层是层次结构中的第二层，它提供了绘制图形元素时的各种功能，例如绘制标题（Title）、轴标签（Axis Label）、轴刻度（Axis Scale）等。后端层是层次结构的最底层，它定义了 3 个基本类。首先是 FigureCanvas（图层画布类），它提供了绘图所需的画布。其次是 Renderer（绘图操作类），它提供了在画布上进行绘图的各种方法。最后是 Event（事件处理类），它提供了用来处理鼠标和键盘事件的方法。

Matplotlib 生成的图形主要由 Figure、Axes、Axis 这 3 个部分构成，其构成示意如图 1-3 所示。它们的用途如下。

- Figure：指整个图形，可将其理解为一张画布，它包括所有的元素，例如标题、轴线等。
- Axes：指绘制 2D 图像的实际区域，也称为轴域区或者绘图区。

- Axis：指坐标系中的水平轴（$x$ 轴）与垂直轴（$y$ 轴），包含轴的长度大小（图中 $x$ 轴长为 7）、轴标签及轴刻度。

在画布上看到的所有元素都属于 Artist 对象，例如文本对象（title、xlabel、ylabel）、Line2D 对象（用于绘制 2D 图像）等。

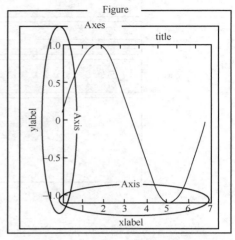

图 1-3　Matplotlib 生成的图形构成示意

### 1.2.2　Matplotlib 的安装与使用

#### 1. Matplotlib 的安装

使用 Python 包管理器 pip 来安装 Matplotlib 是一种最轻量级的方式。打开 Anaconda 控制台，输入、执行以下命令即可完成 Matplotlib 最新版本的在线安装。

```
pip install matplotlib = = 3.7.0 -i 镜像源地址
```

利用 pip 命令安装第三方工具包时，会默认从 Pypi 资源库中下载，我们经常会遇到下载速度很慢甚至无法下载的情况。为此，国内一些高校（例如清华大学、中国科学技术大学）及企业（例如华为、百度等）纷纷搭建了与 Pypi 同步的镜像服务器。我们用"-i"参数来指定镜像源地址，可极大地提高 Python 包的下载安装速度。这些镜像源地址请参见本书配套的电子资源。

#### 2. Matplotlib 用法简介

（1）Matplotlib 绘图入门

我们用一个非常简单的绘图程序来演示一下 Matplotlib 的基础用法。示例代码如下。

```
#导入 Matplotlib 包中的 Pyplot 模块，并以别名的形式简化包的名称
import matplotlib.pyplot as plt
import numpy as np
import math

#定义 x 轴和 y 轴坐标
x = np.arange(0, math.pi*2, 0.05)
y = np.sin(x)
#绘制曲线 y = sin(x)
plt.plot(x, y)
#添加图像的标题(title)、x 轴与 y 轴的标签(xlabel、ylabel)
plt.xlabel("Angle")
plt.ylabel("Sine")
plt.title('Sine Wave')
#显示绘制的图像
plt.show()
```

将上述示例代码保存为一个名为 demo.py 的程序文件。在 Anaconda 控制台运行该程序，运行结果如图 1-4（a）所示。也可将这段代码复制粘贴到 Jupyter Notebook 中运行，运行结果如图 1-4（b）所示，两种运行方式显示结果一致。

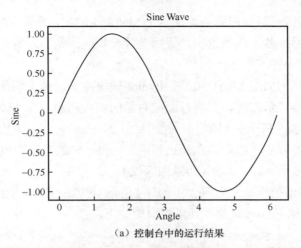

(a)控制台中的运行结果

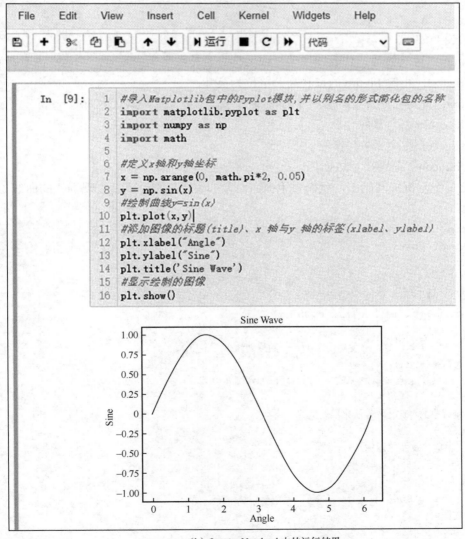

(b)Jupyter Notebook中的运行结果

图 1-4　简单的 Matplotlib 图像绘制示例

以上示例虽然只有几行代码，但完整地演示了 Matplotlib 的绘图基本流程，包括 Matplotlib 绘图工具包的导入、数据准备、图像绘制、添加各种标识、图像显示等。

（2）Figure 对象

通过刚才的示例，我们知道 Matplotlib 的 Pyplot 模块能够快速生成图像。若要更好地自定义和控制图像的绘制与显示方式，需要有面向对象的编程思想。在 Matplotlib 中，面向对象的编程思想的核心是创建 Figure（图形）对象。通过 Figure 对象来调用其他方法和属性，这样有助于我们更好地处理多个画布。在此过程中，Pyplot 模块负责生成 Figure 对象，并通过该对象来添加一个或多个 Axes 对象（即绘图区域）。

Matplotlib 提供了图形类模块，它包含了创建 Figure 对象的方法，通过调用 Pyplot 模块中的 figure()函数来实例化 Figure 对象。其函数原型如下。

```
matplotlib.pyplot.figure(num = None, figsize = None, dpi = None, facecolor = None,
edgecolor = None, frameon = True, FigureClass = <class 'matplotlib.figure.Figure'>,
 clear = False, **kwargs)
```

参数说明如下。

① num：可选参数，代表图像编号或名称。若是数字则为编号，若是字符串则为名称。

② figsize：指定 Figure 的宽和高，单位为英寸。

③ dpi：指定绘图对象的分辨率，即每英寸多少个像素，默认为 80。

④ facecolor：背景颜色。

⑤ edgecolor：边框颜色。

⑥ frameon：是否显示边框。

在上一个示例的基础上，我们采用面向对象的编程思想，重新实现同样的曲线绘制，示例代码如下。

```python
from matplotlib import pyplot as plt
import numpy as np
import math

#定义 x 轴和 y 轴坐标
x = np.arange(0, math.pi*2, 0.05)
y = np.sin(x)
#初始化一个 Figure 对象，并使用 figure()函数创建一个空白画布
fig = plt.figure()
#利用 add_axes()函数将 axes 轴（子图）域添加到画布中
ax = fig.add_axes([0, 0, 1, 1])
#调用 Axes 对象的 plot()方法来绘制曲线
ax.plot(x, y)
#设置 x、y 轴标签及图像标题
ax.set_title("Sine wave")
ax.set_xlabel('Angle')
ax.set_ylabel('Sine')
#显示绘制的图像
plt.show()
```

运行上述示例代码，显示结果与图 1-4 一致。

Matplotlib 中的 add_axes()函数用于在图表中添加一个子图。该方法需要一个位置参数来指定子图在图表中的位置。通常，该位置参数是一个数字序列，包含 4 个取值范围为[0,1]的数字，例如[a, b, c, d]。其中，a 代表子图左边缘相对于整个图表左边缘的距离，以图表宽度的百分比表示；b 代表子图下边缘相对于整个图表下边缘的距离，以图表高度的百分比表示；c 代表子图宽度，以图表宽度的百分比表示；d 代表子图高度，以图表高度的百分比表示。基于上述对 add_axes()函数的描述，我们可知本示例中使用 fig.add_axes([0,0,1,1])方法来添加一个子图，它将会占满整个图表。

（3）Axes 类

Matplotlib 定义了一个 Axes 类（轴域类），该类的对象被称为 Axes 对象（轴域对象），它指定了一个有数值范围限制的绘图区域。一个给定的画布中可以包含多个 Axes 对象，但是同一个 Axes 对象只能在一个画布中使用。

Axes 类的 legend()函数负责绘制画布中的图例，其函数原型如下。

```
axes.legend(handles, labels, loc)
```

参数说明如下。

① handles：指一个序列，包含了所有线型的实例。

② labels：指一个字符串序列，用来指定标签的名称。

③ loc：表示指定图例位置的参数，其参数值可以用字符串或整数来表示。

loc 参数的表述方法分为字符串和整数数字两种，loc 参数值含义见表 1-1。

表 1-1　loc 参数值含义

| 字符串 | 整数数字 | 位置 |
| --- | --- | --- |
| "best" | 0 | 自适应 |
| "upper right" | 1 | 右上方 |
| "upper left" | 2 | 左上方 |
| "lower left" | 3 | 左下方 |
| "lower right" | 4 | 右下方 |
| "right" | 5 | 右侧 |
| "center left" | 6 | 居中靠左 |
| "center right" | 7 | 居中靠右 |
| "lower center" | 8 | 底部居中 |
| "upper center" | 9 | 上部居中 |
| "center" | 10 | 中部 |

Axes 类的 plot()方法用于将一个数组的值与另一个数组的值绘制成曲线或标记。该方法具有可选格式的字符串参数，用来指定线型、标记颜色、样式及大小。颜色符号见表 1-2，标记符号见表 1-3，线型符号见表 1-4。

表 1-2　颜色符号

| 颜色符号 | b | g | r | c | m | y | k | w |
|---|---|---|---|---|---|---|---|---|
| 描述 | 蓝色 | 绿色 | 红色 | 青色 | 品红色 | 黄色 | 黑色 | 白色 |

表 1-3　标记符号

| 标记符号 | . | o | x | D | H | s | + |
|---|---|---|---|---|---|---|---|
| 描述 | 点标记 | 圆圈标记 | X 形标记 | 钻石标记 | 六角标记 | 正方形标记 | 加号标记 |

表 1-4　线型符号

| 线型符号 | - | -- | -. | : |
|---|---|---|---|---|
| 描述 | 实线 | 虚线 | 点划线 | 虚线 |

下面的示例，以不同形式的曲线展示了上海证券交易所在一段时期内某股票开盘价、收盘价之间的关系。其中，描述开盘价的是红色方形标记的实线，描述收盘价的则是蓝色圆形标记的虚线（特别提示：本书为黑白印刷，书中的图仅为黑白示意图，彩色图可通过本书提供的代码运行得到）。示例代码如下。

```python
import matplotlib.pyplot as plt

#上海证券交易所示例数据，包括日期、开盘价、收盘价
Open = [2994.8, 3042.95, 3012.87, 3006.88, 3015.5, 3065.33, 3083.54, 3153.74, 3139.95, 3158.28]
Close = [3024.35, 3047.23, 3029.06, 3030.14, 3040.35, 3057.4, 3097.72, 3137.01, 3165, 3167.51]
date = ['12-01', '12-02', '12-03', '12-04', '12-05', '12-06', '12-07', '12-08', '12-09', '12-10']

#初始化画布对象
fig = plt.figure()
#添加子图
ax = fig.add_axes([0, 0, 1, 1])
#使用简写的形式来指定颜色、标记符与线型
ax.plot(date, Open, 'rs-')      #红色方形标记实线
ax.plot(date, Close, 'bo--')    #蓝色圆形标记虚线
#绘制图例，并置于左上方
ax.legend(labels = ('Open Price', 'Close Price'), loc = 'upper left')
ax.set_title("Shanghai Securities Exchange: Opening and Closing Price")
#设置 x、y 轴标签
ax.set_xlabel('Date')
ax.set_ylabel('Price')
#显示绘制的曲线
plt.show()
```

运行上述示例代码，显示不同风格曲线绘制，如图 1-5 所示。

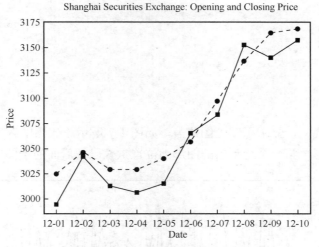

图 1-5　不同风格曲线绘制

（4）基于 Subplot 的多子图绘制

在使用 Matplotlib 绘图时，经常需要将一张画布划分为若干个子区域，然后在这些区域上绘制不同的图形，也就是在同一画布上绘制多个子图。Matplotlib 的 Pyplot 模块提供了一个 subplot()函数，它可以均等地划分画布。其函数原型如下。

```
subplot(nrows, ncols, index)
```

参数说明如下。

① nrows、ncols：表示要划分几行几列的子区域（nrows*ncols 表示子图数量）。

② index：初始值为 1，用来选定具体的某个子区域。

例如，subplot(2,3,5)表示在当前画布的右上角创建一个两行三列的绘图区域，同时，选择在第 5 个位置绘制子图。子图位置布局示意如图 1-6 所示。

| 1 | 2 | 3 |
|---|---|---|
| 4 | 5 | 6 |

图 1-6　子图位置布局示意

若新建的子图与现有的子图重叠，那么重叠部分的子图将会被自动删除，因为它们不可以共享绘图区域。示例代码如下。

```
import matplotlib.pyplot as plt
import numpy as np

#生成均值为1.75、标准差为1的100个正态分布数据
data = np.random.normal(1.75, 1, 100)
#默认参数绘制图形
plt.plot(data)
'''
现在创建一个子图，它表示一个有2行1列的网格的顶部图。
因为该子图与第一个用默认参数绘制的图形位置重叠，所以之前创建的图形将被自动删除
'''
```

```
plt.subplot(2,1,1)
plt.plot(data)
#创建带有青色背景的第二个子图
plt.subplot(2,1,2, facecolor = 'c')
plt.plot(data)
plt.show()
```

运行上述示例代码，显示子图绘图覆盖，如图1-7所示。代码中有3条绘图命令，然而我们只看到两个图形，第一个绘制出的图形因位置重叠已被后面的子图内容覆盖。

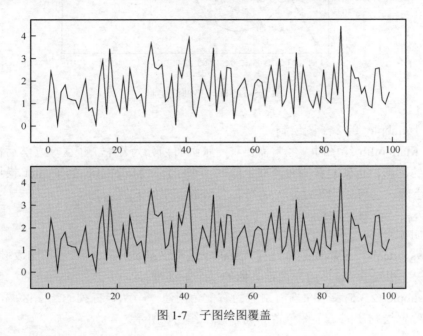

图1-7 子图绘图覆盖

若不想重叠位置的子图内容被清除，可通过add_subplot()函数来添加子图。示例代码如下。

```
import matplotlib.pyplot as plt
import numpy as np
import math

#生成均值为1.75、标准差为1的100个正态分布数据
data = np.random.normal(1.75, 1, 100)
#初始化画布对象
fig = plt.figure()
#添加一个1行1列绘图区域，并在1号位置绘制一条y = sin(x)曲线
x = np.arange(0, math.pi*2, 0.05)
y = np.sin(x)
ax1 = fig.add_subplot(1,1,1)
ax1.plot(x, y)
#添加一个2行2列绘图区域，并在1号位置绘制正态分布曲线
ax2 = fig.add_subplot(2,2,1, facecolor = 'c')
ax2.plot(data)
plt.show()
```

运行上述示例代码，显示子图绘图区域重叠，如图 1-8 所示。从图中可以看出，左上角区域是两个子图的重叠绘图区，坐标和曲线皆有重叠。

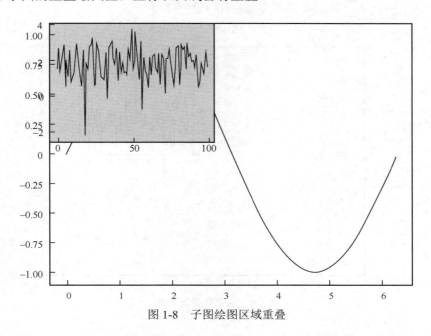

图 1-8　子图绘图区域重叠

我们也可通过 add_axes()函数给画布添加 Axes 对象，以实现在同一画布中插入另一个图像。与 add_subplot()函数相比，add_axes()函数更灵活，能精确控制子图显示的位置。示例代码如下。

```
import matplotlib.pyplot as plt
import numpy as np
import math

#生成均值为1.75、标准差为1的100个正态分布数据
data = np.random.normal(1.75, 1, 100)

#定义 y = sin(x)曲线
x = np.arange(0, math.pi*2, 0.05)
y = np.sin(x)

#初始化一个 Figure 对象
fig = plt.figure()
#添加一个子图
axes1 = fig.add_axes([0.1, 0.1, 0.85, 0.85])
#添加另一个子图
axes2 = fig.add_axes([0.55, 0.55, 0.3, 0.3])

#在子图 1 中以蓝色虚线绘制正弦曲线
axes1.plot(x, y, '--b')
#在子图 2 中以青色实线绘制正态分布曲线
axes2.plot(data, '-c')
axes1.set_title('Sine Curve')
```

```
axes2.set_title("Normal Distribution")
plt.show()
```

运行上述示例代码,显示多子图叠加绘图,如图 1-9 所示。

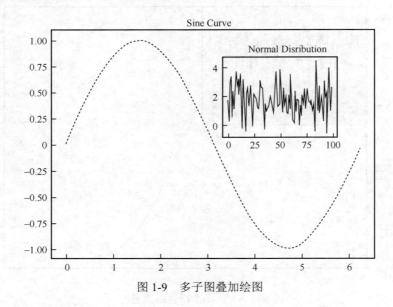

图 1-9 多子图叠加绘图

(5)基于 Subplots 的多子图绘制

Matplotlib 的 Pyplot 模块提供了一个 subplots()函数,它的使用方法和 subplot()函数类似,不同之处在于,subplots()既创建了一个包含子图区域的画布,又创建了一个 Figure 对象,而 subplot()只是创建一个包含子图区域的画布。subplots()函数用法如下。

```
fig, ax = plt.subplots(nrows, ncols)
```

其中,nrows 与 ncols 是两个整数参数,它们指定子图所占的行数、列数。函数的返回值是一个元组,包括一个 Figure 对象和所有的 Axes 对象。其中 Axes 对象的数量等于 nrows * ncols,且每个 Axes 对象均可通过索引值访问(从 1 开始)。

以下示例代码创建的是 2 行 2 列的子图,并分别在每个子图上绘制不同的曲线。

```python
import matplotlib.pyplot as plt
import numpy as np
import math

#生成均值为1.75、标准差为1 的 100 个正态分布数据
data = np.random.normal(1.75, 1, 100)
#定义 y = sin(x)曲线
x = np.arange(0, math.pi*2, 0.05)
y_sin = np.sin(x)
#定义 y = cos(x)曲线
y_cos = np.cos(x)
#产生一个正弦信号并用快速傅里叶变换计算其频域
Ts = 0.001
t = Ts*np.array(range(10000))
_x = np.sin(2*np.pi*325*t)
```

```
X = np.fft.fft(_x, np.size(_x, 0), axis = 0)/_x.size*2
freq = np.fft.fftfreq(np.size(_x, 0), Ts)

#利用 subplots()函数生成一个 2*2 的子图阵列
fig, a =  plt.subplots(2, 2)

#绘制正弦波图形
a[0][0].plot(x, y_sin, 'r-')
a[0][0].set_title('Sine')
#绘制余弦波图形
a[0][1].plot(x, y_cos, '--b')
a[0][1].set_title('Cosine')
#绘制正态分布曲线
a[1][0].plot(data, '-c')
a[1][0].set_title('Normal')
#绘制正弦信号的频谱图
a[1][1].plot(freq, np.real(X), '-g')
a[1][1].set_title('FFT')
#显示绘制的图形
plt.show()
```

运行上述示例代码，显示多子图绘图，如图 1-10 所示。

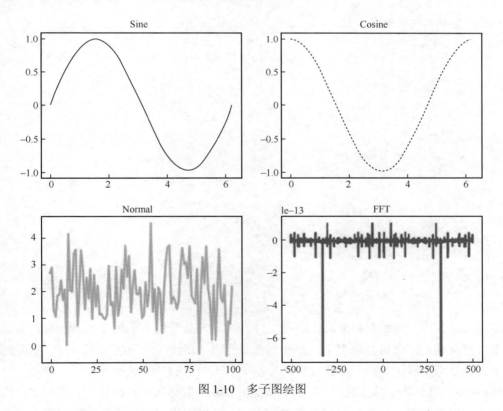

图 1-10  多子图绘图

（6）其他绘图设置

Matplotlib 中的 grid()函数用于开启或者关闭画布中的网格及网格的主/次刻度。此外，

grid()函数还可以用于设置网格的颜色、线型及线宽等属性。其函数原型如下。

```
grid(color = 'b', ls = '-.', lw = 0.25)
```

参数说明如下。

① color：表示网格线的颜色。

② ls：表示网格线的样式。

③ lw：表示网格线的宽度。

网格在默认状态下是关闭的，通过调用上述函数，网格会自动开启。如果只想开启不带任何样式的网格，可以通过 grid(True)来实现。

在一个函数图像中，有时自变量 $x$ 与因变量 $y$ 是指数对应关系，这时需要将坐标轴刻度设置为对数刻度。Matplotlib 通过 Axes 对象的 xscale 或 yscale 属性来实现对坐标轴的格式设置。示例代码如下。

```python
import matplotlib.pyplot as plt
import numpy as np

#创建1行2列子图
fig, axes = plt.subplots(1, 2, figsize = (10, 4))
#定义x轴数据
x = np.arange(1, 10)
#在第1个子图中绘制曲线 y = exp(x)
axes[0].plot( x, np.exp(x))
#在第2个子图中绘制曲线 y = exp(x)
axes[1].plot (x, np.exp(x))

#在第2个子图中设置y轴为对数显示
axes[1].set_yscale("log")

#设置各子图的标题
axes[0].set_title("正常刻度")
axes[1].set_title("对数刻度(y)")

#设置x、y轴标签
axes[0].set_xlabel("x axis")
axes[0].set_ylabel("y axis")
axes[1].set_xlabel("x axis")
axes[1].set_ylabel("y axis")
#显示绘制的图像
plt.show()
```

运行上述代码，显示对数刻度，如图 1-11 所示。左边子图显示的是正常刻度，右边子图显示的是对数刻度。在对数刻度下，原先的曲线变成了直线，结果与预期一致，然而两个子图的中文标题都出现了乱码。不正常中文显示如图 1-11（a）所示。

Matplotlib 默认不支持中文字体，因为 Matplotlib 只支持 ASCII 字符集，但中文标注更加符合我们的阅读习惯。临时重写配置文件的方法，可以解决中文乱码显示的问题。在上述示例代码中添加以下2行代码则可完美解决中文乱码及图像中负号乱码的问题。正常中文显示如图 1-11（b）所示。

```
plt.rcParams["font.sans-serif"] = ["SimHei"]   #设置中文字体
plt.rcParams["axes.unicode_minus"] = False      #解决图像中负号的乱码问题
```

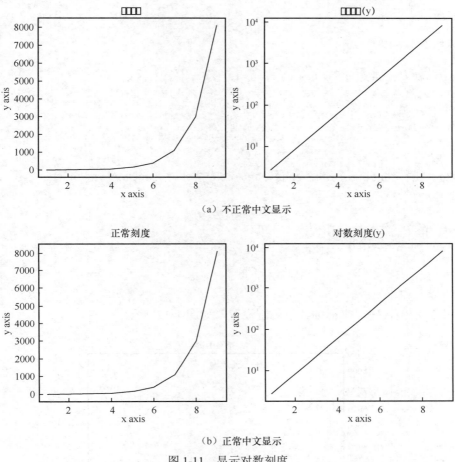

图 1-11　显示对数刻度

Matplotlib 可以根据自变量与因变量的取值范围，自动设置 x 轴与 y 轴的数值大小。当然，也可以用自定义的方式，通过 set_xlim() 和 set_ylim() 对 x、y 轴的数值范围进行设置。对 3D 图像进行设置，会增加一个 z 轴，此时使用 set_zlim() 可以对 z 轴进行设置。示例代码如下。

```
import matplotlib.pyplot as plt
import numpy as np
plt.rcParams["font.sans-serif"]=["SimHei"]  #设置中文字体
plt.rcParams["axes.unicode_minus"]=False  #该语句解决图像中的负号的乱码问题

%matplotlib Auto

#初始化 figure 对象
fig = plt.figure()
#添加绘图区域
ax = fig.add_axes([0,0,1,1])
```

```
#准备数据
x = np.arange(1,10)
#绘制函数图像
ax.plot(x, np.exp(x))
#添加标题
ax.set_title('指数函数')

#set_xlim() 将x轴的数值范围设置为（0到10）
ax.set_xlim(0,10)
#set_ylim()将y轴的范围设置为（-1000到9000）
ax.set_ylim(-1000,9000)

#设置标签刻度值
ax.set_yticks([-1000, 0, 1000,2000,3000,4000,5000,6000,7000,8000,9000])
ax.set_xticks([0,1,2,3,4,5,6,7,8,9,10])

# 保存高清图像
plt.savefig('指数函数.pdf', format='pdf', dpi=300, bbox_inches='tight')

#显示绘制的图形
plt.show(block=True)
```

运行上述示例代码，坐标轴数值范围设置，如图1-12所示。

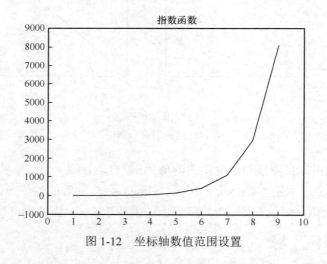

图1-12 坐标轴数值范围设置

刻度指的是轴上数据点的标记，Matplotlib能够自动在x、y轴上绘制出刻度。这一功能的实现得益于Matplotlib内置的刻度定位器和格式化器（两个内置类）。在大多数情况下，这两个类完全能够满足我们的绘图需求，但在某些情况下，刻度标签或刻度需要满足特定的要求，例如将刻度设置为"英文数字"或者"罗马数字"，此时就需要对它们重新进行设置。xticks()和yticks()函数接受一个列表对象作为参数，列表中的元素表示对应数轴上要显示的刻度。例如，在代码中进行以下设置，则x轴上的刻度标记依次显示为2、4、6、8、10。

```
ax.set_xticks([2, 4, 6, 8, 10])
```

我们也可分别通过 set_xticklabels()与 set_yticklabels()函数设置与刻度线相对应的刻度标签。示例代码如下。

```python
import matplotlib.pyplot as plt
import numpy as np
import math

x = np.arange(0, math.pi*3, 0.1)
#生成画布对象
fig = plt.figure()
#添加绘图区域
ax = fig.add_axes([0.1, 0.1, 0.8, 0.8])
y = np.cos(x)
ax.plot(x, y)
#设置 x 轴标签
ax.set_xlabel('Angle')
ax.set_ylabel('Amplitude')
ax.set_title('Cosine Wave')
ax.set_xticks([1, 2, 3, 4, 5, 6, 7, 8, 9, 10])
#设置 x 轴刻度标签为罗马数字显示
ax.set_xticklabels(['I', 'II', 'III', 'IV', 'V', 'VI', 'VII', 'VIII', 'IX', 'X'])
#设置 y 轴刻度
ax.set_yticks([-1, 0, 1])
plt.show()
```

运行上述示例代码，显示刻度与刻度标签设置，如图 1-13 所示。

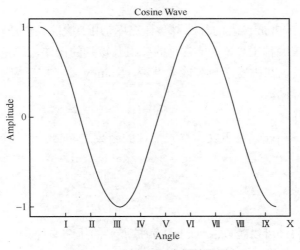

图 1-13　刻度与刻度标签设置

# 第 2 章　常见的数据读/写方法及数据预处理

数据是现代社会文明的主要承载体，大数据、物联网、区块链、人工智能等行业都需要大量数据作为基础。然而，大多数的数据参差不齐、层次概念不清晰、数量级不同、分布不均匀，包含异常值、缺失值、重复值等，这些问题会影响分析模型的准确性，因此数据预处理至关重要。数据预处理是数据分析过程中非常重要的一步，其目的是对原始数据进行必要的清洗、集成、转换、离散、归约、特征选择和提取等一系列处理工作，以确保数据的可靠性和有效性。

## 2.1　常见的数据读/写方法

在进行数据预处理时，数据的读/写操作不可或缺。Python 提供了丰富的数据读/写方法，可以轻松读/写各种类型数据，从而方便地分析和处理数据。

### 2.1.1　Numpy 文件读/写

Numpy 是一个用 Python 实现的开源科学计算库，用于快速处理任意维度的数组。Numpy 提供了许多高级的数值编程工具，支持常见的数组及矩阵的操作，有着比 Python 语言更简洁的指令和更高效的算法。在机器学习等诸多领域，Numpy 除了广泛应用于数据分析处理，也常用于数据的读取与存储。

**1. 文本文件读/写**

在 Numpy 中，读取 txt 等常见文本格式文件的函数是 loadtxt()，其函数原型如下。

```
numpy.loadtxt(fname, dtype, comments = '#', delimiter = None, converters = None,
              skiprows = 0, usecols = None, unpack = False, ndmin = 0, encoding =
              'bytes')
```

参数说明如下。

① fname：文件名，可以是以.gz 或.bz2 为扩展名的压缩文件。
② dtype：数据类型。
③ comments：注释符，默认值为'#'。
④ delimiter：分割符，默认是空格。
⑤ converters：转换器，数据列和转换函数之间进行映射的字典。
⑥ skiprows：跳过第一行的行数，默认值为 0。
⑦ usecols：选取数据的列。

⑧ unpack：当加载多列数据时，是否需要将数据列进行解耦赋值给不同的变量。
⑨ ndmin：返回的数组至少具有 ndmin 维度，值为 0（默认值）、1 或 2。
⑩ encoding：用于解码输入文件的编码，默认为 bytes。

其中，除了 fname 参数，其余参数皆为可选项。

将 Numpy 数组写入 txt 等常见文本格式文件通常用 savetxt()函数来实现，其函数原型如下。

```
numpy.savetxt(fname, array, fmt = '%.18e', delimiter = None, newline = '\n',
              header = '', footer = '', comments = '# ', encoding = None)
```

参数说明如下。
① fname：文件名，可以是.gz 或.bz2 格式的压缩文件。
② array：要保存的数据。
③ fmt：写入文件的格式，例如%d、%.2f、%.18e，默认值是%.18e，可选项。
④ delimiter：分隔符，默认为空格。
⑤ newline：换行符。
⑥ header：在文件开头写入的字符串。
⑦ footer：在文件末尾写入的字符串。
⑧ comments：为添加到 header 和 footer 的字符串标记注释符，默认为#。
⑨ encoding：设置输出文件的编码。

下面，我们通过一些示例代码来演示基于 Numpy 的文本文件的读/写操作。假设我们有一个文本文件，内容如下。

```
'''
This is a demo file to test
Numpy's read/write functions.
'''
1, 2, 3, 4
5, 6, 7, 8
9, 10, 11, 12
13, 14, 15, 16
```

需要注意的是，若用 loadtxt()函数的默认参数设置来读取上述文本文件内容，则会导致出错。因为其默认读取的数据类型为 float，而文件开头几行皆为非数值型字符串，无论如何也无法将读取的数据转化为 float 类型。下面的示例代码将演示如何正确读取该文件中的数值内容，并将其转化为数组。

```
import numpy as np
file = np.loadtxt('test.txt', skiprows = 4, delimiter = ',')
print(file)
```

因为 loadtxt()函数中默认分隔符为空格，而上述文本中的分隔符用的是逗号，所以需在 delimiter 参数中显式指定，否则也会出错。skiprows 参数则用于指定读取文件时跳过前 4 行的内容。运行此段代码，显示结果如下。

```
[[ 1.  2.  3.  4.]
 [ 5.  6.  7.  8.]
 [ 9. 10. 11. 12.]
 [13. 14. 15. 16.]]
```

其他更多用法的示例代码和结果如下。

```
#通过 usecols 参数设置,读取文件中指定的列,此处为第 0 列和第 2 列
>>>file = np.loadtxt('test.txt', skiprows = 4, delimiter = ',', usecols = (0, 2))
>>>print(file)
[[ 1.  3.]
 [ 5.  7.]
 [ 9. 11.]
 [13. 15.]]

#读取文件中指定的列,并将其解耦,每列会被看作一个向量
>>>file = np.loadtxt('test.txt', skiprows = 4, delimiter = ',', usecols = (0, 2),
unpack = True)
>>>print(file)
[[ 1.  5.  9. 13.]
 [ 3.  7. 11. 15.]]

'''
读取第 1 列和第 3 列内容,并在数据转换器中通过 lambda 函数将第 1 列的数据每个值乘以 3,第 3 列的数据每
个值减去 4。
'''
>>>file = np.loadtxt('test.txt', skiprows = 4, delimiter = ',', dtype = int,
usecols = (1, 3), converters = {1:lambda x: int(x)*3, 3:lambda x:int(x)-4})
>>>print(file)
[[ 6  0]
 [18  4]
 [30  8]
 [42 12]]
```

利用 savetxt()函数保存文本文件的示例代码和结果如下。

```
>>>import numpy as np

#生成一个维度为 5*4 的矩阵,其中的 20 个数值随机产生,且四舍五入保留 2 位小数
>>>data = np.round(np.random.rand(20), 2).reshape(5, 4)
>>>print(data)
[[0.19 0.06 0.21 0.57]
 [0.46 0.85 0.48 0.77]
 [0.37 0.12 0.3  0.21]
 [0.78 0.89 0.87 0.18]
 [0.47 0.09 0.51 0.83]]
#保存数据至当前目录下的'demo.txt'文件中,使用默认参数
>>>np.savetxt('demo.txt', data)
# 'demo.txt'文件的内容
2.600000000000000089e-01 6.899999999999999467e-01 8.000000000000000167e-02
5.000000000000000278e-02 5.600000000000000533e-01 4.299999999999999933e-01
2.800000000000000266e-01 5.000000000000000000e-01 3.099999999999999978e-01
6.800000000000000488e-01 5.899999999999999689e-01 4.500000000000000111e-01
7.900000000000000355e-01 1.300000000000000044e-01 2.800000000000000266e-01
4.000000000000000083e-02 2.099999999999999922e-01 6.999999999999999556e-01
```

9.8999999999999911e-01 1.4000000000000133e-01

#保存数据至当前目录下的'demo.txt'文件中,并通过参数来指定保存数值的格式(保留小数点后3位的浮点数)
>>>np.savetxt('demo.txt', data, '%.3f')
# 'demo.txt'文件的内容
0.190 0.060 0.210 0.570
0.460 0.850 0.480 0.770
0.370 0.120 0.300 0.210
0.780 0.890 0.870 0.180
0.470 0.090 0.510 0.830

### 2. 二进制文件读/写

使用 save()函数、savez()函数可以通过 Numpy 以二进制格式保存数据。其中,save()函数将数组以未压缩的原始二进制格式保存在扩展名为.npy 的文件中,它会自动处理元素类型和形状等信息。save()函数原型如下。

```
numpy.save(file, arr, allow_pickle = True, fix_imports = True)
```

参数说明如下。

① file:保存数据的文件或文件名。如果文件是 file-object,则文件名不变。如果文件是字符串或路径,且文件名没有扩展名.npy,则会将其附加到文件名中。

② arr:要保存的数组数据。

③ allow_pickle:bool 类型,可选项。允许使用 Python pickles 保存对象数组。默认为 True。

④ fix_imports:bool 类型,可选项。如果 fix_imports 为 True,pickle 将尝试把新的 Python 3 名称映射到 Python 2 中使用的旧模块名称,以便 Python 2 可以读取 pickle 数据流。当 fix_imports 设置为 False 时,保存的文件将不包含 fix_imports 信息。这意味着文件将不会自动进行兼容性转换,因此在加载文件时,需要确保加载的 Python 版本与保存文件时的 Python 版本兼容。

savez()函数以未压缩的.npz 格式将多个数组保存到一个文件中。将数组作为关键字参数,以将它们存储在输出文件中的相应名称下:savez(fn, x=x, y=y)。如果数组被指定为位置参数,即 savez(fn, x, y),则它们的名字将是 arr_0、arr_1 等。savez()函数原型如下。

```
numpy.savez(file, *args, **kwds)
```

参数说明如下。

① file:保存数据的文件或文件名。如果文件是 file-object,则文件名不变。如果文件是字符串或路径,且文件名还没有扩展名.npy,则会将其附加到文件名中。

② args:参数,可选项,要保存到文件的数组。请使用关键字参数(参见下面的 kwds)为数组分配名称。指定为 args 的数组将命名为 arr_0、arr_1 等。

③ kwds:关键字,可选项,要保存到文件的数组,每个数组都将以其对应的关键字名称保存到输出文件中。

.npz 文件格式是文件的压缩存档,以它们包含的变量命名。存档未压缩,存档中的每个文件都包含一个.npy 格式的变量。

Numpy 中用于读取二进制文件的函数是 load()。load()函数原型如下。

```
numpy.load(file, mmap_mode = None, allow_pickle = False, fix_imports = True,
```

```
            encoding = 'ASCII')
```

参数说明如下。

① file：要读取的文件。

② mmap_mode：如果不为 None，则使用给定模式 memory-map 文件。

③ allow_pickle：允许加载存储在 npy 文件中的 pickle 对象数组。

④ fix_imports：仅当在 Python 3 上加载 Python 2 生成的 pickle 文件时有用，该文件包括包含对象数组的.npy 或.npz 文件。

⑤ encoding：设置输出文件的编码。

以下示例代码和结果演示了如何利用 Numpy 进行二进制文件读写。

```
>>>import numpy as np
>>>matrix_1 = np.round(np.random.rand(20), 2).reshape(5, 4)  #生成第1个数组
>>>matrix_2 = np.arange(12).reshape(3, 4)  #生成第2个数组
>>>print(matrix_1, "\n", matrix_2)  #输出数组内容
 [[0.16 0.57 0.79 0.14]
 [0.57 0.42 0.45 0.61]
 [0.3  0.41 0.84 0.01]
 [0.33 0.81 0.01 0.39]
 [0.96 0.54 0.11 0.89]]
 [[ 0  1  2  3]
 [ 4  5  6  7]
 [ 8  9 10 11]]

'''
利用 save()函数将数据存储为二进制格式，保存时可以省略扩展名，默认为.npy。该命令将在当前目录下生成一个名为"multiple_matrix.npy"的文件，内容为 matrix_1 数组中的数据
'''
>>>np.save('multiple_matrix', matrix_1)
#读取刚保存的二进制格式文件，读操作不能省略扩展名
>>>data = np.load('multiple_matrix.npy')
>>>print(data)
[[0.16 0.57 0.79 0.14]
 [0.57 0.42 0.45 0.61]
 [0.3  0.41 0.84 0.01]
 [0.33 0.81 0.01 0.39]
 [0.96 0.54 0.11 0.89]]

'''
利用 savez()函数将多个数组存储为二进制格式，保存时可以省略扩展名，默认为.npz。该命令将在当前目录下生成一个名为"multiple_matrix.npz"的文件，内容为 matrix_1、matrix_2 两个数组中的数据
'''
>>>np.savez('multiple_matrix', matrix_1, matrix_2)
#读取刚保存的二进制格式文件，读操作不能省略扩展名
>>>data = np.load('multiple_matrix.npz')

'''
此时 data 是一个 numpy.lib.npyio.NpzFile 对象，里面包含若干文件，每个文件分别对应一个保存的数组数据
```

```
'''
>>>print(data)
<numpy.lib.npyio.NpzFile object at 0x000001D862EE4CA0>

#查看NpzFile对象中的文件对象名
>>>print(data.files)
['arr_0', 'arr_1']
#输出每个文件对象中的内容，也就是刚保存的两个数组中的数据
>>>print(data['arr_0'], "\n", data['arr_1'])
[[0.16 0.57 0.79 0.14]
 [0.57 0.42 0.45 0.61]
 [0.3  0.41 0.84 0.01]
 [0.33 0.81 0.01 0.39]
 [0.96 0.54 0.11 0.89]]
 [[ 0  1  2  3]
  [ 4  5  6  7]
  [ 8  9 10 11]]
#利用savez()保存二进制数据，并将两个被保存的数组分别命名为"数组1"和"数组2"
>>>np.savez('multiple_matrix', 数组1 = matrix_1, 数组2 = matrix_2)
>>>data = np.load('multiple_matrix.npz')
>>>print(data.files)
['数组1', '数组2']
>>>print(data['数组2'])
[[ 0  1  2  3]
 [ 4  5  6  7]
 [ 8  9 10 11]]
```

## 2.1.2 pandas 文件读/写

pandas 是一个在 Numpy 和 Matplotlib 的基础上构建而成的第三方开源 Python 库。pandas 没有使用 Python 内置的数据结构，也没有使用其他库的数据结构，而是为数据分析专门设计了两种新的数据结构——Series 和 DataFrame。其中，Series 是一种类似于一维数组的对象。它由一维数组（各种 Numpy 数据类型）及一组与之相关的数据标签（即索引）组成，可理解为带标签的一维数组，可存储整数、浮点数、字符串、Python 对象等类型的数据。Series 中最重要的一个功能是在运算中自动对齐不同索引的数据。DataFrame 是一个表格型数据结构，类似于 Excel 或 SQL 表。它含有一组有序的列，每列可以是不同的值类型（数值、字符串、布尔值等）。DataFrame 既有行索引也有列索引，它可以被看作由 Series 组成的字典（共用同一个索引）。

在 Anaconda 控制台中，执行以下命令即可实现 pandas 的在线安装。
```
pip install pandas -i 镜像源地址
```
pandas 用于便捷地读取具有一定规则的文本文件的数据，例如逗号分隔值符（CSV）文件、JS 对象简谱（JSON）文件等。CSV 是一种简单的文件格式，它以特定的结构来排列表格数据。CSV 文件能够以纯文本的形式存储表格数据，例如电子表格、数据库文件等，并具

有数据交换的通用格式。CSV 文件可用 Excel 等软件打开，其行和列都定义了标准的数据格式。pandas 打开 CSV 文件并将其转换为 DataFrame 对象通常利用 read_csv()函数来实现。read_csv()函数原型如下。

```
pandas.read_csv(filepath_or_buffer, sep = NoDefault.no_default**, ** delimiter = None**,
** header = 'infer', names = NoDefault.no_default**, ** index_col = None**,
** usecols = None**, ** squeeze = False**, ** prefix = NoDefault.no_default**,
** mangle_dupe_cols = True**,
** dtype = None**, ** engine = None**, ** converters = None**, ** true_values = None
**, ** false_values = None**, ** skipinitialspace = False**, ** skiprows = None**,
** skipfooter = 0**, ** nrows = None**, ** na_values = None**, ** keep_default_na =
True**, ** na_filter = True**, ** verbose = False**, ** skip_blank_lines = True**, *
* parse_dates = False**,
** infer_datetime_format = False**, ** keep_date_col = False**, ** date_parser = None**,
** dayfirst = False**, ** cache_dates = True**, ** iterator = False**, ** chunksize =
None**, ** compression ='infer', thousands = None**, ** decimal = '.', lineterminator =
None**, ** quotechar = '"', quoting = 0**, ** doublequote = True**, ** escapechar =
None**, ** comment = None**, ** encoding = None**, ** encoding_errors = 'strict',
dialect = None**, ** error_bad_lines = None**, ** warn_bad_lines = None**, ** on_bad_
lines = None**, ** delim_whitespace = False**, ** low_memory = True**, ** memory_map
= False**, ** float_precision = None**, ** storage_options = None**)**
```

因其参数过多，我们仅对其中常用的几个参数略作说明。

① filepath_or_buffer：需要读取的文件的有效路径。

② sep：分隔符。如果不指定此参数，则尝试使用逗号分隔。如果分隔符长于一个字符且不是'\s+'，则使用 Python 的语法分析器，并且忽略数据中的逗号。

③ delimiter：定界符，sep 的别名。

④ header：指定行数作为列名，数据开始行数。如果文件中没有列名，则默认为 0，否则设置为 None。如果明确设定 header=0，就会替换原来存在的列名。

⑤ names：用于结果的列名列表，如果数据文件中没有列标题行，就需要执行 header=None。

⑥ index_col：用作行索引的列编号或者列名，如果给定一个序列，则有多个行索引。

⑦ usecols：使用指定的部分列。

⑧ mangle_dupe_cols：处理重复列名。

⑨ dtype：指定数据类型。

⑩ skiprows：跳过指定行。

⑪ nrows：读取行数。

⑫ skip_blank_lines：跳过空行。

⑬ infer_datetime_format：自动识别日期时间。

JSON 是一种轻量级的数据交换格式。它采用完全独立于编程语言的文本格式来存储和表示数据。简洁和清晰的层次结构使 JSON 成为理想的数据交换语言。pandas 用 read_json()函数来读取 JSON 格式文件。read_json()函数原型如下。

```
pandas.read_json(path_or_buf = None, orient = None, typ = 'frame', dtype = True,
convert_axes = True, convert_dates = True, keep_default_dates = True, numpy = False,
```

```
precise_float = False, date_unit = None, encoding = None, lines = False, chunksize = 
None, compression = 'infer')
```

常用参数说明如下。

① path_or_buf:需要读取的文件的有效路径。

② orient:预期的 JSON 字符串格式,包括 split、records、index、columns、values 等。

③ typ:要恢复的对象类型(Series 或 DataFrame)。

欲将 DataFrame 或 Series 数据导出为 CSV 文件或将其添加到现有的 CSV 文件中,通常用 to_csv()函数来实现。to_csv()函数原型如下。

```
pandas.DataFrame.to_csv(path_or_buf = None, sep = ',', na_rep = '', float_format = None, 
columns = None, header = True, index = True, index_label = None, mode = 'w', encoding = None, 
compression = 'infer', quoting = None, quotechar = '"', line_terminator = None, 
chunksize = None, date_format = None, doublequote = True, escapechar = None, 
decimal = '.', errors = 'strict')
```

常用参数说明如下。

① path_or_buf:文件路径或对象,如果没有提供,则结果将作为字符串返回。

② sep:分隔符,默认为逗号。

③ na_rep:缺失数据表示。默认用空格。

④ float_format:浮点数的格式字符串,默认为 None。

⑤ columns:要写的列,可选项。

⑥ header:写列名,默认为 True。

⑦ index:写行名(索引),默认为 True。

⑧ mode:Python 写入模式,默认为'w'。

⑨ encoding:表示要在输出文件中使用的编码的字符串,默认为'utf-8'。

⑩ chunksize:每次要写入的行。

⑪ date_format:日期时间对象的格式字符串,默认为 None。

⑫ decimal:可识别为十进制分隔符的字符,默认为'.'。

以下示例代码和结果演示了 pandas 对不同类型文件的读/写操作。

```
>>>import pandas as pd
#读取 csv 文件内容,若未设置任何参数,则将第一行识别为标题并将自动分配列名
>>>df = pd.read_csv('demo.csv')
#demo.csv 文件内容
aa, bb, cc, dd, ee
1, 2, 3, 4, 5
11, 12, 13, 14, 15
21, 22, 23, 24, 25
31, 32, 33, 34, 35
41, 42, 43, 44, 45
>>>print(df)
   aa  bb  cc  dd  ee
0   1   2   3   4   5
1  11  12  13  14  15
2  21  22  23  24  25
```

```
3   31  32  33  34  35
4   41  42  43  44  45
```
#从输出结果可看出将第1行数据自动识别为列名
```
>>>print(df.columns)
Index(['aa', 'bb', 'cc', 'dd', 'ee'], dtype = 'object')
```
#将header参数设置为None,为列名自动分配一个序号
```
>>>df = pd.read_csv('demo.csv', header = None)
>>>print(df)
    0   1   2   3   4
0   aa  bb  cc  dd  ee
1   01  02  03  04  05
2   11  12  13  14  15
3   21  22  23  24  25
4   31  32  33  34  35
5   41  42  43  44  45
```
#从输出结果可看出不再将第1行数据自动识别为列名,而是为每列分配了序号
```
>>>print(df.columns)
Int64Index([0, 1, 2, 3, 4], dtype = 'int64')
```
#通过names参数为每列设置列名
```
>>>df = pd.read_csv('demo.csv', names = ('A列', 'B列', 'C列', 'D列', 'E列'))
>>>print(df)
   A列  B列  C列  D列  E列
0  aa  bb  cc  dd  ee
1  01  02  03  04  05
2  11  12  13  14  15
3  21  22  23  24  25
4  31  32  33  34  35
5  41  42  43  44  45
```
#根据header参数指定,从第一行开始读取文件内容
```
>>>df = pd.read_csv('demo.csv', names = ('A列', 'B列', 'C列', 'D列', 'E列'), header = 1)
>>>print(df)
   A列  B列  C列  D列  E列
0  11  12  13  14  15
1  21  22  23  24  25
2  31  32  33  34  35
3  41  42  43  44  45
```
#通过参数usecols指定要读取的列
```
>>>df = pd.read_csv('demo.csv', names = ('A列', 'B列', 'C列', 'D列', 'E列'), usecols = [1, 3])
>>>print(df)
   B列  D列
0  bb  dd
1  02  04
2  12  14
3  22  24
4  32  34
5  42  44
```
#通过nrows参数指定要读取的行数

```
>>>df = pd.read_csv('demo.csv', names = ('A列', 'B列', 'C列', 'D列', 'E列'),
usecols = [0, 2, 4], nrows = 3)
>>>print(df)
  A列  C列  E列
0  aa  cc  ee
1  01  03  05
2  11  13  15
>>>df = pd.read_csv('demo.csv', names = ('A列', 'B列', 'C列', 'D列', 'E列'))
#将 DataFrame 中的数据保存到当前目录下的"demo1.csv"文件中
>>>df.to_csv('demo1.csv')
#将 DataFrame 中的数据保存到当前目录下的"demo1.csv"文件中, 并只选取其中两列的内容
>>>df.to_csv('demo1.csv', columns = ('B列', 'C列'))

#读取 JSON 格式文件, 并转换为 DataFrame 格式
>>>df = pd.read_json('demo.json')
#demo.json 文件内容
[
{
"StudentName":"James",
"StudentID": "A001",
"Courses":"Python",
"Score":94,
"Hobbies":["Music", "Hiking"]
},
{
"StudentName":"Michael",
"StudentID": "A002",
"Courses":"C++",
"Score":79,
"Hobbies":["Soccer"]
},
{
"StudentName":"Ethan",
"StudentID": "A003",
"Courses":"Java",
"Score":87,
"Hobbies":["Basketball"]
},
{
"StudentName":"William",
"StudentID": "A004",
"Courses":"Erlang",
"Score": 68.5,
"Hobbies":["Traveling", "Watching TV"]
}
]
>>>print(df)
StudentName   StudentID   Courses   Score              Hobbies
```

```
0       James    A001    Python    94.0         [Music, Hiking]
1     Michael    A002       C++    79.0                [Soccer]
2       Ethan    A003      Java    87.0            [Basketball]
3     William    A004    Erlang    68.5  [Traveling, Watching TV]
```

上述代码中的示例文件也可以是通过 zip 等压缩的 CSV、JSON 文件。更多的关于 pandas 的读/写操作示例，读者可参考其官方文档进行深入探索和研究。

### 2.1.3 Python 内置文件读/写方法

Python 对文件的读/写操作通常可分为以下 3 个步骤。

① 通过 Python 内置的 open() 函数打开文件，获取文件对象 file。

② 调用文件对象 file 的 read()、readline()、readlines()、write()、writelines() 等方法来实现文件读/写。

③ 调用文件对象 file 的 close() 方法关闭文件。

Python 内置文件打开函数 open() 的原型如下。

```
open(file, mode = 'r', buffering = -1, encoding = None, errors = None, newline = None, closefd = True, opener = None)
```

参数说明如下。

① file：需要读取的文件名或文件的有效路径。

② mode：文件打开的读/写模式，是一个可选字符串，用于指定打开文件的模式，默认值是'r'。

③ buffering：用于设置缓冲策略，可选项。传递 0 以关闭缓冲（仅允许在二进制模式下），传递 1 选择行缓冲（仅在文本模式下可用），大于 1 的整数指示固定大小的块缓冲区的大小（以字节为单位）。

④ encoding：用于指定打开文件时所采用的编码格式。在读取和写入文件时，如果文件的编码格式与指定的编码格式不同，则会导致数据乱码或其他异常。

⑤ errors：是一个可选的字符串参数，用于指定如何处理编码和解码错误。由于二进制文件不能指定编码方式，该参数不能在二进制模式下使用。

⑥ newline：用于指定在读取和写入文件时使用的换行符。它的默认值为 None，表示使用系统默认的换行符。

⑦ closefd：用于指定在关闭文件时是否同时关闭文件描述符。文件描述符是操作系统中用于标识文件的整数值，可以理解为文件的"句柄"。

⑧ opener：用于指定一个自定义的文件打开器，在打开文件时对文件进行预处理或后处理。若未设置该参数，则使用默认的文件打开器。

以下示例代码和结果演示了基于 Python 内置函数的常见文件读/写操作。

```
>>>f = open("test.txt", 'r+') #以读/写方式打开文件
# "test.txt"文件内容如下：
The 1st line
The 2nd line
The 3rd line
```

```
The 4th line
#查看文件对象f，其中默认编码为'cp936'，该参数值因不同机器设置而不同
>>>print(f)
<_io.TextIOWrapper name = 'test.txt' mode = 'r+' encoding = 'cp936'>

>>>f = open("test.txt", 'r+')
#一次性读出文件所有内容，生成字符串('str'类型数据)。当然也可设置size参数，读取指定字节数
>>>data = f.read()
#输出文件内容、读取后的数据类型及数据长度
>>>print(data, '\n', type(data), '\n', len(data))
The 1st line
The 2nd line
The 3rd line
The 4th line
<class 'str'>
52
#处理完毕，关闭文件
>>>f.close()
'''
f.read()读取文件后，文件指针将指向文件末尾，必须重新打开文件或通过f.seek(0)将指针移动到文件开始
位置，方可继续下面的读操作
'''
>>>f = open("test.txt", 'r+')
#每次读取1行，生成字符串('str'类型数据)
>>>data = f.readline()
#输出文件内容，读取后的数据类型及数据长度
>>>print(data, '\n', type(data), '\n', len(data))
The 1st line
<class 'str'>
13
#继续读取第2行
>>>print(f.readline())
The 2nd line
#继续读取第3行
>>>print(f.readline())
The 3rd line
#指针归0，返回文件开始位置
>>>f.seek(0)
#重新读取第1行
>>>print(f.readline())
The 1st line
#指针归0，返回文件开始位置
>>>f.seek(0)
#一次读取文件中所有内容，以行为单位生成列表(list)
data = f.readlines()
#输出文件内容，读取后的数据类型及数据长度
print(data, '\n', type(data), '\n', len(data))
['The 1st line\n', 'The 2nd line\n', 'The 3rd line\n', 'The 4th line\n']
```

```
<class 'list'>
4

#打开文件，如果不存在，则会重新创建一个文件；如果存在，则会覆盖原文件。encoding 表示文件编码
f = open("file_to_write.txt", 'w+', encoding = 'utf-8')
data = 'The Zen of Python, by Tim Peters.\n'
#数据写入文件。需要注意的是，write 中的参数一定是 str 类型
f.write(data)
data = ['Beautiful is better than ugly.\n',
        'Explicit is better than implicit.\n',
        'Complex is better than complicated.\n',
        'Flat is better than nested.\n']
#多行数据写入文件
f.writelines(data)
#关闭文件，写入数据生效
f.close()
```

除了上面描述的几种常见的文件读/写方法，本书在后续章也会对其他类型文件（例如音视频文件等）的读/写操作进行介绍，故在此不再赘述。

## 2.2 数据预处理

### 2.2.1 数据清洗

数据清洗是将"脏"的数据变成"干净"的数据，是进行数据分析和使用数据训练模型的必经之路，包括检查数据一致性、处理无效值和缺失值等。我们将利用 pandas 工具提供的强大功能来进行数据清洗。

**1. 缺失值处理**

缺失值是指粗糙数据中由于缺少信息而造成的数据的聚类、分组、删失或截断。它指的是现有数据集中某个或某些属性的值是不完全的。缺失值产生的原因多种多样，主要分为机械原因和人为原因。机械原因是由机械故障导致的数据收集或保存失败而造成的数据缺失，例如，数据存储的失败、设备机械故障等。人为原因则是由于人的主观失误等造成的数据缺失。

对数据而言，缺失值分为两种，一种是 pandas 中的空值，另一种是自定义的缺失值。pandas 中的空值有 3 个：np.nan(Not a Number)、None 和 pd.NaT（时间格式的空值，要注意大小写）。这 3 个值可用 pandas 提供的 isnull()、notnull()和 isna()等函数来进行判断。示例代码和结果如下。

```
>>>import numpy as np
>>>import pandas as pd

#定义一个包含不同类型缺失值的 DataFrame
>>>df = pd.DataFrame([[23, pd.NaT, 3], [None, 2, np.nan]])
```

```
#输出包含缺失值的数据
>>>print(df)
       0     1    2
0   23.0   NaT  3.0
1    NaN    2   NaN
#判断空值,输出真值表
>>>df.isnull()
       0      1      2
0  False   True  False
1   True  False   True
#判断非空值,输出真值表,与上一个方法结果正好相反
>>>df.notnull()
       0      1      2
0   True  False   True
1  False   True  False
#判断空值,输出真值表。与第一个方法结果一致
>>>df.isna()
       0      1      2
0  False   True  False
1   True  False   True
```

isnull()函数与notnull()函数的结果互为取反,isnull()和isna()的结果一样。对于上述3个函数,只需利用其一就可识别出数据中是否有空值。如果数据量较大,再配合Numpy中的any()或all()函数即可。

需要注意的是,如果某一列数据全是空值且包含pd.NaT,则np.nan和None会自动转换成pd.NaT。空值(np.nan、None、pd.NaT)既不是空字符串"",也不是空格" "。

执行以下示例代码即可查看上述几类值的数据类型。

```
>>>type(np.nan), type(None), type(pd.NaT), type(''), type(' ')
(float, NoneType, pandas._libs.tslibs.nattype.NaTType, str, str)
```

从上述结果可以看出,np.nan的类型是float,None的类型是NoneType,两者在pandas中都显示为NaN,pd.NaT的类型是pandas中的NaTType,显示为NaT。而无论是空字符串还是空格,其数据类型皆为str,这在pandas中不属于空值。

除了上述常见的缺失值,我们在获取数据时通常会遇到用一些特殊符号或字符来替代缺失值的情况,例如"?"、"/"、字母串"NA"或"N/A"等,它们都属于自定义缺失值。若数据由我们自己获取,则对于缺失值的自定义就很明晰,若数据由他人提供,一般也会同时提供数据说明文档,在其中也会注明缺失值的定义方式。

对于自定义缺失值,通常不用isnull()函数来判断,可用isin()函数来判断。找到这些缺失值后,将其统一替换成np.nan,那么源数据就只有空值一种缺失值了。此外,在数据处理的过程中,也可能产生缺失值,例如,运算时除数为0、数字与空值进行计算等。

以下示例代码和结果演示了对自定义缺失值的识别和替换。

```
>>>df = pd.DataFrame([["?", 1, "?"], [np.nan, "?", 5], ["abc", "?", "?"]])
>>>print(df)
     0  1  2
0    ?  1  ?
```

```
1    NaN    ?    5
2    abc    ?    ?
>>>df.isin(['?'])
       0      1      2
0    True   False   True
1    False   True   False
2    False   True   True
>>>df = df.replace(to_replace = '?', value = np.nan)
>>>print(df)
       0      1      2
0    NaN    1.0    NaN
1    NaN    NaN    5.0
2    abc    NaN    NaN
>>>df = df.fillna('0')
>>>print(df)
       0      1      2
0     0    1.0     0
1     0     0    5.0
2    abc    0     0
```

在上述示例代码中,我们用到了 fillna()函数,用于填充 DataFrame 或 Series 中的空值,fillna()函数原型如下。

```
fillna(value = None, method = None, axis = None, inplace = False, limit = None)
```

参数说明如下。

① value:表示填充的值,可以是一个指定值,也可以是字典、Series 或 DataFrame。

② method:填充的方式,默认为 None。有 ffill()、pad()、bfill()、backfill()这 4 种填充方式可以使用。ffill()和 pad()表示用缺失值的前一个值填充,如果 axis=0,则用空值上一行的值填充;如果 axis=1,则用空值左边的值填充。假如空值在第一行或第一列,以及空值前面的值全都是空值,则无法获取到可用的填充值,填充后依然保持空值。bfill()和 backfill()表示用缺失值的后一个值填充,axis 的用法及找不到填充值的情况同 ffill()和 pad()。

③ axis:通常配合 method 参数使用,axis=0 表示按行填充,axis=1 表示按列填充。

④ inplace:默认为 False,返回原数据的一个副本。若将其值设为 True,则会修改数据本身。

⑤ limit:表示填充执行的次数。如果是按行填充,则填充一行表示执行一次,按列同理。

除了可以在 fillna()函数中传入 method 参数指定填充方式,pandas 还提供了以下 4 个函数来实现不同方式的填充。

① pad(axis=0, inplace=False, limit=None):用缺失值的前一个值填充。

② ffill():同 pad()。

③ bfill():用缺失值的后一个值填充。

④ backfill():同 bfill()。

在进行数据填充时,可能填充之后还有空值,例如用 ffill()和 pad()填充时,数据第一行就是空值。对于这种情况,需要在填充前进行预判,以免选择不合适的填充方式,并在填充完成后,再检查一次数据中是否仍有空值。

对于空值的处理,除了填充,通常也会进行删除操作,即去除 DataFrame 或 Series 中所有的空值。实现空值删除可通过 pandas 提供的 dropna()函数来实现，其函数原型如下。
```
dropna(axis = 0, how = "any", thresh = None, subset = None, inplace = False)
```
参数说明如下。

① axis：默认为 0（'index'），按行删除，即删除有空值的行。将 axis 参数修改为 1 或 'columns'，则按列删除，即删除有空值的列。在实际应用中，一般不会按列删除，例如数据中的一列表示年龄，不能因为年龄有缺失值而删除所有年龄数据。

② how：默认为 any，只要一行（或列）数据中有空值就会删除该行（或列）。将 how 参数修改为 all，则只有一行（或列）数据中全部都是空值时才会删除该行（或列）。

③ thresh：表示删除空值的界限，传入一个整数，如果一行（或列）数据中少于 thresh 个非空值，则删除。也就是说，一行（或列）数据中至少要有 thresh 个非空值，否则删除。

④ subset：删除空值时，只判断 subset 指定的列（或行）的子集，其他列（或行）中的空值忽略，不处理。当按行进行删除时，subset 设置成列的子集，反之亦然。

⑤ inplace：默认为 False，返回原数据的一个副本。若将其值设为 True，则会修改数据本身。

以下示例代码和结果演示了对空值进行不同方式的删除。

```
>>>import pandas as pd
>>>import numpy as np

#定义带有缺失数据的示例 DataFrame
>>>df = pd.DataFrame([['Beijing', 'Shanghai', 'Tianjin'],
            ['np.nan', 20, pd.NaT],
            [5, 2, 1], [np.nan, pd.NaT, np.nan],
            [23, pd.NaT, 35]],
            index = ['1st', '2nd', '3rd', '4th', '5th'],
            columns = list("ABC"))
>>>print(df)
          A         B        C
1st  Beijing  Shanghai  Tianjin
2nd   np.nan        20      NaT
3rd        5         2        1
4th      NaN       NaT      NaN
5th       23       NaT       35
>>>df.isnull()
         A      B      C
1st  False  False  False
2nd  False  False   True
3rd  False  False  False
4th   True   True   True
5th  False   True  False
#在数据极多时，用于判断数据集中是否有空值
>>>np.any(df.isnull())
True
#按默认值来删除数据中的所有空值
>>>df.dropna()
          A         B        C
```

```
1st    Beijing   Shanghai   Tianjin
3rd       5         2         1
'''
```
how 参数默认为 any，只要一行(或列)数据中有空值就会删除该行(或列)。
若设置 how = 'all'，则只有一行(或列)数据中皆为空值方可删除该行(或列)。
本示例中原数据第 4 行全部为空值，因此删去
```
'''
>>>df.dropna(how = 'all')
          A         B         C
1st    Beijing   Shanghai   Tianjin
2nd    np.nan       20        NaT
3rd       5         2         1
5th      23        NaT        35
#删除空值时，只判断 subset 指定的列的子集，其他列中的空值忽略
>>>print(df.dropna(subset = ['B', 'C']))
          A         B         C
1st    Beijing   Shanghai   Tianjin
3rd       5         2         1
```

删除缺失值，必然会导致数据量减少，若缺失值在数据中比例较大，例如超过了原始数据的 10%，那么，删除缺失值对数据分析的结果可能会产生较大影响。

### 2. 重复数据处理

pandas 提供了一个数据去重函数 drop_duplicates()，其函数原型如下。

```
data.drop_duplicates(subset = ['a', 'b', 'b'], keep = 'first', inplace = False)
```

参数说明如下。

① subset：表示要去重的列名，默认为 None。

② keep：有 3 个可选参数，分别为 first、last、False，默认为 first，表示只保留第一次出现的重复项，删除其余重复项。last 表示只保留最后一次出现的重复项。False 则表示删除所有重复项。

③ inplace：默认为 False，返回原数据的一个副本。若将其值设为 True，则会修改数据本身。

数据去重示例代码和结果如下。

```
>>>import pandas as pd
#包含重复数据的示例数据
>>>employee = {"eid": ['s001', 's002', 's003', 's003'],
               "name": ['Ethan', 'Julia', 'Lucy', 'Lucy'],
               "age": [36, 32, 40, 40]
              }
#构建 DataFrame
>>>df = pd.DataFrame(employee)
>>>print(df)
    eid    name   age
0  s001   Ethan    36
1  s002   Julia    32
2  s003   Lucy     40
3  s003   Lucy     40
#检测 DataFrame 中是否有重复数据
```

```
>>>df.duplicated()
True
#数据去重,并在原始数据上进行修改
>>>df.drop_duplicates(inplace = True)
>>>print(df)
    eid   name  age
0  s001  Ethan   36
1  s002  Julia   32
2  s003   Lucy   40
```

3. 清洗格式错误数据

数据格式的统一为自动化数据处理奠定了基础。然而,在原始数据收集的过程中,多种原因导致数据中存在很多格式不一致的记录。这将导致数据分析变得困难甚至不可能。

下面我们用一个简单的示例来演示如何清洗格式错误的数据。示例代码和结果如下。

```
>>>import pandas as pd

#第3个生日数据格式错误
>>>data = {"Name":['Zhang San', 'Li Si', 'Wang Wu', 'Zhao Liu'],
           "BirthDate": ['1995/1/20', '2022/10/01', '20231225', '1984/09/18'],
           "Salary": [5200, 4800, 3700, 6100]
          }
#构建DataFrame
>>>df = pd.DataFrame(data, index = ["S001", "S002", "S003", "S004"])
#统一日期类型数据格式以清除错误格式数据
>>>df['BirthDate'] = pd.to_datetime(df['BirthDate'])
>>>print(df.to_string())
          Name  BirthDate   Salary
S001  Zhang San 1995-01-20   5200
S002      Li Si 2022-10-01   4800
S003    Wang Wu 2023-12-25   3700
S004   Zhao Liu 1984-09-18   6100
```

4. 清洗异常值

异常值通常是指大于或小于某个基线范围的值。异常值的判断标准依赖具体的数据分析。例如,一个人的年龄大于200岁,身高大于5米等皆属于异常。

下面,我们用一个示例来阐述如何判断异常值及对异常值的处理。示例代码和结果如下。

```
>>>import pandas as pd
>>>import numpy as np

#生成一个含有正态分布的DataFrame数据集
>>>df = pd.DataFrame(np.random.randn(1000, 4), columns = list("ABCD"))
>>>df.describe()
                A            B            C            D
count  1000.000000  1000.000000  1000.000000  1000.000000
mean     -0.016179     0.073009     0.019907    -0.001817
std       0.980079     1.015633     0.998964     1.012289
```

```
min         -3.200000       -3.200000       -3.200000       -3.200000
25%         -0.685522       -0.612706       -0.662678       -0.640499
50%         -0.018596        0.064923        0.032917        0.021417
75%          0.633630        0.719793        0.667006        0.704845
max          3.045680        3.200000        3.119485        3.020550
'''
假设我们认为某列中绝对值大小超过 3.2 的是异常值，
那么判断异常值就是要找出某列中绝对值大小超过 3.2 的值
'''
>>>df[np.abs(df['D'])>3.2]
                A               B               C               D
786          0.839752        0.538285        0.110720       -3.396311
887         -0.687356       -0.136171        0.733409       -3.274637
#若要选出 DataFrame 中全部含有绝对值大于 3.2 的行，可以使用 any()方法
>>>df[(np.abs(df)>3.2).any(1)]
                A               B               C               D
260         -3.230160        0.243142        1.627338        0.242838
278         -0.341384       -3.219199        1.638692       -0.419887
469          0.324687       -3.223973        1.749321       -0.446775
527          1.195686        0.886712       -3.321280       -2.190539
616          0.256363        3.695966       -0.148884        0.961365
637          0.395031        3.474938        0.977569        0.117990
786          0.839752        0.538285        0.110720       -3.396311
803          0.133898        3.246604       -0.193667        0.446510
835          1.157389        3.458188        2.598339       -1.274119
887         -0.687356       -0.136171        0.733409       -3.274637
899         -0.633636        3.307489       -0.126079        0.103651
991          0.908902       -3.517305       -0.073932       -0.603436
#对于异常值，可以直接进行替换。将那些绝对值大于 3.2 的数据修改成等于 3.2
df[np.abs(df)>3.2] = np.sign(df)*3.2
#重新检查数据集中是否还有不符合条件的数据
df[(np.abs(df)>3.2).any(1)]
A B C D      #只显示了列名，意味着数据集中无符合上述筛选条件的数据
```

异常值除了可以进行替换，也可以进行删除，用 pandas 的 drop()函数来实现。drop()函数接受参数在特定轴线删除一条或多条记录，可通过 axis 参数设置是按行删除还是按列删除。drop()函数原型如下。

```
drop(labels = None, axis = 0, index = None, columns = None, level = None, inplace = False, errors = 'raise')
```

常用参数说明如下。

① labels：待删除的行名或列名。

② axis：删除时所参考的轴，0 为行，1 为列。

③ index：待删除的行名。

④ columns：待删除的列名。

⑤ inplace：默认为 False，返回原数据的一个副本。若将其值设为 True，则会修改数据本身。

对数据集中的特定数据进行删除的示例代码和结果如下。

```
>>>import pandas as pd
>>>import numpy as np
#构建示例 DataFrame
>>>df = pd.DataFrame(np.arange(36).reshape(6, 6), columns = list('ABCDEF'))
>>>print(df)
    A   B   C   D   E   F
0   0   1   2   3   4   5
1   6   7   8   9  10  11
2  12  13  14  15  16  17
3  18  19  20  21  22  23
4  24  25  26  27  28  29
5  30  31  32  33  34  35
#删除第 3 行数据
>>>df_new = df.drop(labels = 3, axis = 0)
>>>print(df_new)
    A   B   C   D   E   F
0   0   1   2   3   4   5
1   6   7   8   9  10  11
2  12  13  14  15  16  17
4  24  25  26  27  28  29
5  30  31  32  33  34  35
#用另一种方式删除第 3 行数据
>>>df_new = df.drop(index = 3)
>>>print(df_new)
    A   B   C   D   E   F
0   0   1   2   3   4   5
1   6   7   8   9  10  11
2  12  13  14  15  16  17
4  24  25  26  27  28  29
5  30  31  32  33  34  35
#删除第 1、3、5 行数据
>>>df_new = df.drop(labels = [1, 3, 5])
>>>print(df_new)
    A   B   C   D   E   F
0   0   1   2   3   4   5
2  12  13  14  15  16  17
4  24  25  26  27  28  29
#删除一列数据
>>>df_new = df.drop(columns = 'E')
>>>print(df_new)
    A   B   C   D   F
0   0   1   2   3   5
1   6   7   8   9  11
2  12  13  14  15  17
3  18  19  20  21  23
4  24  25  26  27  29
5  30  31  32  33  35
```

```
#删除 C、E、F 列数据
>>>df_new = df.drop(columns = ['C', 'E', 'F'])
>>>print(df_new)
    A   B   D
0   0   1   3
1   6   7   9
2  12  13  15
3  18  19  21
4  24  25  27
5  30  31  33
#同时删除第 0 行和 B 列数据
>>>df_new = df.drop(index = 0, columns = ['B'])
>>>print(df_new)
    A   C   D   E   F
1   6   8   9  10  11
2  12  14  15  16  17
3  18  20  21  22  23
4  24  26  27  28  29
5  30  32  33  34  35
```

### 2.2.2 数据集成

数据集成是将多个数据源合并到一个数据存储中的过程。在数据集成时，来自多个数据源的现实世界实体的表达形式是不一样的，有可能不匹配，要考虑实体识别问题和属性冗余问题，从而将源数据在最底层上加以转换、提炼和集成。

实体识别是指从不同数据源识别出现实世界的实体，它的任务是统一不同数据源的矛盾，常见形式如下。

① 同名异义：数据源 A 中的属性 ID 和数据源 B 中的属性 ID 虽然从表面上看名字相同，但所表示的实体不一样。例如，数据源 A 和数据源 B 中都有一个名为 sid 的属性标签，但数据源 A 中指的是订单编号，而数据源 B 中指的是顾客编号。

② 异名同义：两个数据源中某个属性名字不一样但所代表的实体一样。例如，数据源 A 中的 product_class 与数据源 B 中的 Product_Category 都是描述商品的类别。

数据集成往往容易造成数据冗余，可能是因为同一属性多次出现，也可能是因为属性名字不一致导致的重复，对于重复属性应先做相关分析检测，如果有再将其删除。

下面我们以 pandas 工具为例，利用 merge()、concat()、join()、append()等函数来简单地演示数据集成的不同方法。

1. merge()

merge()函数提供了一种类似于关系数据库的连接方式，可通过一个或多个键将不同的 DataFrame 连接起来。该函数典型的应用场景是针对同一个主键存在两张不同字段的表，根据主键将其整合到一张表中。merge()函数原型如下。

```
merge(left, right, how = 'inner', on = None, left_on = None, right_on = None,
left_index = False, right_index = False, sort = True, suffixes = ('_x', '_y'),
```

```
copy = True, indicator = False)
```

常用参数说明如下。

① left、right：两个不同的 DataFrame。

② on：用于连接的列索引名称，必须存在于 left、right 两个 DataFrame 中，若未指定且其他参数也未设置，则以两个 DataFrame 列名交集作为连接键。

③ left_on：left DataFrame 中用于连接键的列名，这个参数在左右列名不同但代表的含义相同时非常有用。

④ right_on：right DataFrame 中用于连接键的列名。

⑤ left_index：使用 left DataFrame 中的行索引作为连接键。

⑥ right_index：使用 right DataFrame 中的行索引作为连接键。

⑦ sort：默认为 True，对合并的数据进行排序，设置为 False 可以提高性能。

⑧ suffixes：字符串值组成的元组，用于指定当两个 DataFrame 存在相同列名时在列名后面附加的后缀名称，默认为('_x', '_y')。

⑨ copy：默认为 True，表示总是将数据复制到数据结构中，设置为 False 可以提高性能。

⑩ indicator：显示合并数据中数据的来源情况。

基于 merge() 的数据集成示例代码和结果如下。

```
>>>import pandas as pd
>>>import numpy as np
#构建 DataFrame 格式的示例数据
>>>left = pd.DataFrame({'StudentID':['S001', 'S002', 'S003', 'S004'],
                        'StudentName':['Lydia', 'Emma', 'Julia', 'Shirley'],
                        'Age':[16, 18, 16, 17]})
>>>print(left)
  StudentID StudentName  Age
0      S001       Lydia   16
1      S002        Emma   18
2      S003       Julia   16
3      S004     Shirley   17
>>>right = pd.DataFrame({'StudentID':['S001', 'S002', 'S003', 'S004', 'S005'],
                         'StudentName':['Lydia', 'Emma', 'Julia', 'Shirley', 'Nancy'],
                         'Hometown':['Beijing', 'Shanghai', 'Chengdu', 'Wuhan',
                         'Guangzhou']})
>>>print(right)
  StudentID StudentName   Hometown
0      S001       Lydia    Beijing
1      S002        Emma   Shanghai
2      S003       Julia    Chengdu
3      S004     Shirley      Wuhan
4      S005       Nancy  Guangzhou
#没有指定连接键，默认用重叠列名，没有指定连接方式，默认 inner 内连接(取 key 的交集)
>>>pd.merge(left, right)
  StudentID StudentName  Age  Hometown
0      S001       Lydia   16   Beijing
1      S002        Emma   18  Shanghai
```

```
2        S003         Julia     16      Chengdu
3        S004       Shirley     17        Wuhan
#通过 on 参数来设置连接主键名，与上一条指令效果完全相同
>>>pd.merge(left, right, on = ['StudentName'])
  StudentID StudentName    Age   Hometown
0     S001        Lydia     16    Beijing
1     S002         Emma     18   Shanghai
2     S003        Julia     16    Chengdu
3     S004      Shirley     17      Wuhan
#利用 how 参数指定连接方式，设置以 left DataFrame 为主
>>>pd.merge(left, right, how = 'left')
  StudentID StudentName    Age   Hometown
0     S001        Lydia     16    Beijing
1     S002         Emma     18   Shanghai
2     S003        Julia     16    Chengdu
3     S004      Shirley     17      Wuhan
#利用 how 参数指定连接方式，设置以 right DataFrame 为主
>>>pd.merge(left, right, how = 'right')
  StudentID StudentName    Age   Hometown
0     S001        Lydia   16.0    Beijing
1     S002         Emma   18.0   Shanghai
2     S003        Julia   16.0    Chengdu
3     S004      Shirley   17.0      Wuhan
4     S005        Nancy    NaN  Guangzhou
#利用 how 参数，指定为 outer 外连接方式(取 key 的并集)，此种方式可能产生许多空值(NaN)
>>>pd.merge(left, right, how = 'outer')
  StudentID StudentName    Age   Hometown
0     S001        Lydia   16.0    Beijing
1     S002         Emma   18.0   Shanghai
2     S003        Julia   16.0    Chengdu
3     S004      Shirley   17.0      Wuhan
4     S005        Nancy    NaN  Guangzhou
'''
定义一个新的 right DataFrame 示例数据，与 left DataFrame 没有同名的 key，但其中两个列(StudentID
与 CardNo)内容完全一致，属于异名同义
'''
>>>new_right = pd.DataFrame({'CardNo':['S001', 'S002', 'S003', 'S004', 'S005'],
                  'Score':['A-', 'A', 'A+', 'B+', 'B'],
                  'Hometown':['Beijing', 'Shanghai', 'Chengdu', 'Wuhan',
                              'Guangzhou']})
#若两个对象的列名不同，可以使用 left_on、right_on 分别指定
>>>pd.merge(left, new_right, left_on = 'StudentID', right_on = 'CardNo', how = 'outer')
  StudentID StudentName    Age  CardNo Score   Hometown
0     S001        Lydia   16.0    S001    A-    Beijing
1     S002         Emma   18.0    S002     A   Shanghai
2     S003        Julia   16.0    S003    A+    Chengdu
```

| | | | | | | | |
|---|---|---|---|---|---|---|---|
| 3 | S004 | Shirley | 17.0 | S004 | B+ | Wuhan | |
| 4 | NaN | NaN | NaN | S005 | B | Guangzhou | |

2. concat()

concat()函数用于将多个数据表拼接在一起，通过参数 axis 来指定合并的方向是行还是列。concat()函数原型如下。

```
concat(objs, axis = 0, join = 'outer', join_axes = None, ignore_index = False,
 keys = None, levels = None, names = None, verify_integrity = False, copy = True)
```

主要参数说明如下。

① objs：需要连接的对象集合，一般是列表或字典。

② axis：连接轴向。axis=0 代表纵向合并，axis=1 代表横向合并。

③ join：连接方式，有外连接('outer')和内连接('inner')两种。

④ ignore_index：是否重建索引，默认 False。

基于 concat()函数的数据集成示例代码和结果如下。

```
>>>import pandas as pd
>>>import numpy as np
#利用随机函数产生一个示例数据表
>>>df1 = pd.DataFrame(np.random.randn(5, 3), columns = ['A', 'B', 'C'])
>>>print(df1)
          A         B         C
0  0.524866  0.879331  1.593756
1  0.178983 -0.835664  0.540804
2 -1.102280 -0.684336  0.709223
3  0.274954  0.570436  0.359971
4  0.694102  0.535012 -0.355369

#利用随机函数产生一个示例数据表
>>>df2 = pd.DataFrame(np.random.randn(3, 4), columns = ['A', 'B', 'D', 'E'])
>>>print(df2)
          A         B         D         E
0 -0.233256  0.515855  1.332131 -0.101568
1 -0.383464  0.054991  1.359651 -0.605781
2 -0.974740 -0.505878 -1.536249  1.840796

'''
默认进行纵向拼接（根据列名匹配后，往下拼接排列），
此种方式因两个数据表可能存在不匹配的行数等原因会产生 NaN 值
'''
>>>df = pd.concat([df1, df2])
>>>print(df)
          A         B         C         D         E
0 -0.367917  0.807329 -0.312418       NaN       NaN
1 -0.078570 -0.635490  0.721542       NaN       NaN
2  0.542462 -0.151313 -0.620730       NaN       NaN
3 -1.040045  1.166877 -0.033628       NaN       NaN
4  0.721538  0.114659 -1.414817       NaN       NaN
```

```
0 -0.414689 -0.790043        NaN  1.101414  1.579110
1 -0.203449 -0.411655        NaN  0.156764 -1.122639
2  0.839687  1.196347        NaN  0.991842  1.376883
```

```
#横向拼接（默认索引 key 全保留下来）
>>>df = pd.concat([df1, df2], axis = 1)
>>>print(df)
          A         B         C         A         B         D         E
0 -0.367917  0.807329 -0.312418 -0.414689 -0.790043  1.101414  1.579110
1 -0.078570 -0.635490  0.721542 -0.203449 -0.411655  0.156764 -1.122639
2  0.542462 -0.151313 -0.620730  0.839687  1.196347  0.991842  1.376883
3 -1.040045  1.166877 -0.033628       NaN       NaN       NaN       NaN
4  0.721538  0.114659 -1.414817       NaN       NaN       NaN       NaN

#横向关联拼接（只保留两个数据表都存在的索引行）
>>>df = pd.concat([df1, df2], axis = 1, join = 'inner')
>>>print(df)
          A         B         C         A         B         D         E
0 -0.367917  0.807329 -0.312418 -0.414689 -0.790043  1.101414  1.579110
1 -0.078570 -0.635490  0.721542 -0.203449 -0.411655  0.156764 -1.122639
2  0.542462 -0.151313 -0.620730  0.839687  1.196347  0.991842  1.376883
```

### 3. join()

join()函数主要用于基于索引的横向数据合并拼接。默认以左连接的方式进行合并，默认的连接列是 DataFrame 的行索引，而且在合并两个 DataFrame 时，其中不能有相同的列名（merge()函数会自动给相同的列名加后缀）。join()函数原型如下。

```
join(self, other, on = None, how = 'left', lsuffix = '', rsuffix = '', sort = False)
```

主要参数说明如下。

① other：传入被合并的 DataFrame。

② on：指定合并时调用 join()方法的 DataFrame 中用于连接（外连接、内连接、左连接、右连接）的列，默认为 None。

③ how：指定合并时使用的连接方式。通常有 4 种方式——内连接（inner）、外连接（outer）、左连接（left）、右连接（right）。内连接时，取行索引的交集；外连接时，取行索引的并集；左连接时，使用左边 DataFrame 的行索引；右连接时，使用右边 DataFrame 的行索引。

④ lsuffix：当两个 DataFrame 中有相同的列名时，使用 lsuffix 参数给调用 join()的 DataFrame 设置列名后缀。

⑤ rsuffix：当两个 DataFrame 中有相同的列名时，使用 rsuffix 参数给传入 join()的 DataFrame 设置列名后缀。

基于 join()函数的数据集成示例代码和结果如下。

```
>>>import pandas as pd

#定义两个示例 DataFrame
>>>df_left = pd.DataFrame({'StudentID':['S001', 'S002', 'S003', 'S004'], 'Student
```

```
Name':['Lydia', 'Emma', 'Julia', 'Shirley'], 'Age':[16, 18, 16, 17]})
>>>print(df_left)
  StudentID StudentName  Age
0    S001        Lydia   16
1    S002         Emma   18
2    S003        Julia   16
3    S004      Shirley   17
>>>df_right = pd.DataFrame({'CardNo':['S001', 'S002', 'S003', 'S004', 'S005'],
'Score':['A-', 'A', 'A+', 'B+', 'B'], 'Hometown':['Beijing', 'Shanghai', 'Chengdu',
'Wuhan', 'Guangzhou']})
>>>print(df_right)
  CardNo Score   Hometown
0   S001    A-    Beijing
1   S002     A   Shanghai
2   S003    A+    Chengdu
3   S004    B+      Wuhan
4   S005     B  Guangzhou
#利用join()提供的4种不同的连接方式对数据表进行合并,输出结果不尽相同
>>>df_join = df_left.join(df_right, how = 'inner')  #内连接
>>>print(df_join)
  StudentID StudentName  Age CardNo Score  Hometown
0    S001        Lydia   16   S001    A-   Beijing
1    S002         Emma   18   S002     A  Shanghai
2    S003        Julia   16   S003    A+   Chengdu
3    S004      Shirley   17   S004    B+     Wuhan
>>>df_join = df_left.join(df_right, how = 'outer')  #外连接
>>>print(df_join)
  StudentID StudentName   Age CardNo Score   Hometown
0    S001        Lydia  16.0   S001    A-    Beijing
1    S002         Emma  18.0   S002     A   Shanghai
2    S003        Julia  16.0   S003    A+    Chengdu
3    S004      Shirley  17.0   S004    B+      Wuhan
4     NaN          NaN   NaN   S005     B  Guangzhou
df_join = df_left.join(df_right, how = 'left')  #左连接
>>>print(df_join)
  StudentID StudentName  Age CardNo Score  Hometown
0    S001        Lydia   16   S001    A-   Beijing
1    S002         Emma   18   S002     A  Shanghai
2    S003        Julia   16   S003    A+   Chengdu
3    S004      Shirley   17   S004    B+     Wuhan
>>>df_join = df_left.join(df_right, how = 'right')   #右连接
>>>print(df_join)
  StudentID StudentName   Age CardNo Score   Hometown
0    S001        Lydia  16.0   S001    A-    Beijing
1    S002         Emma  18.0   S002     A   Shanghai
2    S003        Julia  16.0   S003    A+    Chengdu
3    S004      Shirley  17.0   S004    B+      Wuhan
4     NaN          NaN   NaN   S005     B  Guangzhou
#改变合并DataFrame的顺序,也会导致输出结果的改变(主要是列索引的排列顺序)
```

```
>>>df_join = df_right.join(df_left)
>>>print(df_join)
  CardNo Score   Hometown StudentID StudentName   Age
0   S001    A-    Beijing      S001       Lydia  16.0
1   S002     A   Shanghai      S002        Emma  18.0
2   S003    A+    Chengdu      S003       Julia  16.0
3   S004    B+      Wuhan      S004     Shirley  17.0
4   S005     B  Guangzhou       NaN         NaN   NaN
```

4. append()

append()函数主要用于将一个或多个 DataFrame 或 Series 添加到 DataFrame 中,实现数据表的合并功能。append()函数原型如下。

```
append(other, ignore_index = False, verify_integrity = False, sort = False)
```

参数说明如下。

① other:用于追加的数据,可以是 DataFrame 或 Series 组成的列表。

② ignore_index:是否保留原有的索引。

③ verify_integrity:检测索引是否重复,如果为 True,则有重复索引,系统会报错。

④ sort:在并集合并方式下对 columns 排序。

基于 append()函数的数据集成示例代码和结果如下。

```
>>>import pandas as pd

#添加 dict
>>>data = pd.DataFrame()
>>>a_dict = {'A':100, 'B':101, 'C':'102'}
#若未设置 ignore_index = True,则会出错
>>>data.append(a_dict, ignore_index = True)
       A      B      C
0  100.0  101.0  102.0

#添加 series
>>>a_series = pd.Series({'x':1, 'y':2}, name = 'sample')
>>>data.append(a_series)
          x    y
sample  1.0  2.0
#添加 list。若是一维 list,则以列的形式添加;若是二维 list,则以行的形式添加;若是三维 list,则只添加一个值
>>>a_list = ['a', 'b', 'c', 'd']
>>>data.append(a_list)
   0
0  a
1  b
2  c
3  d
>>>a_list = [['a', 'b', 'c', 'd']]
>>>data.append(a_list)
   0  1  2  3
```

```
0  a  b  c  d
#添加DataFrame
>>>df1 = pd.DataFrame(columns = ['x', 'y', 'z'])  #定义一个只有索引没有数据的DataFrame
>>>df2 = pd.DataFrame([[1, 2, 3], [4, 5, 6]])     #定义一个DataFrame，没有显示指定列索引
#输出不是我们希望的结果，因为被添加的DataFrame和空DataFrame必须有相同的列索引
>>>df1.append(df2)
     x    y    z    0    1    2
0  NaN  NaN  NaN  1.0  2.0  3.0
1  NaN  NaN  NaN  4.0  5.0  6.0
#定义一个DataFrame，列索引和df1一致
>>>df3 = pd.DataFrame([[1, 2, 3], [4, 5, 6]], columns = ['x', 'y', 'z'])
#添加DataFrame数据到空DataFrame中
>>>df1.append(df3)
   x  y  z
0  1  2  3
1  4  5  6
```

## 2.2.3 数据变换

数据变换主要是指对数据进行规范化处理，将数据转换成适当的形式，以满足软件算法或数据分析的需要。数据变换方法主要包括简单函数变换、数据规范化、连续属性离散化、小波变换等。

### 1. 简单函数变换

简单函数变换用来将不具有正态分布的数据变成具有正态分布的数据，常见的有平方、开方、取对数、差分等。例如，在时间序列里常对数据进行对数或差分运算，将非平稳序列转化成平稳序列。在数据挖掘中，简单的函数变换可能更有必要。例如，个人年收入范围为10000元到10亿元，这是一个很大的区间，使用对数变换对其进行压缩就是一种常用的数据变换方法。

### 2. 数据规范化

不同评价指标往往具有不同的量纲，数值之间的差别可能非常大，不对其进行处理会影响数据分析结果。数据规范化就是剔除指标之间的量纲和取值范围差异的影响，对数据进行标准化处理，将数据按照比例进行缩放，落入一个特定的区域。例如，将工资收入范围映射到[0,1]区间。

数据规范化对于基于距离的数据挖掘算法尤为重要。常见的数据规范化方法如下。

① 最小-最大规范化：也称为离差标准化，是对原始数据进行线性变换，将其范围变成[0,1]。转换公式如下。

$$x^* = \frac{x - \min}{\max - \min} \tag{2-1}$$

其中，max为样本数据的最大值，min为样本数据的最小值，max-min为极差。离差标准化保留了原来数据中存在的关系，是消除量纲和数据取值范围影响的最简单的方法。

② 零-均值规范化：也称为标准差标准化，处理后的数据均值为0，标准差为1。转换公式如下。

$$x^* = \frac{x - \overline{x}}{\sigma} \qquad (2-2)$$

其中，$\overline{x}$ 为原始数据的均值，$\sigma$ 为原始数据的标准差。这是当前用得最多的数据标准化方法之一。

③ 小数定标规范化：通过移动属性值的小数位数，将属性值映射到[-1,1]。移动的小数位数取决于属性值绝对值的最大值。转换公式如下。

$$x^* = \frac{x}{10^k} \qquad (2-3)$$

下面，我们通过一个简单的示例来展示上述 3 种数据规范化处理方法。示例代码和结果如下。

```
>>>import pandas as pd
>>>import numpy as np
#读取示例数据，一个 6×5 的数值矩阵
>>>data = pd.read_csv("sampledata.csv", header = None)
>>>print(data)   #原始矩阵数据
     0    1    2     3    4
0  138  365  703  2023   94
1  104  610 -521  2245  -78
2   87 -421  468 -1283  193
3   69 -536  695  2705   75
4  190  525  694  1951  -67
5  101  393  470  2417  123

#数据的最小-最大规范化
>>>N1 = (data - data.min())/(data.max() - data.min())
>>>print(N1)
          0         1         2         3         4
0  0.570248  0.786213  1.000000  0.828987  0.634686
1  0.289256  1.000000  0.000000  0.884654  0.000000
2  0.148760  0.100349  0.808007  0.000000  1.000000
3  0.000000  0.000000  0.993464  1.000000  0.564576
4  1.000000  0.925829  0.992647  0.810933  0.040590
5  0.264463  0.810646  0.809641  0.927783  0.741697
#数据的零-均值规范化
>>>N2 = (data - data.mean())/data.std()
>>>print(N2)
          0         1         2         3         4
0  0.535130  0.417346  0.601537  0.234971  0.346198
1 -0.250241  0.906580 -1.983418  0.385443 -1.248785
2 -0.642926 -1.152195  0.105243 -2.005842  1.264240
3 -1.058711 -1.381835  0.584642  0.697232  0.170008
4  1.736286  0.736846  0.582530  0.186170 -1.146780
5 -0.319538  0.473259  0.109466  0.502025  0.615119
#数据的小数定标规范化
>>>N3 = data/10**np.ceil(np.log10(data.abs().max()))
>>>print(N3)
```

|   | 0 | 1 | 2 | 3 | 4 |
|---|---|---|---|---|---|
| 0 | 0.138 | 0.365 | 0.703 | 0.2023 | 0.094 |
| 1 | 0.104 | 0.610 | -0.521 | 0.2245 | -0.078 |
| 2 | 0.087 | -0.421 | 0.468 | -0.1283 | 0.193 |
| 3 | 0.069 | -0.536 | 0.695 | 0.2705 | 0.075 |
| 4 | 0.190 | 0.525 | 0.694 | 0.1951 | -0.067 |
| 5 | 0.101 | 0.393 | 0.470 | 0.2417 | 0.123 |

**3. 连续属性离散化**

将连续属性变量转化成分类属性，就是连续属性离散化，特别是某些分类算法要求数据是分类属性形式，例如 ID3、Apriori 算法等。

常见的离散化方法如下。

① 等宽法：将属性的值域分成具有相同宽度的区间，类似于制作频率分布表。

② 等频法：将相同的记录放到每个区间。

③ 一维聚类：包括两个步骤，首先将连续属性的值用聚类算法（例如 K-Means 算法）进行聚类，然后对聚类得到的簇进行处理，合并到一个簇的连续属性值并做统一标记。聚类分析的离散化方法也需要用户指定簇的个数，从而决定产生的区间。

**4. 小波变换**

小波变换（WT）是一种新型数据分析工具，它可以将一个信号分解成多个小波分量，每个小波分量具有不同的频率和时域特性。这些小波分量可以表示为不同的基函数，称为小波基函数。小波基函数具有局部性，即只在一定范围内有非零值，因此可以更好地适应信号的局部特征。与傅里叶变换相比，小波变换可以提供更多的时域和频域信息。小波变换的应用领域广泛，例如图像处理、音频处理、信号压缩等领域。在图像处理中，小波变换可以将图像分解成不同频率的小波分量，从而实现图像的去噪、边缘检测等功能。在音频处理中，小波变换可以对音频信号进行压缩和降噪处理。

小波函数的定义如下。

$$\psi_{a,b}(t) = \frac{1}{\sqrt{|a|}} \psi\left(\frac{t-b}{a}\right) \tag{2-4}$$

其中，$a$ 是缩放因子，控制小波函数的伸缩；$b$ 是平移参数，控制小波函数的平移。缩放因子对应频率，平移参数对应时间。

$f(t)$ 在缩放因子为 $a$ 的子空间投影如下。

$$f_a(t) = \int_{-\infty}^{+\infty} W_f(a,b)\psi_{a,b}^*(t)\mathrm{d}b \tag{2-5}$$

其中，小波系数如下（*代表复共轭）。

$$W_f(a,b) = \int_{-\infty}^{+\infty} f(t)\psi_{a,b}^*(t)\mathrm{d}t \tag{2-6}$$

若 $f(t)$ 是信号，$g(t) = \psi_{a,b}(t)$ 为小波函数，则小波变换计算如下。

$$W_f(a,b) = \int_{-\infty}^{+\infty} f(t)\psi_{a,b}^*(t)\mathrm{d}t = \frac{1}{2\pi}\int_{-\infty}^{+\infty} f(t)\psi_{a,b}^* F(\omega)\psi_{a,b}^*(\omega)\mathrm{d}\omega \tag{2-7}$$

其中，$F(\omega) = \mathcal{F}[f(t)]$。

从式（2-7）可知，只有当小波中心频率与原始信号固有频率接近时，小波系数才会取得极大值。因此，小波可以看作一个只允许频率和小波中心频率相近的信号通过的带通滤波器。通过缩放因子可以得到一系列不同的中心频率，通过平移系数则可以检测时域上不同位置的信号。这样就得到了原始信号在各个时间点包含的频率信息。

在 Python 中，Pywt 可用于小波变换分析，pywt.cwt()可用于实现连续小波变换。示例代码如下。

```python
import numpy as np
import pywt    #用于小波变换分析
import matplotlib.pyplot as plt
plt.rcParams['font.sans-serif'] = ['Microsoft Yahei']  #用来正常显示中文标签

import pywt    #用于小波变换分析
import matplotlib.pyplot as plt
plt.rcParams['font.sans-serif'] = ['Microsoft Yahei']  #用来正常显示中文标签

#生成时间序列t
t = np.linspace(0, 1, 400, endpoint = False)
#定义3个频率分量
f1 = 10
f2 = 50
f3 = 100

'''
利用piecewise()分段函数来构造一个包含多个频率分量的波形信号。
piecewise()函数可以根据一个或多个条件来将输入数组分成多个段，然后分别对每个段应用不同的函数。这里的条件是时间t的值分成了3段
'''
signal = np.piecewise(t, [t<0.3, (t> = 0.3) & (t<0.6), t> = 0.6],
                        [lambda t : np.sin(2 * np.pi * f1 * t),       #10Hz 正弦波
                         lambda t : np.sin(2 * np.pi * f2 * t),       #50Hz 正弦波
                         lambda t : np.sin(2 * np.pi * f3 * t)])      #100Hz 正弦波
#指定小波的类型，这里使用的是cgau8小波
wavename = "cgau8"

#对signal进行小波变换，得到小波系数coeffs和频率freqs
coeffs, freqs = pywt.cwt(signal, np.arange(1, 200), wavename, 1/400)

#生成时间序列t
t = np.linspace(0, 1, 400, endpoint = False)

#绘制信号的时域图像和小波变换后的时频图像
plt.figure(figsize = (10, 6))
plt.plot(t, signal)
plt.title('原始时域信号')
plt.xlabel('Time/s')
plt.show()
```

```
plt.figure(figsize = (10, 6))
plt.contourf(t, freqs, abs(coeffs))
plt.title('信号经小波变换后的时频图像')
plt.xlabel('Time/s')
plt.ylabel('频率/Hz')
plt.show()
```

运行上述示例代码,小波变换结果如图 2-1 所示。其中,图 2-1(a)为包含多个频率分量的原始信号波形,该信号包含 3 个频率分量;图 2-1(b)为经小波变换后的时频图像。

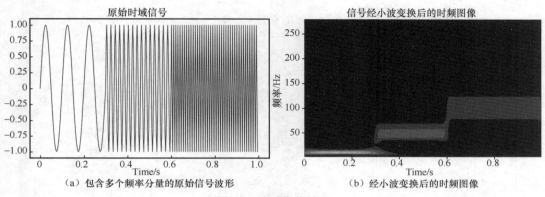

图 2-1 小波变换结果

离散小波变换用于将离散信号分解成多个频带,并对每个频带进行分析和处理。这种技术可以将信号分解成不同频率的成分,从而可以更好地理解和处理信号。离散小波变换在信号处理中有广泛的应用,常用于信号压缩、去噪、特征提取、信号分析等方面。例如,在音频处理中,通过离散小波变换对目标音频进行压缩和去噪,可使音频文件更小且更清晰。

小波基是一组可以用于表示信号的基本函数,类似于傅里叶变换中的正弦和余弦函数。根据不同的应用需求,可以选择不同类型的小波基。目前常见的小波基有 4 种类型——Haar 小波、Daubechies 小波、Symlets 小波和 Coiflets 小波。

Haar 小波是最简单的小波基,只有两个函数,用于分析和处理非平稳信号。Daubechies 小波是一类具有紧支集的小波基,适用于分析和处理平稳或非平稳信号。Symlets 小波是一类对称的小波基,适用于分析和处理对称信号或非对称信号。Coiflets 小波是一类具有更高阶数的小波基,适用于分析和处理高频信号或非平稳信号。不同类型的小波基适用于不同类型的信号,选择适合的小波基可以提高信号分析和处理的效果。

以下是一个对模拟心电图信号进行离散小波变换分析的示例。该心电图信号由 Pywt 内置的 ecg()函数生成。示例代码如下:

```
import numpy as np
import matplotlib.pyplot as plt
import pywt

#利用 pywt.data.ecg()函数生成一个模拟心电图信号
signal = pywt.data.ecg()
x = range(len(signal))
```

```
'''
指定离散小波变换使用的小波基。
可通过以下语句来查询可用的小波基类型：print(pywt.wavelist(kind = 'discrete'))
'''
wavelet_basis = 'haar'

#对原始信号进行离散小波变换，使用haar小波基进行分解，得到近似分量ca和细节分量cd
ca, cd = pywt.dwt(y, wavelet_basis)
#对ca进行小波反变换，使用haar小波基进行重构，得到低频近似分量singal_approximation
singal_approximation = pywt.idwt(ca, None, wavelet_basis)
#对cd进行小波反变换，使用haar小波基进行重构，得到高频细节分量signal_detail
signal_detail = pywt.idwt(None, cd, wavelet_basis)

#绘制3行1列的子图
plt.figure(figsize = (10, 8))
plt.subplot(3,1,1)
plt.plot(x, signal)
plt.title('原始信号')
plt.subplot(3,1,2)
plt.plot(x, ya)
plt.title('低频近似分量')
plt.subplot(3,1,3)
plt.plot(x, yd)
plt.title('高频细节分量')
#调整子图布局
plt.tight_layout()
#显示图像
plt.show()
```

运行上述示例代码，显示信号的离散小波变换，如图2-2所示。

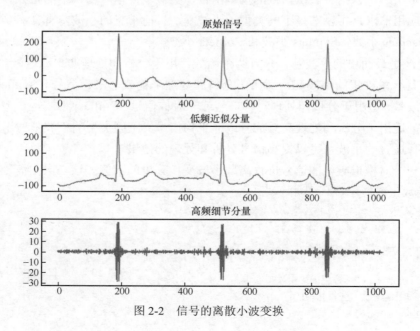

图2-2 信号的离散小波变换

## 2.2.4 数据归约

数据归约是指在对数据分析任务和数据本身内容理解的基础上，寻找数据的有用特征，以缩减数据规模，从而在尽可能保持数据原貌的前提下，最大限度地精简数据量。数据归约能够降低无效数据对建模的影响，缩减时间，减少存储数据的空间。

**1. 属性归约**

属性归约是寻找最小的属性子集并确定子集概率分布接近原来数据的概率分布。属性归约的常用方法有以下 5 种。

① 合并属性：将一些旧的属性合并为一个新的属性。

② 逐步向前选择：从一个空属性集开始，每次从原来的属性集合中选择一个当前最优属性添加到当前的属性子集中，直到无法选出最优属性或满足一定阈值约束为止。

③ 逐步向后删除：从一个全属性集开始，每次从当前的属性子集中选择一个当前最差属性，并将其从当前属性子集中剔除，直到无法选出最差属性或满足一定阈值约束为止。

④ 决策树归纳：利用决策树的归纳方法对初始数据进行分类归纳学习，获得一个初始决策树。将没有出现在决策树上的属性从初始集合中删除，从而获得一个较优的属性子集。

⑤ 主成分分析：用较少的变量来解释原始数据中的大部分变量，即将许多相关性很高的变量转化成彼此相互独立或不相关的变量。

下面我们将以主成分分析法为例进行数据的属性归约。在本例中，我们使用 Sklearn 模块中的 PCA()函数来实现主成分分析算法。PCA()函数原型如下。

```
sklearn.decomposition.PCA(n_components = None, copy = True, whiten = False)
```

参数说明如下。

① n_components：PCA 算法中所要保留的主成分个数 $n$，也就是保存下来的特征个数 $n$。默认为 None，即所有成分都保留。若设置为一个 int 类型的值 $N$，则将原始数据降维至 $N$ 维。若赋值为一个 str 类型的值，例如，n_components='mle'，则系统将自动选择特征个数，以满足所要求的方差百分比。

② copy：表示是否在运行算法时，将原始数据复制一份，默认为 True。

③ whiten：白化，使所有特征具有相同的方差，默认为 False。

示例代码与结果如下。

```
>>>import pandas as pd
>>>import numpy as np
>>>from sklearn.decomposition import PCA

#原始数据文件
>>>matrix = './datasets/pca_demo.csv'
#读入原始数据
>>>data = pd.read_csv(matrix, header = None)
>>>print(data)
      0     1     2     3     4     5      6      7
0  30.5  25.6   8.1   6.3   8.5   8.9  3.142  23.0
1  25.0  12.7  11.2  11.3  12.9  20.2  3.542   9.1
```

```
2   13.2   3.3    3.9    4.3    4.4    5.5    0.578   3.6
3   22.3   6.7    5.6    3.7    6.2    7.4    0.176   7.3
4   34.3   11.8   7.1    7.1    9.1    8.9    1.726   27.5
5   35.6   12.5   16.4   16.7   21.8   29.3   3.017   26.6
6   22.5   7.8    9.9    10.2   14.6   17.6   0.847   10.6
7   49.4   13.4   10.9   9.9    10.9   13.9   1.772   17.8
8   41.6   17.1   19.8   19.0   30.7   39.6   2.449   35.8
9   24.8   8.1    9.8    8.9    11.9   16.2   0.789   13.7
10  12.5   9.7    4.2    4.2    4.6    6.5    0.874   3.9
11  2.8    0.6    0.7    0.7    0.8    1.1    0.056   1.3
12  31.3   13.9   9.7    8.3    9.8    13.3   2.126   17.1
13  36.5   9.1    10.9   9.5    12.2   16.4   1.327   11.6
#初始化一个 PCA 对象
>>>pca = PCA()
#PCA 模型训练
>>>pca.fit(data)
#返回模型的各个特征向量
>>>print(pca.components_ )
[[ 0.55262646  0.20356653  0.23798624  0.23006541  0.34745518  0.4497261
   0.03876016  0.46809838]
 [ 0.58851878  0.2931896  -0.1544831  -0.20624858 -0.37099242 -0.57424791
   0.01327217  0.18360234]
 [-0.57853738  0.46990511 -0.0874882  -0.08032374  0.01250406 -0.10094405
   0.05211916  0.64599933]
 [ 0.02588781 -0.78917428 -0.12848622 -0.07141004  0.02117804 -0.15480094
  -0.13983279  0.55763844]
 [-0.06110294 -0.124652    0.15287535  0.6022066  -0.5310982   0.0034729
   0.55048566  0.09794306]
 [-0.02455458  0.04868134 -0.10532735  0.62231049  0.51505368 -0.55708478
  -0.12840036 -0.0809482 ]
 [-0.09173537  0.00370686  0.83596786  0.02694733 -0.19165547 -0.20031479
  -0.46198593  0.04139606]
 [ 0.01104914  0.10522332 -0.40252658  0.37726761 -0.39617832  0.2887061
  -0.6656574   0.03223702]]
#返回各个成分各自的方差百分比(贡献率)
>>>print(pca.explained_variance_ratio_)
[7.79942593e-01 1.33323205e-01 5.78458318e-02 2.62398638e-02
 1.78305048e-03 5.39134362e-04 2.39935398e-04 8.63858479e-05]
#返回前 4 个主成分的贡献率
>>>np.sum(pca.explained_variance_ratio_[0:3])
0.9711116300766567
```

运行上述示例代码，可得到特征方程的特征根、对应的几个特征向量及各个成分各自的方差百分比（贡献率）。其中，贡献率越大，向量的权重越大。从结果中可以看出，当我们选取前 4 个主成分时，累计贡献率达到了 97.1%，说明选取前 3 个主成分进行计算的结果已经非常不错，因此可以重建 PCA 模型，设置 n_components=3，计算出成分结果。示例代码与结果如下。

```
#选取前 3 个主成分并进行训练
>>>pca = PCA(3)
>>>pca.fit(data)
```

```
#数据降维
>>>pca_low_dim = pca.transform(data)
>>>print(pca_low_dim)
[[   4.27259147   12.66587811   11.18811473]
 [   0.61486648   -6.53139307   -2.40873069]
 [ -23.42117757   -3.11470203   -1.12805211]
 [ -14.23733185    2.01392726   -2.69564134]
 [   5.7694515    11.43053893    5.3689101 ]
 [  24.26810663   -7.59020183    0.94642631]
 [  -2.30755484   -7.90962514   -1.9505822 ]
 [  14.3236269    14.30238607   -9.9185268 ]
 [  41.86759442  -11.2450143     4.13971368]
 [  -1.41721633   -3.81047955   -0.91994123]
 [ -21.78568133   -2.26540895    2.37688651]
 [ -35.63440645   -5.35701843    3.07525508]
 [   2.80319891    4.94098549    0.63451877]
 [   4.88393206    2.47012745   -8.70835082]]
>>>pd.DataFrame(pca_low_dim).to_csv('result.csv')
```

运行上述代码，原始数据从 8 维降至 3 维，同时这 3 个维度的数据占据原始数据 95%以上的信息。

**2. 数值归约**

数值归约是指通过选择替代的、较小的数据来减少数据量，包括有参数法和无参数法两大类。有参数法包括线性回归和多元回归等，无参数法包括直方图、抽样等。

直方图使用分箱来近似数据分布，是一种非常流行的数据归约方法。直方图将数据分布划分为不相交的子集或"桶"。若每个"桶"只代表单个属性值，则该"桶"称为"单桶"。通常，"桶"表示给定属性的一个连续区间。

我们以直方图为例来阐述一个简单的数值归约案例。假设一个儿童玩具店里的商品价格从几元到几十元不等，下面一系列数值是每个玩具的价格（取整后的值）从小到大的排列。

4, 4, 6, 8, 8, 9, 9, 10, 10, 10, 10, 10, 10, 10, 15, 15, 18, 18, 18, 21, 21, 21, 25, 25, 25, 25, 25, 25, 25, 25, 25, 27, 27, 30, 30, 30, 30, 35, 35, 40, 40, 40, 45, 45, 56, 56, 60, 60, 70, 75, 75, 75, 78, 80, 83, 85, 85

单个价格标签及其统计数量如图 2-3（a）所示，使用"单桶"显示了这些数据统计的直方图，为了进一步压缩数据，通常让每个"桶"代表给定属性的一个连续值域。价格区间及其统计数量如图 2-3（b）所示，每个"桶"代表了一定的价值区间，具体范围由 $x$ 轴标签来标识。实现上述数值归约的示例代码如下。

```
import numpy as np
import itertools
import matplotlib.pyplot as plt
plt.rcParams['font.sans-serif'] = ['SimHei'] #正常显示中文标签

#示例数据
price = [4, 4, 6, 8, 8, 9, 9, 10, 10, 10, 10, 10, 10, 10, 15, 15, 18, 18, 18, 21, 21,
         21, 25, 25, 25, 25, 25, 25, 25, 25, 27, 27, 30, 30, 30, 30, 35, 35, 40,
         40, 40, 45, 45, 56, 56, 60, 60, 70, 75, 75, 75, 78, 80, 83, 85, 85]
```

```python
#获取每个价格的统计数量
price_key_count = [len(list(v)) for k, v in itertools.groupby(price)]
#通过将list转化为集合，来获取每个价格的唯一值，作为价格标签
price_key = list(set(price))

#绘制价格标签与统计数量的直方图
plt.bar(price_key, price_key_count, width = 0.5)
plt.title("单个价格标签与统计数量")
plt.show()

#用于保存价格区间内的统计数量总和
bin = []
#用于保存价格区间标签列表
bin_title = []

#循环统计数据，并制作相应标签
for i in range(0, len(price_key), 4):
    if i>len(price_key):
        exit()
    bin.append(np.sum(price_key_count[i:i+4]))
    if (i+4)<len(price_key):
        title = str(price_key[i])+"-"+str(price_key[i+4]-1)
        bin_title.append(title)

#获取最后一个价格标签
last_key_count = price_key_count[-1]
#将最后一个价格标签添加到标签列表中
last_bin_title = str(price_key[-last_key_count])+"-"
bin_title.append(last_bin_title)

#绘制数据归约后的统计图形
x = bin_title
y = bin
plt.bar(x, y)
plt.title("价格区间与统计数量")
plt.show()
```

运行上述示例代码，显示数据归约的直方图，如图2-3所示。

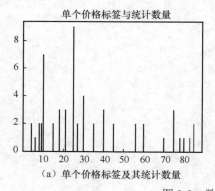
（a）单个价格标签及其统计数量

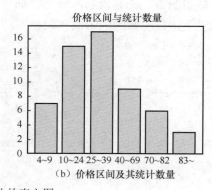
（b）价格区间及其统计数量

图 2-3　数据归约的直方图

# 第 3 章　常见类型数据的可视化

数据可视化是数据分析中的核心部分，也是展示分析结果的重要一步。数据可视化通过图表的形式描绘密集和复杂的信息，旨在简化数据并利用数据辅助用户进行决策。进行可视化的数据的来源比较复杂，通常包含不同类型的数据，各种数据量大小不一致，例如从几个数据点到大型多元数据集不等。图表是表达数据的常用方法，因为它们能够描述不同类型的数据，并且可以对数据进行分析、比较和探索等操作。对于不同类型的数据，需要根据它们自身的特点选择合适的图表进行有效的视觉传达。

在本章中，我们将根据数据的不同类别来分别介绍这些数据的可视化方法及适合展示它们的各种图表。

## 3.1　关系型数据可视化

关系型数据主要展示两个或多个变量之间的关系，例如正向的线性关系或者趋势性的非线性关系等。用于描述关系型数据的常见图表主要包括散点图、瀑布图、等高线图等。

### 3.1.1　散点图系列

**1. 散点图**

散点图是比较常见的图表之一，通常用于显示和比较数值。它使用一系列散点在直角坐标系中展示变量的数值分布。

iris 数据集是常用的统计分类实验数据集，包含 150 个数据样本，分为 3 类，每类包含 50 个数据，每个数据包含 4 个属性。通过花萼长度（sepal_length）、花萼宽度（sepal_width）、花瓣长度（petal_length）、花瓣宽度（petal_width）4 个属性可以预测鸢尾花卉属于山鸢尾（setosa）、杂色鸢尾（versicolor）、弗吉尼亚鸢尾（virginica）3 个种类中的哪一类。

散点图可以通过 Matplotlib 模块中的 scatter()函数来实现。示例代码如下：

```
import pandas as pd
import matplotlib.pyplot as plt

plt.rcParams["font.sans-serif"] = ["SimHei"] #设置中文字体

#载入著名的鸢尾花(iris)数据集
iris = pd.read_csv(r'datasets/iris.csv', delimiter = ' ')
```

```
iris.head()

#绘制散点图
plt.scatter(x = iris.Petal_Width,    #指定散点图的 x 轴数据
            y = iris.Petal_Length,   #指定散点图的 y 轴数据
            color = 'blue'           #指定散点图中点的颜色
           )
#添加 x 轴和 y 轴标签
plt.xlabel('花瓣宽度')
plt.ylabel('花瓣长度')
#添加标题
plt.title('鸢尾花的花瓣宽度与长度关系')
#显示图形
plt.show()
```

运行上述示例代码,显示散点图,如图 3-1 所示。

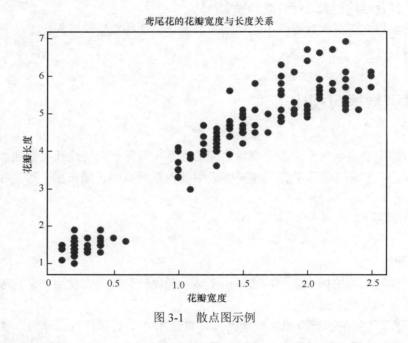

图 3-1  散点图示例

通过观察散点图上数据点的分布情况,我们可以推断出变量之间的相关性。若变量之间不存在相关性,那么散点图就会变为随机分布的离散点。若变量之间存在某种相关性,那么大部分数据点会相对密集并以某种趋势呈现。由图 3-1 可知,鸢尾花的花瓣宽度与花瓣长度之间具有一定的相关性。

2. 气泡图

气泡图是一种多变量图表,是散点图的变体,其最基本的用法是使用 3 个值来确定各数据序列。与散点图一样,气泡图将两个维度的数据值分别映射为笛卡儿坐标系上的坐标点,其中 x 轴和 y 轴分别代表两个不同维度的数据。但不同于散点图的是,每个气泡的面积代表第 3 个维度的数据。气泡图可通过气泡的位置及其面积的大小来分析数据之间的相关性。

下面绘制 3 种不同类别商品的销售额、利润及利润率之间关系的气泡图,示例代码如下。

```python
import pandas as pd
import matplotlib.pyplot as plt
plt.rcParams["font.sans-serif"] = ["SimHei"] #设置字体
plt.rcParams["axes.unicode_minus"] = False #该语句用于解决图像中负号的乱码问题

#读取示例数据
df = pd.read_csv('./datasets/MarketingReport.csv')
#绘制"Home and lifestyle"类别产品的气泡图
df_sales = [df['Sales'][i] for i in range(len(df['Sales']))] \
 if  df['Category'][i] == 'Home and lifestyle'] #销售额数据
df_profit = [df['Profit'][i] for i in range(len(df['Profit']))]\
 if  df['Category'][i] == 'Home and lifestyle'] #销售利润数据
df_std_ratio = [df['std_ratio'][i] for i in range(len(df['std_ratio']))]\
              if  df['Category'][i] == 'Home and lifestyle'] #标准利润率
df_std_ratio = [float(i)*800 for i in df_std_ratio]
#为了展示大小适中的气泡而将数值扩大800倍
plt.scatter(x = df_sales, y = df_profit, s = df_std_ratio, \
color = 'blue', label = 'Home and lifestyle', alpha = 0.6)

#绘制"Electronic accessories"类别产品的气泡图
df_sales = [df['Sales'][i] for i in range(len(df['Sales']))] \
 if  df['Category'][i] == 'Electronic accessories']
df_profit = [df['Profit'][i] for i in range(len(df['Profit']))] \
 if  df['Category'][i] == 'Electronic accessories']
df_std_ratio = [df['std_ratio'][i] for i in range(len(df['std_ratio']))] \
 if  df['Category'][i] == 'Electronic accessories']
df_std_ratio = [float(i)*800 for i in df_std_ratio]
plt.scatter(x = df_sales, y = df_profit, s = df_std_ratio, \
color = 'red', label = 'Electronic accessories', alpha = 0.6)

#绘制"Sports and travel"类别产品的气泡图
df_sales = [df['Sales'][i] for i in range(len(df['Sales']))]\
 if  df['Category'][i] == 'Sports and travel']
df_profit = [df['Profit'][i] for i in range(len(df['Profit']))]\
 if  df['Category'][i] == 'Sports and travel']
df_std_ratio = [df['std_ratio'][i] for i in range(len(df['std_ratio']))]\
 if  df['Category'][i] == 'Sports and travel']
df_std_ratio = [float(i)*800 for i in df_std_ratio]
plt.scatter(x = df_sales, y = df_profit, s = df_std_ratio, \
color = 'green', label = 'Sports and travel', alpha = 0.5)

#添加x轴和y轴标签
plt.xlabel('Sales')
plt.ylabel('Profit')
#添加标题
plt.title('气泡图示例')
#添加图例
plt.legend()
#显示绘制的气泡图
plt.show()
```

运行上述示例代码，显示气泡图，如图3-2所示。

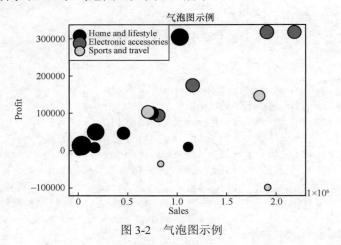

图3-2　气泡图示例

在本示例中，通过Matplotlib的scatter()函数绘制气泡图时，关键参数是s，用于控制气泡点的大小。如果参数s对应的变量值小于或等于0，则无法绘制对应的气泡点。变量值过小也会影响可视化效果，为此，上述程序中对该参数值在原有基础上倍乘了一个因子，以较好地显示大小适中的气泡。从图3-2中可以看出，"Sports and travel"类别产品的利润率波动比较大，因为其气泡面积大小不均匀，且呈离散状态。

### 3.1.2　瀑布图

瀑布图用于展示拥有相同的 $x$ 轴变量数据（例如相同的时间序列）、不同的 $y$ 轴离散型变量数据和 $z$ 轴数值变量数据，可以清晰地展示不同变量之间的数据变化。

为了方便绘制瀑布图，我们可以用一个基于 Matplotlib 的第三方工具包 Waterfall_ax。在 Anaconda 控制台执行以下命令即可完成 Waterfall_ax 的在线安装。

```
pip install waterfall_ax -i 镜像源地址
```

利用 Waterfall_ax 绘制瀑布图的示例代码如下。

```python
from waterfall_ax import WaterfallChart
import matplotlib.pyplot as plt

#累积值
step_values = [800, 300, 2300, 1300, 1150, 1000]

#绘制瀑布图
waterfall = WaterfallChart(step_values)
wf_ax = waterfall.plot_waterfall(title = 'Waterfall Example')
plt.show()
```

运行上述示例代码，显示默认设置瀑布图，如图3-3（a）所示。

从上述示例代码中可以看出，利用 Waterfall_ax 绘制瀑布图，只需提供要绘制的累积值，中间增量在后端进行计算。

我们再在这个示例的基础上为瀑布图进行自定义设置，例如，将 $x$ 轴标签设置为每个月每笔收支活动的名称,将 $y$ 轴标签设为银行卡账户余额,再结合累积值序列就能看到完全不同的结果。示例代码如下。

```python
from waterfall_ax import WaterfallChart
import matplotlib.pyplot as plt
plt.rcParams["font.sans-serif"] = ["SimHei"]  #设置中文字体

#累积值序列(账户余额)
step_values = [800, 300, 2300, 1300, 1150, 1000]

#标签
metric_name = '银行账户余额'  #y轴标签
step_names = ['月初余额', '买衣服', '发工资', '超市购物', '电话宽带费', '交通费']  #x轴标签
last_step_label = '月末余额'  #最后一个条柱的标签

#样式
bar_kwargs = {'edgecolor': 'black'}  #条柱边缘颜色
line_kwargs = {'color': 'blue'}       #条柱之间连线的颜色

#定义瀑布图参数
waterfall = WaterfallChart(
    step_values,
    step_names = step_names,
    metric_name = metric_name,
    last_step_label = last_step_label
)

#绘制自定义瀑布图
wf_ax = waterfall.plot_waterfall(
    title = '每月收支状况',
    bar_kwargs = bar_kwargs,
    line_kwargs = line_kwargs
)
plt.show()
```

运行上述示例代码,显示自定义设置瀑布图,如图 3-3(b)所示。此时的瀑布图已经变成了每月收支情况一览表,每笔收入、支出及银行账户余额一目了然。此外,还可从图中看出主要的收入和支出等信息。

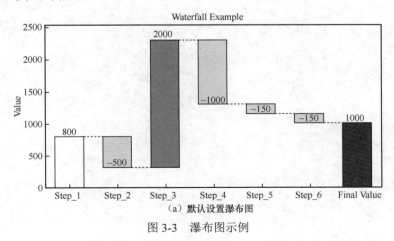

(a)默认设置瀑布图

图 3-3 瀑布图示例

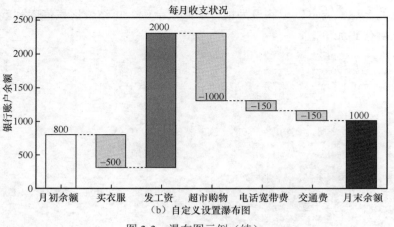

（b）自定义设置瀑布图

图 3-3 瀑布图示例（续）

### 3.1.3 等高线图

等高线图，也称水平图，是可视化二维空间标量场的基本方法，可以对三维数据使用二维的方法进行可视化，同时用颜色视觉特征表示第三维数据，例如地图上的等高线、天气预报中的等压线和等温线等。示例代码如下。

```
import pandas as pd
import numpy as np
import matplotlib.pyplot as plt
from scipy.interpolate import griddata  #用于插值计算

plt.rcParams['font.sans-serif'] = ['SimHei']   #用于中文显示
plt.rcParams['axes.unicode_minus'] = False     #用于正确显示负号

#读取示例数据
df = pd.read_csv('datasets/mapdata.csv',
                 encoding = 'GB18030',
                 usecols = ['x(m)', 'y(m)', '海拔(m)'])
'''
部分示例数据如下。
     x(m)   y(m)  海拔(m)
0      74    781       5
1    1373    731      11
2    1321   1791      28
3       0   1787       4
4    1049   2127      12
5    1647   2728       6
'''
#准备数据
x = df.iloc[:, 0]
y = df.iloc[:, 1]
```

```python
z = df.iloc[:, 2]
xi = np.linspace(min(x), max(x))
yi = np.linspace(min(y), max(y))
#生成2D网格
xi, yi = np.meshgrid(xi, yi)
#二维插值计算
zi = griddata(df.iloc[:, 0:2], z, (xi, yi), method = 'cubic')
#将从np.min(z)到np.max(z)的数据30等分,当z等于这些值时,绘制等高线
levels = np.linspace(np.min(z), np.max(z), 30)

#设置子图大小
fig, ax = plt.subplots(figsize = (8, 6))
#绘制等高线
cs = ax.contour(xi, yi, zi, levels = levels)
#向线轮廓添加标签,以支持轮廓绘图
ax.clabel(cs, inline = True, fontsize = 6)
#设置图形标题
ax.set_title('等高线图')
#显示绘制的图像
plt.show()
```

运行上述示例代码,显示等高线图,如图3-4所示。

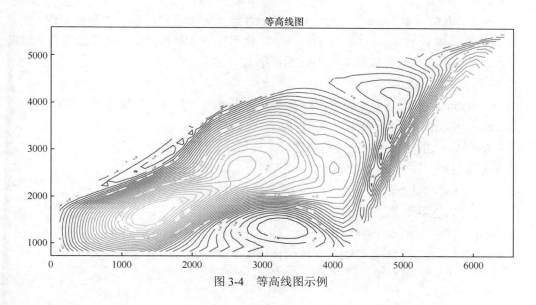

图3-4 等高线图示例

## 3.2 分布型数据可视化

数据分布型图表主要用于显示数据集中的数值及其出现的频率或分布规律,常见的有统计直方图、柱形分布图、箱形图、小提琴图等。

## 3.2.1 统计直方图

统计直方图简称直方图,形状类似柱形图,但有着与柱形图完全不同的含义。直方图涉及统计学的概念,首先要从数据中找出最大值和最小值,然后确定一个区间,使其包含全部测量数据。将区间分成若干个小区间,统计测量结果出现在每个小区间的次数,简称为频数 $M$,以测量数据为横坐标,以 $M$ 为纵坐标,画出各个区间及其对应的频数。在平面直角坐标系中,$x$ 轴代表区间,$y$ 轴表示频数,每个矩形的高度代表对应的频数。直方图通常用于显示各组数据数量分布情况或者用于观察异常或孤立数据。

直方图的绘制可通过 Matplotlib 中的 hist()函数来实现,其函数原型如下。

```
hist(x, bins = None, range = None, density = False, weights = None, cumulative = False,
bottom = None, histtype = 'bar', align = 'mid', orientation = 'vertical', rwidth =
None, log = False, color = None, edgecolor = None, label = None, stacked = False, *,
data = None, **kwargs)
```

主要参数说明如下。

① x:数组或者可以循环的序列。直方图将对这组数据进行分组。

② bins:数字或者序列。如果是数字,则代表要分成多少组。如果是序列,则会按照序列中指定的值进行分组。

③ range:元组或者 None。若为元组,那么指定 x 划分区间的最大值和最小值。

④ density:默认为 False,若为 True,则将使用频率分布直方图。每个条形柱表示的不是频数,而是频率(频数除以样本总个数为频率)。

⑤ histtype:绘图的类型。

⑥ orientation:指定条形柱的方向,有水平和垂直两个方向。默认为垂直方向。

⑦ color:指定条形柱的填充色。

⑧ edgecolor:指定条形柱的边框颜色。

返回值说明如下。

n:每个区间内值出现的个数。

bins:数组,区间的值。

patches:数组,每个条形柱对象,类型是 matplotlib.patches.Rectangle。

基于示例样本统计数据来绘制直方图的代码如下。

```
import matplotlib.pyplot as plt
import numpy as np
import pandas as pd
#样本数据
samples = [131, 98, 125, 131, 124, 139, 131, 117, 128, 108, 135, 138, 131, 102,
114, 119, 128, 121, 142, 127, 130, 124, 101, 110, 116, 117, 110, 128, 128, 115, 99,
126, 134, 95, 138, 117, 111, 78, 132, 124, 113, 150, 110, 117, 86, 95, 144, 105,
130, 126, 130, 126, 116, 123, 106, 112, 138, 123, 86, 101, 99, 136, 123, 117, 119,
137, 123, 128, 125, 104, 109, 134, 125, 127, 105, 120, 107, 129, 116, 108, 132,
118, 102, 120, 114, 105, 115, 132, 145, 119, 121, 112, 139, 125, 138, 109, 132, 134,
156, 106, 117, 127, 144, 139, 139, 119, 140, 83, 110, 102, 123, 107, 143, 115, 136,
```

139, 123, 112, 118, 125, 109, 119, 133, 112, 114, 122, 109, 106, 123, 116, 131, 127,
118, 112, 135, 115, 146, 137, 116, 103, 144, 83, 123, 111, 110, 111, 100, 154, 136,
118, 119, 133, 134, 106, 129, 126, 110, 111, 109, 141, 120, 117, 106, 149, 122,
118, 127, 121, 114, 125, 126, 114, 140, 103, 130, 141, 117, 106, 114, 121, 114, 133,
137, 92, 121, 112, 146, 97, 137, 105, 98, 117, 112, 81, 97, 139, 113, 134, 106, 144,
110, 137, 137, 111, 104, 117, 100, 111, 101, 110, 105, 129, 137, 112, 120, 113,
83, 94, 146, 133, 101, 131, 116, 111, 84, 115, 122, 106, 144, 109, 119, 115, 149]

```python
#设置画布大小
plt.figure(figsize = (15, 5))

#绘制直方图
nums, bins, patches = plt.hist(samples, bins = 20, edgecolor = 'w')

#设置 x 轴刻度标签
plt.xticks(bins, bins)
#在每个条形柱上显示其所代表区间的频数
for num, bin in zip(nums, bins):
    plt.annotate(num, xy = (bin, num), xytext = (bin+1.5, num+0.5))

#显示绘制的直方图
plt.show()
```

运行上述示例代码，结果是图 3-5（a）所示的频数分布直方图。若要显示频率分布直方图，只需对上述代码稍作修改，示例代码如下。

```python
plt.figure(figsize = (15, 5))
nums, bins, patches = plt.hist(durations, bins = 20, edgecolor = 'k', density = True)
plt.xticks(bins, bins)
for num, bin in zip(nums, bins):
    plt.annotate("%.4f"%num, xy = (bin, num), xytext = (bin+0.2, num+0.0005))

#设置图像标题并显示绘制的直方图
plt.title("频率分布直方图")
plt.show()
```

运行上述示例代码，结果是图 3-5（b）所示的频率分布直方图。

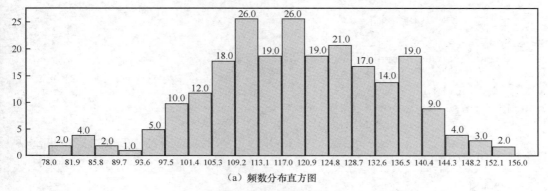

(a) 频数分布直方图

图 3-5 直方图示例

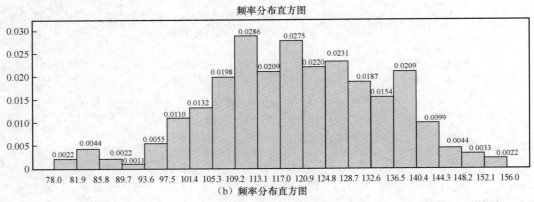

（b）频率分布直方图

图 3-5　直方图示例（续）

## 3.2.2　柱形分布图

柱形分布图是指使用柱形图展示数据的分布规律，有时候可以借助误差线或者散点图。带误差线的柱形图就是使用每个类别的均值作为条柱的高度，然后根据每个类别的标准差绘制误差线。

我们以国内几个大城市假设的平均房价与平均工资及其波动范围为例来绘制柱形分布图，示例代码如下。

```
import plotly.graph_objects as pgo

#假设的平均房价及其波动范围
prices = [12, 15, 11, 10, 8]
price_SD = [3, 4, 3, 2.5, 3.5]

#假设的平均工资及其波动范围
salaries = [6, 10, 7, 8, 6]
salary_SD = [2, 5, 4, 4, 4]


cities = ['北京', '上海', '广州', '深圳']

#定义绘图对象
fig = pgo.Figure()
#绘制柱形分布图
fig.add_trace(pgo.Bar(name = '平均房价',
                      x = cities,
                      y = prices, error_y = dict(type = 'data', array = price_SD)))
fig.add_trace(pgo.Bar(name = '平均工资',
                      x = cities,
                      y = salaries, error_y = dict(type = 'data', array = salary_SD)))
#设置柱形分布图的布局模式
fig.update_layout(barmode = 'group')
#显示柱形分布图
fig.show()
```

运行上述示例代码,显示柱形分布图,如图 3-6 所示。

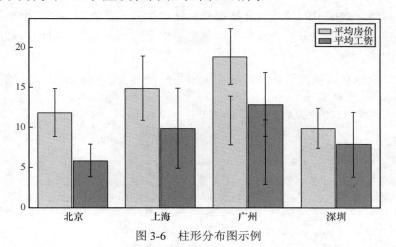

图 3-6　柱形分布图示例

上述示例代码中用的是 Plotly 绘图工具的 Bar() 函数来实现柱形分布图。Plotly 是一个非常强大的开源 Python 工具库。Plotly 绘图底层使用的是 plotly.js。plotly.js 基于 D3.js、stack.gl 和 SVG,用 JavaScript 在浏览器上实现类似 MATLAB 和 Python Matplotlib 的图形展示功能;支持数十种图形,包括 2D 和 3D 图形;交互流畅;可以满足诸多科学计算的需要;目前已经有 Python、MATLAB、R、Jupyter 等多种版本的 API。在 Anaconda 控制台执行以下命令即可完成 Plotly 的在线安装。

```
pip install Plotly -i 镜像源地址
```

Plotly 的最大特点是可以实现交互式图表,当鼠标移动到图形相关区域时,会动态显示相关数据或产生动态效果。

## 3.2.3　箱形图

箱形图,也称为箱须图、箱线图、盒图等,它能显示出一组数据的最大值、最小值、中位数及上下四分位数,可以反映一组或多组连续型定量数据分布的中心位置和散布范围,因形状似箱子而得名。箱形图的数据构成如图 3-7 所示。

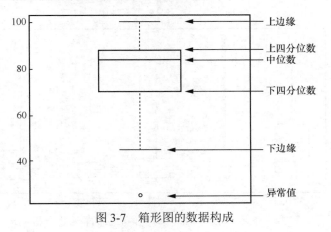

图 3-7　箱形图的数据构成

箱形图作为描述统计的工具之一，其功能有独特之处。首先，从箱形图中可直接识别批量数据中的异常值。数据中的异常值非常值得关注，忽略异常值的存在并不加剔除地将异常值加入数据统计分析过程，可能会给分析结果带来严重影响。其次，可用箱形图来判断批量数据的偏态和尾重。

下面是几家全球知名科技企业一段时期内股票的最高价数据，部分示例数据如下。

```
        Date     Tesla      Apple    Intel   Microsoft   Amazon
0  2022/12/30  124.4800   129.9500   26.460    239.96     84.05
1  2022/12/29  123.5700   130.4814   26.290    241.92     84.55
2  2022/12/28  116.2700   131.0275   26.115    239.72     83.48
3  2022/12/27  119.6700   131.4100   26.100    238.93     85.35
4  2022/12/23  128.6173   132.4150   26.190    238.87     85.78
```

我们以这些数据为观察值，用箱形图来对其进行数据可视化。示例代码如下。

```python
import pandas as pd
import matplotlib.pyplot as plt

plt.rcParams['axes.unicode_minus'] = False            #设置正常显示负号
plt.rcParams['font.sans-serif'] = 'Microsoft YaHei'   #设置中文显示字体
#导入示例股票数据
df = pd.read_csv('./datasets/stockdata.csv')

#定义箱形图
box_1, box_2, box_3, box_4, box_5 = df['Microsoft'], df['Tesla'], \
                                    df['Apple'], df['Intel'], df['Amazon']
plt.figure(figsize = (10, 5)) #设置画布的尺寸
plt.title('箱形图示例', fontsize = 20) #标题，并设定字号大小
labels = ['微软', '特斯拉', '苹果', '英特尔', '亚马逊'] #图例

#绘制箱形图。若设置 vert = False，则显示水平箱形图。showmeans = True 用于显示均值
plt.boxplot([box_1, box_2, box_3, box_4, box_5],
            labels = labels,
            vert = True,
            showmeans = True)
#显示绘制的箱形图
plt.show()
```

运行上述示例代码，显示知名科技企业一段时间内股价的箱形图分析，如图3-8所示。

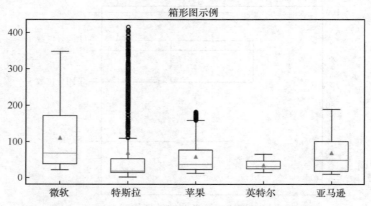

图3-8　知名科技企业一段时间内股价的箱形图分析

从图 3-8 中可以看出，从股票最高价位来看，微软公司的数据表现不俗，英特尔的股价则表现得不太好，特斯拉和苹果公司在最高股价方面有很多异常值，可能是市场震荡或其他原因导致其股票价格在某个时期出现超常态的增长。

## 3.2.4 小提琴图

小提琴图是一种绘制连续型数据的方法，它结合了箱形图和密度图的特征，主要用于显示数据的分布形状。与箱形图相比，小提琴图除了显示统计数据，还会显示数据的整体分布，特别是在处理有多峰值分布的多模态数据时，优势更明显。

下面，我们以男女身高数据为例来绘制箱形图和小提琴图，观察二者在数据整体分布的表现形式上的区别。示例代码如下。

```python
import matplotlib.pyplot as plt
import seaborn as sns
import numpy as np
plt.rcParams['font.sans-serif'] = 'Microsoft YaHei'  #设置中文显示字体
#定义一个方法，用于同时绘制箱形图和小提琴图
def box_violin_plot(x):
    fig, ax = plt.subplots(2, 1, sharex = True)
    sns.boxplot(x, ax = ax[0])
    ax[0].set_title('Box Plot')
    sns.violinplot(x, ax = ax[1])
    ax[1].set_title('Violin Plot')
    plt.show()

np.random.seed(0)   #随机数种子
#生成5000个均值为1.70、标准差为0.05的男性身高数据
man_expect = 1.70   #期望值
man_std = 0.05      #标准差
man_num =   5000    #数据量
man_data = np.random.normal(man_expect, man_std, man_num)

np.random.seed(0)   #随机数种子
#生成5000个均值为1.56、标准差为0.03的女性身高数据
woman_expect = 1.56 #期望值
woman_std = 0.03    #标准差
woman_num =   5000  #数据量
woman_data = np.random.normal(woman_expect, woman_std, woman_num)

#将男、女数据进行混合
data = np.append(man_data, woman_data)
data = data.reshape(-1, 1)

#绘制箱形图和小提琴图
box_violin_plot(data)
```

运行上述示例代码，显示小提琴图与箱形图，如图 3-9 所示。

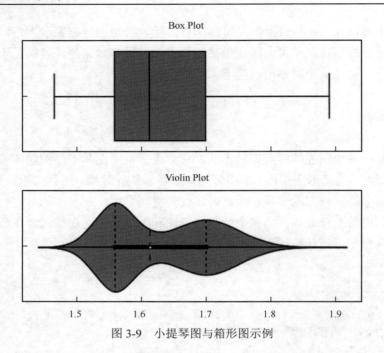

图 3-9 小提琴图与箱形图示例

从图中可以看出,小提琴图在表现具有多峰值分布的数据时,明显比箱形图要有优势。

## 3.3 比例型数据可视化

比例型图能显示局部组成部分与整体的占比信息。比例型图主要包括条形图、饼状图、圆环图、南丁格尔玫瑰图、雷达图等。

### 3.3.1 条形图

条形图与柱形图类似,可以表达几乎相同多的数据信息。在条形图中,类别型或序列型变量映射到纵轴位置,数值型变量映射到矩形的长度。条形图的柱形变为横向,从而导致条形图与柱形图相比,更加强调项目之间的大小对比。尤其在项目名称较长及数量较多时,采用条形图可视化数据会更清晰、美观。

条形图的绘制可通过 Matplotlib 中的 barh() 函数来实现,其函数原型如下。

```
matplotlib.pyplot.barh(y, width, height = 0.8, left = None, *, align = 'center',
                       kwargs)
```

主要参数说明如下。

① y:数组或列表,代表需要绘制的条形图在 $y$ 轴上的坐标点。

② width:数组或列表,代表需要绘制的条形图在 $x$ 轴上的值(也就是长度)。

③ height:条形图的高度(宽度),默认为 0.8。

④ left:条形图的基线,也就是与 $y$ 轴的距离。默认为 0。

示例代码如下。

```python
import pandas as pd
import matplotlib.pyplot as plt
plt.rcParams['font.sans-serif'] = 'Microsoft YaHei'  #设置中文显示字体

%matplotlib auto

#读取示例 GDP 数据
df = pd.read_csv('datasets/2021_GDP_Top10.csv', encoding = 'GB18030')

df_x = df['CountryName']  #国家（或地区）名称
df_y = df['GDP']          #GDP 总量
df_rate = df['Percentage'] #GDP 在全球总量中的占比

#设置画布大小
plt.figure(figsize = (10, 5))

#使用 plt.barh() 绘制条形图
plt.barh(df_x, f_y, height = 0.7, left = 0, color = 'b', edgecolor = 'w')
#设置 y 轴标签字体大小
plt.yticks(size = 14)
#设置 x 轴标签
plt.xlabel("GDP 总量/亿元", size = 14)

#设置标题
plt.title("2021年全球 GDP 总量排名前 9 的国家（或地区）", size = 14)

#在条形图上显示 GDP 占比数据
for i, v in enumerate(np.round(df['Percentage'].values, 2)):
    plt.text(v, i, str(v)+'%', color = 'w')

#显示图形
plt.show(block = True)
```

运行上述示例代码，显示条形图，如图 3-10 所示。

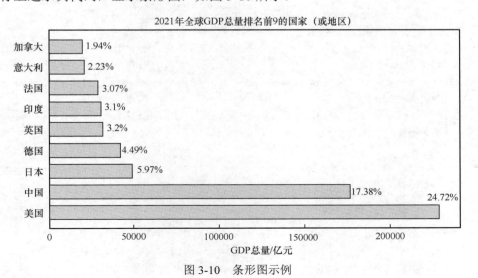

图 3-10　条形图示例

## 3.3.2 饼状图

饼状图是应用非常广泛的可视化图表之一，主要用于表示不同分类的占比情况，通过弧度大小来对比各种数据分类。饼状图将一个圆饼按照分类的占比划分成多个区块，整个圆饼代表数据的总量，每个区块（圆弧）表示该分类占总体的比例大小。

饼状图的缺点是不适用于分类过多的数据，原则上一个饼状图不可多于 9 个分类。因为随着分类增多，每个切片会变小，最后导致大小区分不明显而失去了可视化的意义。

我们继续用 GDP 示例数据来绘制饼状图。其中，全球 GDP 数据将国家（或地区）的收入水平分为 4 类，分别是高收入（High income）、低收入（Low income）、中上等收入（Upper middle income）、中下等收入（Lower middle income）。带收入分类的国家（或地区）2021 年 GDP 数据集（部分数据）如图 3-11 所示。

|   | CountryCode | CountryName_en | IncomeGroup | CountryName_zh | GDP | Proportion | Region |
|---|---|---|---|---|---|---|---|
| 0 | ABW | Aruba | High income | 阿鲁巴 | 30.00亿 (3,000,000,000) | 0.0021 | 美洲 |
| 1 | AFG | Afghanistan | Low income | 阿富汗 | 198.07亿 (19,807,100,000) | 0.0175 | 亚洲 |
| 2 | AGO | Angola | Lower middle income | 安哥拉 | 745.00亿 (74,500,000,000) | 0.0681 | 非洲 |
| 3 | ALB | Albania | Upper middle income | 阿尔巴尼亚 | 183.00亿 (18,300,000,000) | 0.0163 | 欧洲 |
| 4 | AND | Andorra | High income | 安道尔 | 33.00亿 (3,300,000,000) | 0.0021 | 欧洲 |

图 3-11　带收入分类的国家（或地区）2021 年 GDP 数据集（部分数据）

以下示例代码用饼状图绘制出上述 4 种收入类型的国家（或地区）在全球所有国家（或地区）中的比例。

```
import pandas as pd
import numpy as np
import matplotlib.pyplot as plt
plt.rcParams['font.sans-serif'] = ['SimHei'] #用于正常显示中文标签

#导入示例 GDP 数据
df = pd.read_csv('datasets/GDP_2021_with_Group.csv', encoding = 'GB18030')
#统计处于各收入水平组的国家(或地区)数量
low_income = df['CountryName_zh'].loc[df['IncomeGroup'] == 'Low income'] #低收入国家(或地区)
high_income = df['CountryName_zh'].loc[df['IncomeGroup'] == 'High income'] #高收入国家(或地区)
upper_middle_income = df['CountryName_zh'].loc[df['IncomeGroup'] == 'Upper middle
 income'] #中上等收入国家(或地区)
lower_middle_income = df['CountryName_zh'].loc[df['IncomeGroup'] == 'Lower middle
 income'] #中下等收入国家(或地区)

print(lower_middle_income.shape, upper_middle_income.shape, low_income.shape,
 high_income.shape)

#所有国家(或地区)总数
total = low_income.shape[0] + high_income.shape[0] + \
        upper_middle_income.shape[0] + lower_middle_income.shape[0]
high_percent = high_income.shape[0]/total   #高收入国家(或地区)占比
```

```python
low_percent = low_income.shape[0]/total          #低收入国家(或地区)占比
upper_middle_percent = upper_middle_income.shape[0]/total   #中上等收入国家(或地区)占比
lower_middle_percent = lower_middle_income.shape[0]/total   #中下等收入国家(或地区)占比

#设置饼状图标签
labels = ['低收入国家(或地区)', '中下等收入国家(或地区)', '中上等收入国家(或地区)', '高收入国家(或地区)']
#饼状图各区域
percentage = [low_percent, lower_middle_percent, upper_middle_percent, high_percent]
#离开中心位置的距离,其中 1 个的距离与另外 3 个不同,用于突出显示效果
explode = [0, 0, 0, 0.1]
colors = ['red', 'cyan', 'lightskyblue', 'gold']
#设置参数,并绘制饼状图
plt.pie(percentage,               #每个扇形的占比的序列或数组
        explode = explode,        #每一块的突出程度,即分割出来的间隙大小
        labels = labels,          #为每个扇形提供标签的字符串序列
        colors = colors,          #为每个扇形提供颜色的字符串序列
        autopct = '%1.2f%%',      #设置百分比显示小数点后 2 位
        shadow = True,            #显示阴影
        startangle = 120          #从 x 轴逆时针旋转,饼的旋转角度
        )
#设置标题
plt.title('世界各国(或地区)整体收入水平总览')
#显示绘制的饼状图
plt.show()
```

运行上述示例代码,显示饼状图,如图 3-12 所示。

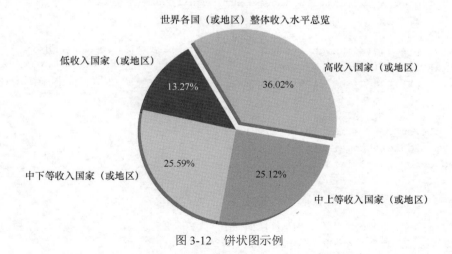

图 3-12　饼状图示例

### 3.3.3　圆环图

　　圆环图的本质是将饼状图的中间区域挖空,正因为如此,圆环图略具一定的优势。饼状图的整体性太强,会让我们将注意力集中在比较饼状图各个扇形之间的占比关系上,若将两

个饼状图放在一起，则很难同时对比这两个图。圆环图在解决上述问题时，采用了让我们更关注长度而不是面积的做法。这样，我们就能相对简单地对比不同的圆环图。同时，圆环图相对于饼状图而言，其空间利用率更高，我们可以用它的空心区域来显示其他文本、标签等可视化元素信息。

继续采用 3.3.2 小节中的 GDP 数据集来绘制一个圆环图，用于展示高、中、低 3 个收入类别的国家（或地区）占比，其中"中上等收入"与"中下等收入"合并为中等收入。示例代码如下。

```python
import pandas as pd
import numpy as np
import matplotlib.pyplot as plt
plt.rcParams['font.sans-serif'] = ['SimHei'] #设置中文字体

#读取示例 GDP 数据文件
df = pd.read_csv('datasets/GDP_2021_with_Group.csv', encoding = 'GB18030')

#分别计算高、低收入国家(或地区)的 GDP 占比总和
low_income = df['Proportion'].loc[df['IncomeGroup'] == 'Low income']
high_income = df['Proportion'].loc[df['IncomeGroup'] == 'High income']

#防止数据中有空值导致意外，用列表推导式进行数据预处理
#低收入国家(或地区)占比
sum_low_income = np.sum([item for item in low_income.values if (not np.isnan(item))])
#高收入国家(或地区)占比
sum_high_income = np.sum([item for item in high_income.values if (not np.isnan(item))])
#中等收入国家(或地区)占比
sum_middle_income = 100-sum_low_income-sum_high_income

#设置百分比显示标签
lbl_high = str(round(sum_high_income, 2)) + "%" +"\n"+"高收入国家(或地区)"
lbl_low = str(round(sum_low_income, 2))   + "%" +"\n"+"低收入国家(或地区)"
lbl_middle = str(round(sum_middle_income, 2)) + "%" +"\n"+"中等收入国家(或地区)"

#圆环图可视化
fig, ax = plt.subplots(figsize = (6, 6))
ax.pie([sum_middle_income, sum_high_income, sum_low_income],
       wedgeprops = {'width':0.3},
       startangle = 30,
       colors = ['green', 'skyblue', 'red'])

plt.title('高、中、低收入水平国家(或地区)GDP 占比', fontsize = 16, loc = 'center')
plt.text(0, -0.5, lbl_high, ha = 'center', va = 'center', fontsize = 12, color = 'skyblue')
plt.text(0.15, 0.3, lbl_low, ha = 'left', va = 'center', fontsize = 12, color = 'red')
plt.text(0.2, 0.55, lbl_middle, ha = 'right', va = 'center', fontsize = 12, color = 'green')
plt.show()
```

运行上述示例代码，显示圆环图，如图 3-13 所示。

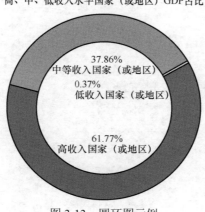

图 3-13 圆环图示例

## 3.3.4 南丁格尔玫瑰图

南丁格尔玫瑰图,也就是极坐标柱形图,由弗罗伦斯·南丁格尔发明,她自己常称这类图为鸡冠花图。普通柱形图使用的是直角坐标系,而南丁格尔玫瑰图使用的是极坐标系,用圆弧半径长短表示数据的大小(或数量的多少)。南丁格尔玫瑰图将每个数据类别或间隔在径向图上划分为相等分段,每个分段的中心延伸多远(与其所代表的数值成正比)取决于极坐标轴的值。因此,从极坐标中心延伸出来的每一环都可以当作坐标尺使用,用来表示分段数值的大小。南丁格尔玫瑰图是以圆形对数据进行排列展示,而柱形图是纵向排列,因而在数据量较多时,前者更能节省绘图空间。

生成南丁格尔玫瑰图的方式有多种,我们用 pyecharts 的 Pie()函数及 Matplotlib 的 bar()函数分别来实现。

pyecharts 是一个基于百度开源数据可视化 JS 库 ECharts 的 Python 绘图工具,可在 Python 中直接使用数据生成各种具有良好交互性的图表,也可生成独立的网页,还可与 Flask、Django 等集成使用。利用 pyecharts 生成南丁格尔玫瑰图的示例代码如下。

```
import pandas as pd
from pyecharts.charts import Pie
from pyecharts import options as opts

#读取2021年人口数量排名前28的世界各国(或地区)人口数据
df = pd.read_csv(r"datasets/population_2021.csv", encoding = "utf-8")
df = df.sort_values("population")
v = df['country'].values.tolist()
d = df['population'].values.tolist()
#常见颜色色值表
colors = ['#FA8F2F', '#D99D21','#FA0927', '#E9E416', '#C9DA36', '#9ECB3C',
         '#6DBC49', '#37B44E', '#3DBA78', '#14ADCF', '#209AC9', '#1E91CA',
         '#2C6BA0', '#2B55A1', '#2D3D8E', '#44388E', '#6A368B', '#7D3990',
         '#A63F98', '#C31C88', '#D52178', '#D5225B','#D02C2A', '#D44C2D',
```

```
            '#F57A34', '#CF7B25', '#CF7B25', '#CF7B25']
#实例化 Pie 类
pie1 = Pie(init_opts = opts.InitOpts(width = '2000px', height = '1000px'))
#设置颜色
pie1.set_colors(colors)
#添加数据,设置饼图的半径,是否展示成南丁格尔图
pie1.add("", [list(z) for z in zip(v, d)],
 radius = ["15%", "100%"],
 center = ["50%", "60%"],
 rosetype = "area"
 )
#设置全局配置项
pie1.set_global_opts(title_opts = opts.TitleOpts(title = '玫瑰图示例'),
 legend_opts = opts.LegendOpts(is_show = False),
 toolbox_opts = opts.ToolboxOpts())
#设置系列配置项
pie1.set_series_opts(label_opts = opts.LabelOpts(is_show = True, position = "inside",
font_size = 14, formatter = "{b}:{c}", font_style = "italic",
font_weight = "bold", font_family = "Microsoft YaHei" ),
 )
#生成 html 文档
pie1.render("南丁格尔玫瑰图.html",dpi=300)
```

运行上述示例代码,在当前目录下生成一个名为"南丁格尔玫瑰图.html"的网页文件。打开该文件可看到图 3-14 所示的基于 pyecharts 生成的南丁格尔玫瑰图。将光标置于其上可实现简单的交互。交互操作演示效果可参见本书配套的电子资源。

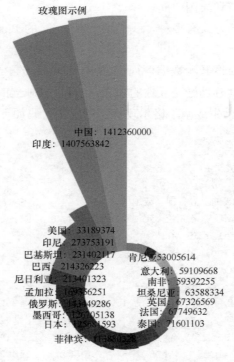

图 3-14　基于 pyecharts 生成的南丁格尔玫瑰图

基于 Matplotlib 生成南丁格尔玫瑰图的示例代码如下。

```python
import pandas as pd
import numpy as np
import matplotlib.pyplot as plt
#%matplotlib auto

plt.rcParams['font.sans-serif'] = 'Microsoft YaHei'  #设置中文显示字体


#读取2021年人口数量排名前28的世界各国（或地区）人口数据
df = pd.read_csv(r"datasets/population_2021.csv",encoding="utf-8")

population=df['population']
country=df['country']

plt.figure(figsize=(8, 8))    #创建画布并设置画布大小
ax = plt.subplot(projection='polar')
#定义一个长度为30的柱长(半径)数值序列
size = [18, 17.6, 13, 12, 11, 10, 9, 8, 7.2, 7.0, 6.8, 6.6, 6.4, 6.2, 6.0, 5.8,
5.6, 5.4, 5.2,5.0, 4.8, 4.6, 4.4, 4.2, 4.0, 3.8, 3.6, 3.4, 3.2, 3.0]
num = len(size)                         #柱子的数量
width = 2*np.pi/num                     #每个柱子的宽度
rad = np.cumsum([width] * num)          #每个柱子的角度
ax.bar(rad, size, width=width, alpha=1) #绘图
ax.set_title('南丁格尔玫瑰图示例')

ax.set_ylim(-1, np.ceil(max(size) + 1))   #中间空白，-1为空白半径大小
ax.set_theta_zero_location('N',-5.0)      #设置极坐标的起点方向 W、N、E、S，-5.0为偏离数值
ax.set_theta_direction(1)                 #1为逆时针，-1为顺时针
ax.grid(False)                            #不显示极轴
ax.spines['polar'].set_visible(False)     #不显示极坐标最外的圆形
ax.set_yticks([])                         #不显示坐标间隔
ax.set_thetagrids([])                     #不显示极轴坐标

#颜色色值表
colors = ['#FAE927', '#E9E416', '#C9DA36', '#9ECB3C', '#6DBC49',
          '#37B44E', '#3DBA78', '#14ADCF', '#209AC9', '#1E91CA',
          '#2C6BA0', '#2B55A1', '#2D3D8E', '#44388E', '#6A368B',
          '#7D3990', '#A63F98', '#C31C88', '#D52178', '#D5225B',
          '#D02C2A', '#D44C2D', '#F57A34', '#FA8F2F', '#D99D21',
          '#CF7B25', '#CF7B25', '#CF7B25']

ax.bar(rad, size, width=width, color=colors, alpha=1)       #绘图
ax.bar(rad, 1, width=width, color='white', alpha=0.15)      #中间添加白色色彩使图案变浅
```

```python
ax.bar(rad, 3, width=width, color='white', alpha=0.1)    #中间添加白色色彩使图案变浅
ax.bar(rad, 5, width=width, color='white', alpha=0.05)   #中间添加白色色彩使图案变浅
ax.bar(rad, 7, width=width, color='white', alpha=0.03)   #中间添加白色色彩使图案变浅

#设置文本标签
for i in np.arange(num):
    if i < 8:
        ax.text(rad[i],                                    #角度
                size[i]-0.2,                               #半径
                country[i]+'\n'+str(population[i])+' ',    #标签
                rotation=rad[i] * 180 / np.pi -5,          #文字角度
                rotation_mode='anchor',                    #文本围绕自己一个边缘点旋转
                fontstyle='normal',                        #设置字体类型
                fontweight='black',                        #设置字体粗细
                color='white',                             #设置字体颜色
                size=size[i]/3,                            #设置字体大小
                ha="center",                               #文字居中
                va="top")    #文字靠上
    elif i < 15:
        ax.text(rad[i]+0.02,
                size[i]-0.7,
                country[i] + '\n' + str(population[i]) + ' ',
                fontstyle='normal',
                fontweight='black',
                color='white',
                size=size[i] / 2,
                ha="center")
    else:
        ax.text(rad[i],
                size[i]+0.1,
                str(population[i]) + ' ' + country[i],
                rotation=rad[i] * 180 / np.pi + 85,
                rotation_mode='anchor',
                fontstyle='normal',
                fontweight='black',
                color='black',
                size=4,
                ha="left",
                va="bottom")

plt.savefig('南丁格尔图.PDF', format='pdf', dpi=300)
plt.show()
```

运行上述示例代码，显示基于 Matplotlib 生成的南丁格尔玫瑰图，如图 3-15 所示。

利用同样的数据，Matplotlib 绘制南丁格尔图时稍显复杂，且缺乏交互功能。

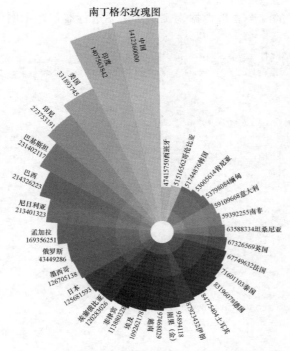

图 3-15　基于 Matplotlib 生成的南丁格尔玫瑰图

## 3.3.5　雷达图

雷达图也称为极地图、星图或蜘蛛图，是一种表现多维数据的图表。它将多个维度的数据映射到坐标轴上，可以展示出各个变量的权重高低情况，非常适合展示性能数据的对比情况，可以很好地刻画出某些指标的横向或纵向的对比关系。雷达图每一个维度的数据都分别对应一个坐标轴，这些坐标轴具有相同的圆心，以相同的间距沿着径向排列，并且各个坐标轴的刻度相同。单组雷达图的构成如图 3-16 所示。

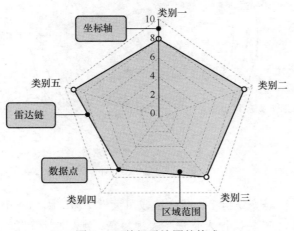

图 3-16　单组雷达图的构成

下面，以一个员工的综合表现数据为例用雷达图进行展示，示例代码如下。

```python
import numpy as np
import matplotlib.pyplot as plt
plt.rcParams['font.sans-serif'] = 'Microsoft YaHei' #设置中文显示字体

#综合表现评分表
evaluation_scores = np.array([80, 68, 87.6, 73.5, 67.3])
#评估分项标签
skill_labels = ['学习能力', '沟通交流能力', '项目完成率', '专业证书及学历', '遵守规则']
#角度
angles = np.linspace(0, 2*np.pi, len(skill_labels), endpoint = False)
fig = plt.figure()
#添加子图
ax = fig.add_subplot(1,1,1, polar = True)
#绘制雷达图
ax.plot(angles, evaluation_scores, 'o-', linewidth = 2)
#填充雷达面
ax.fill(angles, evaluation_scores, alpha = 0.3)
#设置每项显示的标签
ax.set_thetagrids(angles * 180/np.pi, skill_labels)
#设置标题
ax.set_title("员工综合表现评估图")
#显示网格
ax.grid(True)
```

运行上述示例代码，显示雷达图，如图 3-17 所示。

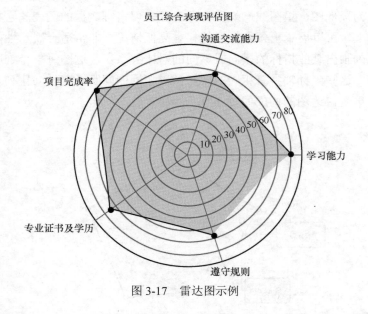

图 3-17　雷达图示例

雷达图的缺点是，一旦变量过多，就会造成可读性下降。因为一个变量对应一个坐标轴，变量过多会使坐标轴过于密集，让人感觉图表很复杂，所以应尽可能地控制变量的数量，使雷达图保持简单清晰。

## 3.4 时间序列型数据可视化

时间序列型图表主要强调数据随时间变化的规律或趋势，$x$ 轴一般为时序数据，$y$ 轴为数值型数据。常见的时间序列型图表包括阶梯图、折线图、面积图等。

### 3.4.1 阶梯图

阶梯图是指在一定时期内曲线保持在某个固定值，直到数据发生变化，然后曲线直接跳跃到下一个值，其形状类似于阶梯。阶梯图的基本框架如图 3-18 所示。例如，存款准备金率一般会持续很长时间不变，直到中国人民银行对其进行上调或下调。对于此类型的数据，用阶梯图来展现通常会有很好的可视化效果。

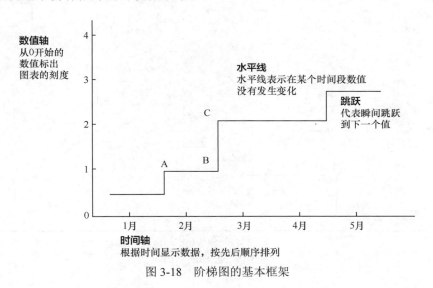

图 3-18　阶梯图的基本框架

从图 3-18 中可以看出，曲线从 A 点到 B 点保持在同一个值，从 B 点到 C 点突然发生跳跃变成另一个值，这就是阶梯图的特征。

Matplotlib 中的 step() 函数可实现阶梯图的绘制。在下面的示例中，我们使用阶梯图来展示某地 1991 年至 2010 年的邮费变化情况。示例代码如下。

```
import pandas as pd
from matplotlib import pyplot as plt
plt.rcParams['font.sans-serif'] = ['SimHei'] #用来正常显示中文标签

#导入示例数据：某地邮费变化数据
postage = pd.read_csv(r"./datasets/us-postage.csv")

#定义绘图对象和画布大小
fig, ax = plt.subplots(figsize = (10, 6))
```

```
#利用step()函数进行阶梯图绘制
ax.step(postage["Year"], postage["Price"], where = 'post')
#设置标题
ax.set_title("某地邮费阶梯图")
#设置x轴刻度
ax.set_xticks([i for i in postage["Year"]])
#去除y轴刻度
ax.set_yticks([])
#添加文字注释
for i, j in zip(postage["Year"], postage["Price"]):
    ax.text(x = i, y = j+0.003, s = j)  #显示标签
fig.tight_layout()
plt.show()
```

运行上述示例代码，显示阶梯图，如图3-19所示。

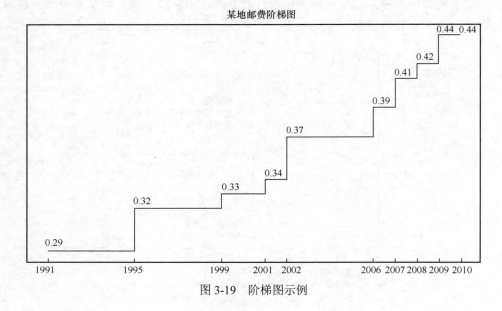

图3-19　阶梯图示例

### 3.4.2　折线图

折线图是用直线段将各数据点连接起来而组成的图形，以折线方式显示数据的变化趋势。在折线图中，沿水平轴均匀分布的是时间，沿垂直轴分布的是数值。折线图常用于时序数据，例如人口增长趋势、产品销量增减情况、股票价格走势等。

下面以我国改革开放以来历年的GDP增长率变化情况为例绘制的一个增长率变化曲线图。示例代码如下。

```
import pandas as pd
import matplotlib.pyplot as plt
import numpy as np
plt.rcParams['axes.unicode_minus']=False                    #设置正常显示负号
plt.rcParams['font.sans-serif'] = 'Microsoft YaHei'         #设置中文显示字体
```

```python
#读取GDP增长率数据
df=pd.read_csv('./datasets/中国历年GDP增长率.csv', encoding='GB18030')
df_rate=df['GDP增长率']  #以百分比形式显示的增长率
year=df['年份']

#将字符型的增长率数据转换为浮点型数据
rate=[float(i.strip('%')) for i in df_rate]
#创建图形
plt.figure(figsize=(10, 6))
#设置各种标签
plt.title("中国历年GDP增长率")
plt.xlabel("年份")
plt.ylabel("增长率(%)")
#绘制历年增长率数据折线图
plt.plot(year, rate, 'b-o')
#设置Y轴刻度,使用合适的间隔
y_min, y_max = min(rate), max(rate)
#生成8~10个刻度点
y_ticks = np.linspace(y_min, y_max, 20)
plt.yticks(y_ticks)
#添加网格线以便更好地观察
plt.grid(True, linestyle='--', alpha=0.7)
plt.show()
```

运行程序,显示结果如图3-20所示。

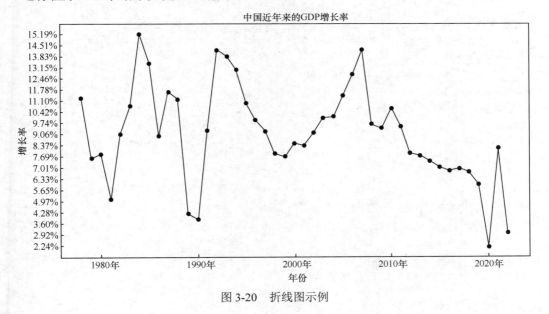

图3-20 折线图示例

### 3.4.3 面积图

面积图也称区域图,是在折线图的基础上形成的。它将折线图中折线与自变量坐标轴之间的区域使用颜色或纹理进行填充（填充区域被称为"面积"），这样可以更好地突出趋势信息，同时让图表更加美观。与折线图一样，面积图可以显示某段时间内量化数值的变化与发展，常用于展示趋势变化而非表示具体数值。

面积图的绘制可用 Matplotlib 的 fill_between()函数来实现。其函数原型如下。

```
fill_between(x, y, y2 = 0, where = None, interpolate = False, step = None,
             facecolor = None, alpha = 1, data = None, **kwargs)
```

主要参数说明如下。

① x：一个数组，定义水平轴上的点。

② y：一个数组或者标量，表示 y 轴覆盖的下限。

③ y2：一个数组或者标量，表示 y 轴覆盖的上限。

④ where：一个布尔数组，如果需要排除某些垂直区域的填充，则定义该数组。

⑤ interpolate：布尔类型，只有在使用了 where 参数且同时两条曲线交叉时才有效。

⑥ step：可选参数，接受'pre'、"post"、'mid'这 3 个值中的一个，用于指定步骤将发生的位置。

⑦ facecolor：覆盖区域的颜色。

⑧ alpha：覆盖区域的透明度[0,1]，其值越大，表示越不透明。

在上一个例子的基础上使用 fill_between()函数即可实现面积图的绘制，示例代码如下。

```python
import pandas as pd
import matplotlib.pyplot as plt
import numpy as np
plt.rcParams['axes.unicode_minus']=False                    #设置正常显示负号
plt.rcParams['font.sans-serif'] = 'Microsoft YaHei'         #设置中文显示字体

#读取 GDP 增长率数据
df = pd.read_csv('./datasets/中国历年GDP增长率.csv', encoding='GB18030')
#确保年份列为数值类型
df['年份'] = pd.to_numeric(df['年份'])
#按年份排序
df = df.sort_values('年份')

#获取排序后的数据
year = df['年份']
df_rate = df['GDP 增长率']

#将字符型的增长率数据转换为浮点型数据
rate = [float(i.strip('%')) for i in df_rate]

#创建图形对象，设置合适的大小
plt.figure(figsize=(12, 6))

#设置各种标签
plt.title("中国历年 GDP 增长率", fontsize=14, pad=15)
plt.xlabel("年份", fontsize=12)
plt.ylabel("增长率", fontsize=12)
```

```python
#设置 y 轴坐标刻度，仍以百分比形式显示
y_min, y_max = min(rate), max(rate)
y_ticks = np.linspace(y_min, y_max, 10)
plt.yticks(y_ticks, ['{:.1%}'.format(i/100) for i in y_ticks])

#设置 x 轴标签旋转角度，避免重叠
plt.xticks(rotation=45)

#添加网格线
plt.grid(True, linestyle='--', alpha=0.7)

#绘制历年增长率数据折线图
plt.plot(year, rate, 'b-', linewidth=2, marker='o', markersize=6)

#用指定颜色填充折线与 x 轴之间的区域
plt.fill_between(year, rate, color="skyblue", alpha=0.3)
#调整布局，确保所有元素都能显示
plt.tight_layout()
plt.show()
```

运行程序，显示结果如图 3-21（a）所示。

两条折线之间也可实现面积填充，这样可以很清晰地观察数据之间的差异变化。我们仍以 GDP 增长率数据为例，这次加上美国历年 GDP 增长率数据，年份与中国一致。在两条折线之间绘制面积图的示例代码如下所示。

```python
import pandas as pd
import numpy as np
import matplotlib.pyplot as plt
import matplotlib.ticker as ticker
plt.rcParams['axes.unicode_minus']=False              #设置正常显示负号
plt.rcParams['font.sans-serif'] = 'Microsoft YaHei'   #用来正常显示中文标签

#读取 GDP 数据文件
df = pd.read_csv('datasets/世界各国历年GDP总汇.csv', encoding='GB18030')

#定义一个函数用于将数值格式的字符串数据转换为浮点数
def str2float(source):
    return [float(x.strip('%')) for x in source if pd.notna(x)]

#获取年份和 GDP 数据
years = df['年份'].values

gdp_china = str2float(df['中国'].values)
gdp_america = str2float(df['美国'].values)

#绘制中美两国的 GDP 折线图
plt.figure(figsize=(12, 6))
plt.plot(years, gdp_china, 'b-o', label="中国")
plt.plot(years, gdp_america, 'g-s', label="美国")
```

```
#在两条折线之间进行指定颜色的区域填充
plt.fill_between(years, gdp_china, gdp_america, facecolor='skyblue', alpha=0.3)

#设置图表属性
plt.legend()
plt.title('中、美两国GDP增长率对比')
plt.xlabel('年份')
plt.ylabel('GDP增长率(%)')
plt.grid(True, linestyle='--', alpha=0.7)

#调整x轴标签显示
plt.xticks(rotation=45)

#显示图表
plt.tight_layout()
plt.show()
```

运行程序，显示结果如图3-21(b)所示。

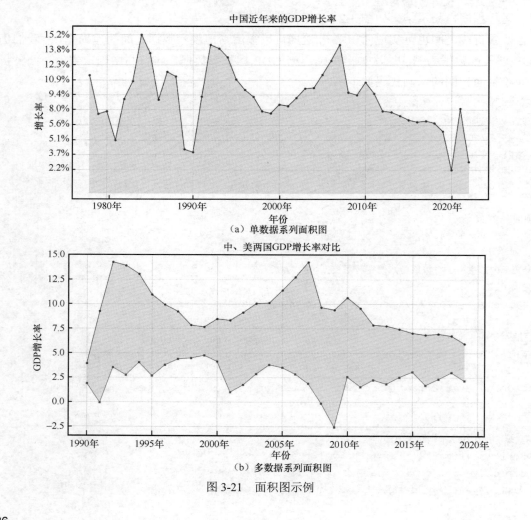

（a）单数据系列面积图

（b）多数据系列面积图

图3-21 面积图示例

## 3.5 其他复杂类型数据可视化

除了前面介绍的各种具有明显类别特征的数据,还有其他大量具有多个独立属性、多个变量的高维数据。高维数据可视化面临的主要挑战是如何呈现单个数据点的各属性的数值分布,以及比较多个高维数据点之间的属性关系,从而提升高维数据的分类、聚类、关联、异常点检测、属性选择、属性关联分析和属性简化等任务的效率。为此,我们需针对不同的数据采用专业的可视化技术。

### 3.5.1 热力图

热力图是一种将规则化矩阵数据转换成颜色色调的常用可视化方法。其中每个单元对应某些属性,属性值通过颜色映射转换为不同色调并填充规则单元。表格坐标的排列和顺序皆可通过参数进行调节控制,合适的坐标排列和顺序可以很好地帮助我们发现数据的不同性质,例如,行和列的顺序可以用来排列数据以形成不同的聚类结果。Matplotlib 中的 imshow() 函数、Seaborn 中的 heatmap() 函数皆可用于热力图的绘制。

下面我们基于 mtcars 数据集,用 heatmap() 函数来生成热力图及带层次聚类的热力图。mtcars 数据集的数据来自 1974 年美国的《汽车趋势》(*MotorTrend*)杂志,包括 32 辆汽车(1973-74 款)的油耗、排量、重量、马力、气缸个数、后轴比、加速能力、引擎类型、传动方式、前齿轮个数及化油器个数 11 个汽车设计与性能参数。示例代码如下。

```
import matplotlib.pyplot as plt
import seaborn as sns
#导入Plotnine绘图库中内置的mtcars数据集
from plotnine.data import mtcars
#导入数据预处理工具
from sklearn.preprocessing import scale

#读取mtcars数据集内容
df = mtcars.set_index('name')

#scale()函数可根据参数不同,沿任意轴标准化数据集
df.loc[:, :] = scale(df.values)
#绘制热力图
sns.heatmap(df,                    #可视化数据
            center = 0,            #绘制有色数据时将色彩映射居中的值
            cmap = 'RdYlBu_r',     #热力图颜色
            linewidths = 0.15,     #线宽
            linecolor = 'k'        #线条颜色
            )
#绘制带层次聚类的热力图
sns.clustermap(df,
            center = 0,
            cmap = 'RdYlBu_r',
```

```
                linewidths = 0.15,
                linecolor = 'k',
                figsize = (8, 8)     #设置子图大小
               )
plt.show()
```

运行上述示例代码,显示热力图,如图 3-22 所示,其中图 3-22(a)显示的是基于 mtcars 数据集生成的热力图,图 3-22(b)显示的是带层次聚类的热力图。

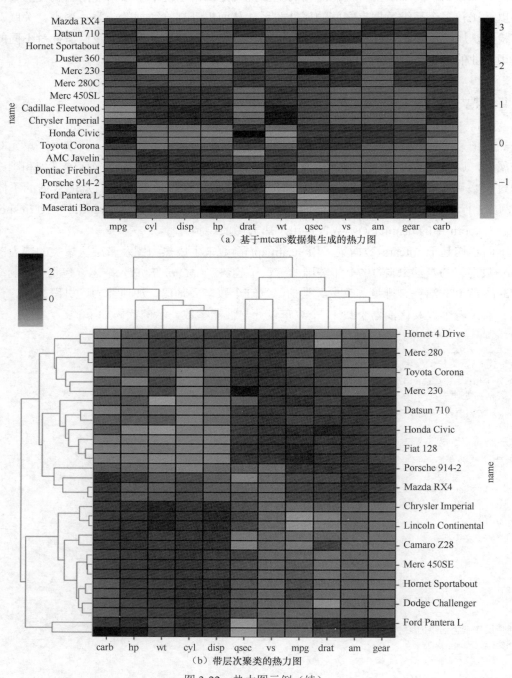

(a)基于mtcars数据集生成的热力图

(b)带层次聚类的热力图

图 3-22  热力图示例(续)

## 3.5.2 矩阵散点图

矩阵散点图是散点图的高维扩展，是一种常用的高维度数据可视化技术。它将高维度数据的每两个变量组成一个散点图，再将它们按照一定的顺序组成矩阵散点图。这种可视化方式能将高维度数据中所有变量的两两之间的关系展示出来，从某种程度上降低了在平面上展示高维度数据的难度。矩阵散点图在展示多维数据的相互关系时，有着不可替代的作用。

以下内容为 iris 原始数据集中的数据。

```
     sepal_length  sepal_width  petal_length  petal_width    species
0             5.1          3.5           1.4          0.2     setosa
1             4.9          3.0           1.4          0.2     setosa
2             4.7          3.2           1.3          0.2     setosa
...           ...          ...           ...          ...        ...
147           6.5          3.0           5.2          2.0  virginica
148           6.2          3.4           5.4          2.3  virginica
149           5.9          3.0           5.1          1.8  virginica
```

我们将基于 iris 数据集，通过 Seaborn 中的 pairplot()函数，来实现变量之间关系可视化的矩阵散点图。示例代码如下。

```python
import pandas as pd
import matplotlib.pyplot as plt
import seaborn as sns

#设置样式，能正确显示中文
sns.set_style('white', {'font.sans-serif':['simhei', 'Arial']})

#载入 sns 内置的 iris 数据集
iris_data = sns.load_dataset('iris')

#将数据集中的英文标签更改为中文标签
iris_data.rename(columns = {
                 "sepal_length":"萼片长度",
                 "sepal_width":"萼片宽度",
                 "petal_length":"花瓣长度",
                 "petal_width":"花瓣宽度",
                 "species":"种类"},
                 inplace = True
                 )
species_dict = {
    "setosa":"山鸢尾",
    "versicolor":"杂色鸢尾",
    "virginica":"弗吉尼亚鸢尾"
}
iris_data["种类"] = iris_data["种类"].map(species_dict)
'''
```

绘制两两变量间的数据分布图，从中可以看出变量相关性。主对角线为单变量的直方图。
kind：用于控制非对角线上图的类型，可选 scatter 与 reg。
diag_kind：用于控制对角线上的图形类型，可选 hist 与 kde
'''
sns.pairplot(iris_data, kind = 'scatter', diag_kind = 'hist')
```

运行上述示例代码，显示两两变量之间的关系分布图，多维数据矩阵散点图如图 3-23（a）所示，主对角线为单变量的直方图，而非对角线上是两个不同属性之间的相关图。

我们还可通过对 pairplot()函数中的 hue 参数进行设置，根据鸢尾花的种类形成颜色映射。此时，主对角线绘制的是单变量核密度估计（KDE）图。只需在上述示例代码中添加以下代码。

```
#根据鸢尾花的种类形成颜色映射
sns.pairplot(iris_data, hue = '种类')
```

运行上述示例代码，显示颜色映射多维数据矩阵散点图，如图 3-23（b）所示（本书为黑白印刷，相应彩图见本书提供的电子资源）。图形经过颜色映射后，无论是从对角线上的直方图还是从不同属性之间的相关图中皆可看出，对于不同种类的花，其萼片长度、花瓣长度、花瓣宽度的分布差异较大。这些属性可以帮助我们识别不同种类的鸢尾花。例如，对于萼片、花瓣较短且花瓣较窄的花，大概率属于山鸢尾。

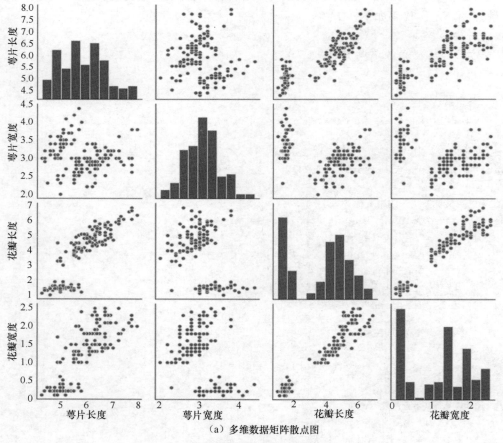

（a）多维数据矩阵散点图

图 3-23　矩阵散点图示例
```

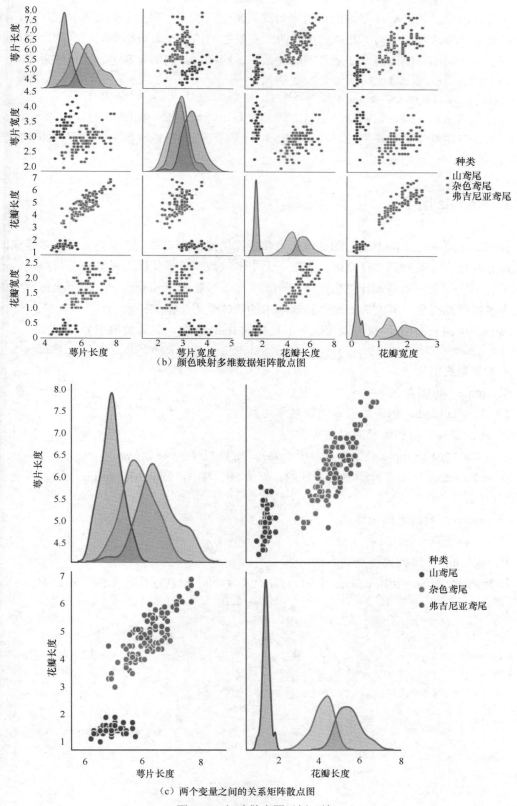

(b)颜色映射多维数据矩阵散点图

(c)两个变量之间的关系矩阵散点图

图 3-23 矩阵散点图示例(续)

此外，也可以通过 vars 参数的设置来研究某两个或者多个变量之间的关系。例如，我们想通过观察"萼片长度"与"花瓣长度"两个变量之间的关系来识别不同种类的鸢尾花。添加以下示例代码即可生成两个变量之间的关系图，同样，我们仍对其进行颜色映射。

```
#研究"萼片长度"与"花瓣长度"两个变量之间的关系
sns.pairplot(iris_data, vars = ["萼片长度", "花瓣长度"], hue = "种类")
```

运行上述示例代码，显示两个变量之间的关系矩阵散点图，如图 3-23（c）所示。从图中可看出，若花瓣与萼片皆很长，则其属于弗吉尼亚鸢尾的可能性很大；若萼片和花瓣皆较为短小，则很可能是山鸢尾。

### 3.5.3 RadViz 图

径向坐标可视化（RadViz）图是基于集合可视化技术的一种。它是将一系列多维空间的点通过非线性方法映射到二维空间，实现平面中多维数据可视化的一种数据分析方法。该方法基于圆形平行坐标系的设计思想提出，圆形的 $m$ 条半径表示 $m$ 维空间，使用坐标系中的一点代表多维信息对象，其实现原理是物理学中的物体受力平衡定理。

pandas 中的 radviz()函数可以实现多维数据的 RadViz 图，其函数原型如下。

```
radviz(frame, class_column, ax = None, color = None, colormap = None, **kwds)
```

主要参数说明如下。

① frame：数据对象。
② class_column：包含数据点类别名称的列名。
③ ax：要向其添加信息的绘图实例。
④ color：list 或 tuple 类型数据，用于为每个类别分配一种颜色。
⑤ colormap：从中选择颜色的颜色图。如果是字符串，则从 Matplotlib 中加载具有该名称的颜色图。
⑥ marker：数据点标记样式。
⑦ s：数据点半径大小。
⑧ linewidth：绘制数据点的线宽。

基于 iris 数据集，利用 pandas 中的 radviz()函数绘制 RadViz 图的示例代码如下。

```python
import pandas as pd
from pandas.plotting import radviz
import seaborn as sns
import numpy as np
import matplotlib.pyplot as plt

#载入iris数据集
df = sns.load_dataset('iris')

#定义绘制圆形的数据点
theta = np.linspace(0, 2*np.pi, 100)
x = np.cos(theta)
y = np.sin(theta)
```

```python
#初始化绘图对象,并设置画布大小
fig = plt.figure(figsize = (3, 3), dpi = 150)

#根据设置的参数绘制 RadViz 图
radviz(df,                                  #数据对象
       class_column = 'species',            #指定包含类别名称的列名
       color = ['red', 'cyan', 'blue'],     #类别的颜色映射
       edgecolor = 'k',                     #数据点轮廓颜色
       marker = 'o',                        #数据点标记样式
       s = 50,                              #数据点的大小
       linewidth = 0.5                      #数据点的线宽
       )

#绘制圆形
plt.plot(x, y, color = 'k')
#去掉绘图区域的外框显示
plt.axis('off')
plt.legend( bbox_to_anchor = (0.8, 0, 0, 0.3),   #图例位置坐标
            edgecolor = 'none',                  #图例区域边框颜色
            facecolor = 'none',                  #图例区域填充颜色
            title = 'Group'                      #图例标题
          )
plt.show()
```

运行上述示例代码,显示 RadViz 图,如图 3-24 所示。

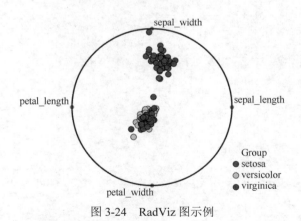

图 3-24　RadViz 图示例

RadViz 图的优点是计算复杂度低,表达数据关系非常简单、直观且易于理解,而且可显示的维度较多,相似多维对象的投影点十分接近,容易发现聚类信息。RadViz 图的缺点是海量的信息投影点的交叠问题严重。

### 3.5.4　词云图

词云图也叫文字云,是指通过形成"关键词云层"或"关键词渲染",对文本中出现频

率较高的"关键词"予以视觉上的突出展示,通过文字、色彩、图形的搭配,产生具有冲击力的视觉效果,而且能够传达丰富信息的一种数据可视化方法。词云图用于过滤大量低频低质的文本信息,使浏览者只要一眼扫过文本就可领略文本的主旨。

WordCloud 是一款用于词云图绘制的第三方 Python 工具包,能通过代码的形式把关键词数据转换成直观且有趣的图文。在 Anaconda 控制台执行以下命令即可实现 WordCloud 的在线安装。

```
pip install wordcloud -i 镜像源地址
```

从一段文本中生成词云图,通常需要进行一些必要的数据预处理,包括对文本进行分词、去除停止词等。为了让生成的词云图更有个性,我们可以选取一些图片作为蒙版,让词云图轮廓与照片内容的轮廓类似。词云图生成的示例代码如下。

```python
from wordcloud import WordCloud, ImageColorGenerator, STOPWORDS
import jieba    #中文分词工具包
import matplotlib.pyplot as plt
from PIL import Image
import numpy as np

#设置中文显示字体
font_path = "Fonts/simhei.ttf"
#读取示例文本文件
file = open(' datasets/桨声灯影里的秦淮河.txt', 'r', encoding = 'utf-8')
text = file.read()
#用jieba库分词,生成字符串
words = jieba.lcut(text)
#生成词云时字符串之间需空格分割
string = ' '.join(words)

#读取背景图片,用于形状设置
img = Image.open('images/photo.jpg')
#将图片数据转换为数组
img_array = np.array(img)

#使用哈尔滨工业大学的数据集,设置停止词
stopwords = set()
dataset = open('datasets/hit_stopwords.txt', 'r', encoding = 'utf-8').readlines()
content = [line.strip() for line in dataset]
stopwords.update(content)

#配置词云蒙版、图片、字体大小等参数
wc = WordCloud(
    background_color =   (1, 1, 1, 1),       #设置显示内容在什么颜色内
    width = 1000,                             #设置图片宽度,默认为400
    height = 500,                             #设置图片高度,默认为200
    mask = img_array,                         #设置词云背景蒙版
    font_path = font_path,                    #设置字体路径
    stopwords = stopwords,                    #设置需要屏蔽的词,如果为空,则使用内置的stopwords
```

```
    scale = 1.0,                        #按照比例放大画布
    max_words = 300,                    #词云上显示的最大关键词的个数
    max_font_size = 65,                 #max_font_size 为最大字体的大小
    min_font_size = 4,                  #min_font_size 为最小字体的大小，默认为 4
    mode = 'RGBA', #默认值 RGB，当参数为"RGBA"且 background_color 不为空时，背景为透明
    relative_scaling = 1,               #词频和字体大小的关联性，默认值
    collocations = False                #是否包括两个词的搭配
)

wc.generate_from_text(string)       #根据文本生成词云

image_colors = ImageColorGenerator(img_array)   #获取背景图片的颜色风格
#按照给定的图片颜色布局生成字体颜色，当 wordcloud 尺寸比 image 大时，返回默认的颜色
plt.imshow(wc, interpolation = "bilinear")

#关闭坐标轴显示，让词云图看上去更简洁
plt.axis('off')
#显示图片
plt.show(block = True)
#保存图像文件到当前目录
wc.to_file("wordcloud.png")
```

运行上述示例代码，生成的词云图如图 3-25 所示。

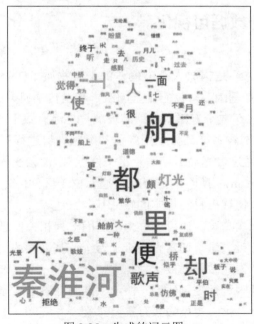

图 3-25　生成的词云图

需要注意的是，为了让词云图的轮廓更加清晰，作为蒙版的图片最好是具有高反差与适当留白的画面。

# 第 4 章 生物信息数据可视化

随着生物技术的不断发展，海量数据信息得以飞速累积，生物信息学跨入大数据时代，以二代高通量测序为代表的各种新型实验技术正在快速产生和累积出更庞大的数据集合，其中蕴藏着丰富的信息，这些信息涉及生命起源、人类健康、粮食安全和农作物培育等诸多重要领域。由于生物大数据有着类型复杂、结构异质、冗余性高和体积庞大等特点，科研人员需要借助数据可视化等方法才能理解其组成特征和内在联系，进而更快和更有针对性地从中挖掘出相关知识信息。

生物学数据可视化分析在以下 3 个方面起到至关重要的作用：首先，它可以帮助科研人员从庞大、无序的原始数据集中快速抽取出本质特征，为研究工作提供理论指引；其次，它可以以图形化的方式展示和强调生物学大数据中某一维度的特征；最后，它能够有效地解构生物学大数据，去除其中的冗余信息和背景噪声，从而得到更具有科学意义的数据分析结果。

## 4.1 DNA 微阵列数据可视化

脱氧核糖核酸（DNA）是构成人类染色体的基本物质。DNA 微阵列又称 DNA 阵列或 DNA 芯片，常用的名字是基因芯片。它是基因组学和遗传学研究的重要工具。

DNA 芯片原理如下。在数平方厘米面积的玻璃片上涂有数千或数万个核苷酸序列（也称为核酸探针），目标样品与参考样品分别用红色和绿色染料进行标记，每个都与载玻片上的 DNA 进行杂交。然后，通过荧光显微镜测量每个位点 RNA 杂交的强度，并以红绿色比值的对数表示，即 log(Red/Green)。所得的结果取值通常位于区间[-6,+6]，其中，正值代表目标样本的较高基因表达，负值代表目标样本的较低基因表达。

经由 DNA 芯片的一次测试，即可产生大量基因序列相关信息。研究人员应用基因芯片可以在同一时间定量地分析大量（通常有成千上万个）基因表达的水平，具有快速、精确、低成本的生物分析检验能力。微阵列被认为是生物学上的一项突破性技术，有助于同时在单个细胞样本中对数千个基因进行定量研究。快速、准确地鉴定病原病毒，对于选择合适的治疗方法、挽救人们的生命、预防传染病具有重要意义。

下面，我们用一个简单的示例来演示 DNA 微阵列数据的可视化。示例数据包括一个基因表达数据文件（nci.data.csv）与一个样本标签文件（nci.label.txt），示例数据集的下载地址请参考本书配套资源。DNA 微阵列示例数据见表 4-1。"nci.data.csv"文件的部分内容与格式和表 4-1 相同，其中，每行代表一个基因，每列代表一个样本，每个数字则为基因在样本中的表达水平。整个文件共包含 6830 个基因和 64 个样本。"nci.label.txt"文件包含 64 个样本的标签。

表 4-1 DNA 微阵列示例数据

|  | s1 | s2 | s3 | s4 | s5 |
| --- | --- | --- | --- | --- | --- |
| g1 | 0.3 | 0.679961 | 0.94 | 0.28 | 0.485 |
| g2 | 1.18 | 1.289961 | −0.04 | −0.31 | −0.465 |
| g3 | 0.55 | 0.169961 | −0.17 | 0.68 | 0.395 |
| g4 | 1.14 | 0.379961 | −0.04 | −0.81 | 0.905 |
| g5 | −0.265 | 0.464961 | −0.605 | 0.62 | 0.2 |
| g6 | −0.07 | 0.579961 | 0 | −1.39E-17 | −0.005 |
| g7 | 0.35 | 0.699961 | 0.09 | 0.17 | 0.085 |
| g8 | −0.315 | 0.724961 | 0.645 | 0.245 | 0.11 |
| g9 | −0.45 | −0.04003899 | 0.43 | 0.02 | 0.235 |
| g10 | −0.6549805 | −0.2850195 | 0.4750195 | 0.09501949 | 1.490019 |
| g11 | −0.65 | −0.310039 | 0.41 | −0.01 | 0.685 |
| g12 | −0.94 | −0.720039 | 0.13 | −0.12 | 0.605 |
| g13 | 0.31 | −0.01003899 | −0.35 | −0.21 | 0.355 |
| g14 | 0.01500977 | 0 | 0 | 0 | 1.22001 |
| g15 | −0.08 | −0.570039 | 0 | 0.61 | 2.425 |
| g16 | −2.37 | 0 | 0 | −1.02 | 0 |

以下为 Python 示例代码，基因表达可视化通过热力图的方式来显示。

```
import matplotlib.pyplot as plt  #载入 Matplotlib 绘图库
import seaborn as sns  #载入该库用于 Heatmap()函数调用
import csv  #用于读取 CSV 文件数据
import random  #用于随机数相关操作

def DNA_MicroArray_Data(MicroarrayDataFile, N):
    '''
    定义 DNA_MicroArray_Data()方法，用于读取 DNA 微阵列原始数据，并随机挑选其中 N 条数据基于热力
图方法进行可视化
    '''
    data = []    #创建一个空数组，用于保存读入的 DNA 微阵列数据
    for line in MicroarrayDataFile:
        #将微阵列数据存入数组中
        data.append(line)
        y_label = []
        data1 = []

    #从原始数据中随机选取 N 个数据
    num = random.sample(range(0, 6829), N);
    for i in num:
        #热力图 y 轴
        y_label.append(data[i].pop(0))
```

```python
        #数据转为浮点型，否则可能会出错
        data[i] = [float(n) for n in data[i]]
        data1.append(data[i])
    return data1, y_label

def Sample_label():
    '''
    定义Sample_label()方法，用于提取nci.label.txt文件中的样本标签，
    以取代nci.data.csv文件中的s1、s2……s64
    '''
    x_label1 = []
    x_label = []
    for line in file2:
        x_label1.append(line.split(' ')[0])
    for line in x_label1:
        x_label.append(line.split("\n")[0])
    random.shuffle(x_label)
    return x_label

def Draw_Heatmap(N):
    '''
    定义Draw_Heatmap()方法，用于微阵列数据基于热图谱方式的可视化输出。
    Heatmap(data,cmap)函数中的data为微阵列数据，cmap为调色板
    '''
    x = [n for n in range(64)]    #示例数据集中的64个样本标签
    y = [n for n in range(N)]     #N个基因数据
    f, ax = plt.subplots(figsize = (8, 6))
    #设置Heatmap调色板为红黄绿
    sns.heatmap(data1, square = True, cbar = True, cmap = 'RdYlGn_r')
    ax.yaxis.set_ticks_position('right')
    ax.yaxis.set_label_position('right')
    plt.xticks(x, x_label, fontsize = 3)  #热力图x轴
    plt.yticks(y, y_label, fontsize = 2, rotation = 0)  #热力图y轴
    plt.show()

if __name__ = = "__main__":
    N = 100  #随机选择100个基因数据
    #读取示例微阵列数据
    file1 = csv.reader(open('datasets/microarray/nci.data.csv', 'r'))
    file2 = open('datasets/microarray/nci.label.txt', 'r')  #读取示例样本标签数据
    data1, y_label = DNA_MicroArray_Data(file1, N)  #载入DNA微阵列数据
    x_label = Sample_label()  #载入样本标签数据
    Draw_Heatmap(N)  #画基因表达热力图
```

运行上述示例代码，显示DNA微阵列数据可视化，如图4-1所示。该DNA微阵列数据为人类肿瘤的6830个基因（行）和64个样本（列）的表达矩阵。显示方式为热图谱，其中红色代表基因高表达，绿色代表基因低表达（本书为黑白印刷，彩图见本书电子资源，余同）。图中仅显示了100个随机选择的样本。

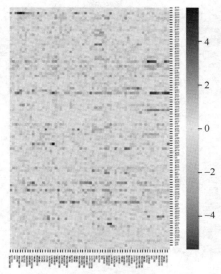

图 4-1　DNA 微阵列数据可视化

## 4.2　基因差异化表达——聚类图

聚类图是生物信息学领域常用的分析结果显示工具，是热力图与树状图的组合，通常在基因表达数据中使用，由树状图表示的分层聚类可用于识别具有相关表达水平的基因组。

聚类图的用途一般有两个，以 RNA-seq 为例，它可以用于直观呈现多样本多个基因的全局表达量变化，也可用于呈现多样本或多基因表达量的聚类关系。聚类图一般使用颜色（例如红、绿的深浅）来展示多个样本多个基因的表达量高低，既直观又美观，同时可以对样本聚类或者对基因聚类。

在以下示例中，聚类图的绘制利用 Seaborn 库的 clustermap()函数来实现。该函数实际上是在 Heatmap()函数的基础上，使其绘制出来的热力图具有横向样本和纵向基因的聚类功能，更符合生物信息学分析的要求。

以下示例程序中使用的数据集是 GSE5583，来自 2006 年的基因芯片结果，该芯片的作用是提取野生型和 HDAC1 小鼠胚胎干细胞用于 Affymatrix 微阵列上的差异 RNA。示例代码如下。

```
import seaborn as sns
import numpy as np
import pandas as pd
from scipy import stats
import matplotlib.pyplot as plt
plt.rcParams['font.sans-serif'] = 'Microsoft YaHei'  #设置中文显示字体
'''
载入示例数据集。每一行代表一个基因，每一列代表一个样本，
```

```
该数据集中共有 12488 个基因，6 个样本
'''
data = pd.read_table("datasets/GSE5583.txt", header = 0, index_col = 0)

#基因的个数或数据的行数
number_of_genes = len(data.index)

#数据进行 log2 标准化
data_std = np.log2(data+0.0001)

#绘制每个 MicroArray 的箱形图。用于观察原始数据分布的特征
data_std.plot(kind = 'box', title = 'GSE5583 箱形图', rot = 90)
plt.show()
#绘制密度曲线图。用于查看不同样本之间是否有总体差异
data_std.plot(kind = 'density', title = 'GSE5583 密度曲线图')
plt.show()

#每个基因（行）的野生型（WT）样本的平均表达量
wt = data_std.loc[:, 'WT.GSM130365' : 'WT.GSM130367'].mean(axis = 1)
#每个基因（行）的敲除（Knock Out）样本的平均表达量
ko = data_std.loc[:, 'KO.GSM130368':'KO.GSM130370'].mean(axis = 1)
fold = ko - wt

#绘制差异倍数（FoldChange）直方图，用于查看基因差异的差异倍数分布
plt.hist(fold)
plt.title("差异倍数直方图")
plt.show()

'''
在统计学中，P 值是指在进行假设检验时，根据样本数据计算出来的一个概率值。通常情况下，P 值越小，表示当前样本的数据与总体假设不符的可能性就越大。在假设检验中，通常将 P 值与显著性水平进行比较，如果 P 值小于显著性水平，就拒绝原假设，否则接受原假设
'''
#计算 P 值
pvalue = []
for i in range(0, number_of_genes):
    ttest = stats.ttest_ind(data_std.iloc[i, 0:3], data_std.iloc[i, 3:6])
    pvalue.append(ttest[1])

#P 值直方图。用于查看基因差异的 P 值分布
plt.hist(-np.log(pvalue))
plt.title("P 值直方图")
plt.show()

#准备差异分析结果的 DataFrame
myarray = np.asarray(pvalue)
result = pd.DataFrame({'pvalue':myarray, 'FoldChange':fold})
#对 P 值进行-log10 转化
```

```python
result['log(pvalue)'] = -np.log10(result['pvalue'])
#新设一列 sig 全部为 normal
result['sig'] = 'normal'
result['size']    = np.abs(result['FoldChange'])/10

#本示例中选定的差异基因标准是, 差异倍数的绝对值大于 1 且差异分析的 P 值小于 0.05
#上调基因 sig 将 normal 替换为 up
result.loc[(result.FoldChange> 1) & (result.pvalue < 0.05), 'sig'] = 'up'
#上调基因 sig 将 normal 替换为 down
result.loc[(result.FoldChange< -1) & (result.pvalue < 0.05), 'sig'] = 'down'

#绘制火山图(Volcano Plot)
ax = sns.scatterplot(x = "FoldChange", y = "log(pvalue)",      #设置 x、y 轴标签
                     hue = 'sig',                              #颜色映射
                     hue_order = ('down', 'normal', 'up'),     #颜色映射顺序
                     palette = ("#377EB8", "grey", "#E41A1C"), #绘图调色板
                     data = result                             #绘图数据
                     )
#开始筛选差异基因
fold_cutoff = 1            #设置差异倍数阈值
pvalue_cutoff = 0.05       #设置 P 值阈值

filtered_ids = []
for i in range(0, number_of_genes):
    if (abs(fold[i]) > = fold_cutoff) and (pvalue[i] < = pvalue_cutoff):
        filtered_ids.append(i)

#筛选到的差异基因
filtered = data_std.iloc[filtered_ids, :]

#画表达热力图, 设置颜色映射表为红黄绿模式
sns.clustermap(filtered, cmap = 'RdYlGn_r', standard_scale = 0)
#显示表达热力图
plt.show()
```

运行上述示例代码,显示基因差异化表达可视化,如图 4-2 所示。其中图 4-2(a)为每个阵列的箱形图,主要用于观察原始数据分布的特征;图 4-2(b)为密度曲线图,主要用于观察样本之间是否有总体差异;图 4-2(c)为反映基因差异倍数的直方图;图 4-2(d)为反映差异显著性的 P 值直方图;图 4-2(e)为火山图,通过差异倍数与 log(P 值)两个属性反映两组数据的差异性;图 4-2(f)为差异表达基因在不同组间的表达热力图。

在图 4-2(f)所示的表达热力图中,每一行代表一个基因,每一列代表一个样本。绿色代表相对低的基因表达,红色代表相对高的基因表达。例如,探针名为 101695_at 的基因在 GSM130370 相对高表达,而在 GSM130366 低表达。相对接近的样本或者基因会聚类在一起。

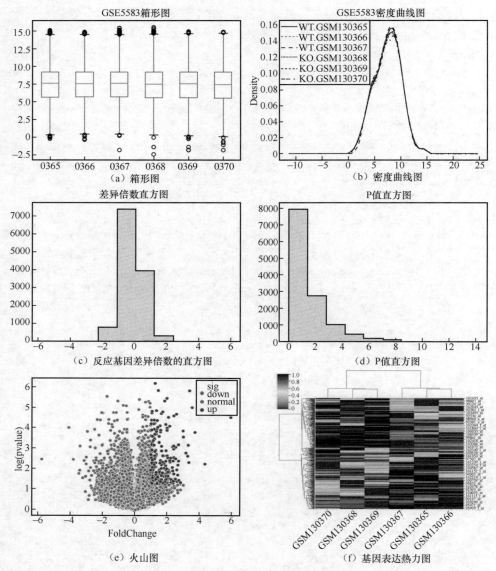

图 4-2 基因差异化表达可视化示例

## 4.3 读取 FASTA 文件的核酸序列并计算 GC 含量

在 DNA 的 4 种碱基中，鸟嘌呤（Guanine）和胞嘧啶（Cytosine）所占的比例称为 GC 含量。在双链 DNA 中，腺嘌呤（Adenine）与胸腺嘧啶（Thymine）之比（A/T），及鸟嘌呤与胞嘧啶之比（G/C）都是 1。但是，（A+T）/（G+C）之比则随 DNA 种类的不同而有所差异。GC 含量愈高，则 DNA 的密度也愈高，同时热和碱不易使其变性。因此，该特性常用于 DNA 的分离或测定。

以下示例用于读取 FASTA 格式的 DNA 序列文件，从文件中提取序列名称和相关的序列数据并计算出每个不同 DNA 序列的 GC 含量，代码如下。

```python
import matplotlib.pyplot as plt    #用于数据可视化显示
import numpy as np    #用于数组相关操作

f = open('data/mitochondrial_genes.fasta')    #示例 FASTA 格式文件
seq_name = []    #定义一个空数组用于保存 FASTA 格式文件中所有序列的名称
seq = {}    #FASTA 格式文件中的各序列数据
#从 FASTA 格式文件中提取序列名称及其相关序列数据
for line in f:    #读取文件中的每行数据
    if line.startswith('>'):    #序列名称所在文本行
        name = line.replace('>', '').split()[0]    #提取序列名称
        seq[name] = ''
        seq_name.append(name)    #保存序列名称列表
    else:    #提取对应名称下的序列数据
        seq[name]+ = line.replace('\n', '').strip()
f.close()    #关闭文件

#定义一个用于计算 GC Content 的函数
def get_gc_content(chr):
    chr = chr.upper()    #将字符串转换为大写
    count_a = chr.count('A')    #计算序列字符串中所有"A"(腺嘌呤)的个数
    count_t = chr.count('T')    #计算序列字符串中所有"T"(胸腺嘧啶)的个数
    count_c = chr.count('C')    #计算序列字符串中所有"C"(胞嘧啶)的个数
    count_g = chr.count('G')    #计算序列字符串中所有"G"(鸟嘌呤)的个数
    gc_content = (count_g + count_c) / (count_a + count_c + count_g + count_t)
    return gc_content

gc_content_values = []    #保存计算出的各序列 GC Content 的值
for gene in seq_name:
    seq_data = seq[gene]
    seq_gc = get_gc_content(seq_data)
    gc_content_values.append(seq_gc)
    print(gene+' GC content : {:.2%}'.format(seq_gc))

#纵向显示直方图
plt.bar(seq_name, gc_content_values, alpha = 1, width = 0.5, color = 'blue',
edgecolor = 'white', lw = 3)
plt.ylabel('GC Content Percentage')          #y 轴标签
plt.title('GC Content for Each Sequence')    #标题
#rotation 参数用于控制 x 轴标签的倾斜角度
plt.xticks(np.arange(len(seq_name)), seq_name, rotation = 90)
plt.show()
#横向显示直方图
plt.barh(seq_name, gc_content_values, alpha = 0.6, color = 'blue', edgecolor = 'white',
lw = 3)
plt.xlabel('GC Content Percentage')
plt.title('GC Content for Each Sequence')
plt.show()
```

运行上述示例代码,计算示例 FASTA 格式文件中各序列的 GC 含量值如下,计算 DNA 序列 GC 含量并可视化如图 4-3 所示,其中图 4-3(a)为纵向直方图,图 4-3(b)为横向直方图。

```
Auxenochlorella_prototothecoides GC content : 32.17%
Bracteacoccus_aerius GC content : 50.66%
Chlorokybus_atmophyticus GC content : 34.37%
```

```
Chaetosphaeridium_globosum GC content : 31.67%
Chlorella_sp._ArM0029B GC content : 32.49%
Chlorotetraedron_incus_SAG43.81 GC content : 41.64%
Coccomyxa_subellipsoidea_C169 GC content : 49.66%
Chlorella_sorokiniana_UTEX1230 GC content : 33.12%
Chlorella_variabilis_NC64A GC content : 31.88%
Chara_vulgaris GC content : 34.85%
Chromochloris_zofingiensis_UTEX56 GC content : 39.50%
Entransia_fimbriata_UTEX_LB2353 GC content : 34.58%
Gloeotilopsis_planctonica_SAG29.93 GC content : 35.81%
Gloeotilopsis_sarcinoidea_UTEX1710 GC content : 36.05%
Cyanophora_paradoxa GC content : 28.29%
Mesostigma_viride GC content : 32.77%
Neochloris_aquatica_UTEX_B138 GC content : 36.81%
Nephroselmis_olivacea GC content : 32.51%
Ostreococcus_tauri_RCC1561 GC content : 37.39%
Oltmannsiellopsis_viridis GC content : 33.13%
Pseudendoclonium_akinetum GC content : 36.67%
Prasinoderma_coloniale_CCMP1220 GC content : 45.37%
Pyramimonas_parkeae_NIES254 GC content : 32.92%
Pseudomuriella_schumacherensis_SAG2137 GC content : 44.51%
Ulva_fasciata GC content : 35.76%
Ulva_flexuosa GC content : 36.27%
Ulva_sp._UNA00071828 GC content : 35.41%
```

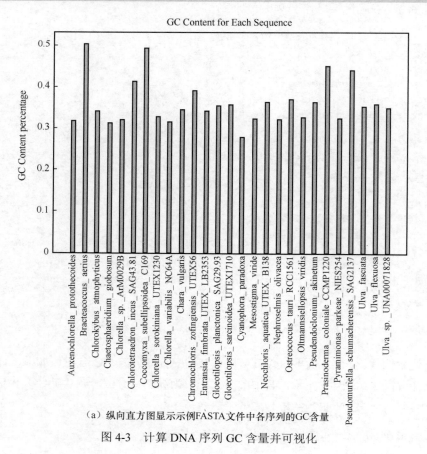

（a）纵向直方图显示示例FASTA文件中各序列的GC含量

图 4-3 计算 DNA 序列 GC 含量并可视化

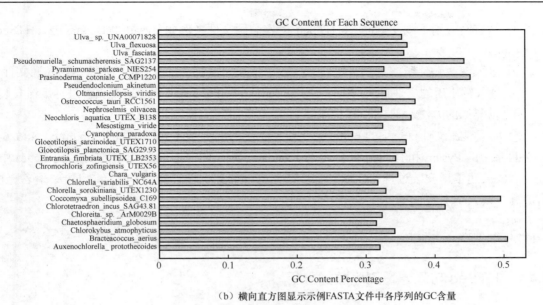

(b)横向直方图显示示例FASTA文件中各序列的GC含量

图 4-3　计算 DNA 序列 GC 含量并可视化（续）

## 4.4　高通量测序

　　高通量测序（HTS）技术是对传统测序的一次革命性改变，可一次对几十万到几百万条 DNA 分子进行并行测序，因此，有些文献中称其为下一代测序技术。高通量测序技术可一次性对一个物种的基因组和转录组进行深入、细致和全面的分析，所以又被称为深度测序。

　　在生物信息学领域中，对数据进行高通量测序分析时，通常需要编写自定义脚本来执行特定的分析任务。HTSeq 是一个第三方 Python 工具包，主要用于基因表达量分析，能根据 SAM/BAM 比对结果文件和基因结构注释 GTF 格式文件得到基因水平的 Counts 表达量。

### 4.4.1　HTSeq 的安装与测试

　　在安装 HTSeq 之前，必须先安装作为其重要依赖项的 Pysam。Pysam 是一个专门用来处理 BAM、CRAM、SAM 等格式的比对数据和 VCF、BCF 等格式的变异数据的 Python 工具包，其核心是 htslib（一个高通量数据处理 API，Samtools 使用的核心库）。开发者们用 Python 对它直接进行轻量级包装，因此能够在 Python 中方便地调用它，并且保证了它与原生 C-API 功能上的高度一致。

　　按照官方网址的相关文档，Pysam 的安装可以通过在 Anaconda 命令行中执行 pip install pysam 命令来完成。安装完成后，通过继续执行 pip install HTSeq 命令对 HTSeq 进行安装。上述安装方式经常会导致出现各种问题，解决起来比较麻烦。较为可靠的方式是下载源文件进行编译安装。

　　以 Ubuntu 20.04 版本的 Linux 环境为例安装 HTSeq 的过程如下。

① 从官网分别下载 Pysam 及 HTSeq 的安装源文件（例如 pysam-0.15.4.tar.gz、HTSeq-0.12.4.tar.gz）。

② 进入下载文件所在目录，执行 tar –xvf　pysam-0.15.4.tar.gz 命令解压 Pysam 源文件。

③ 进入解压后的文件目录，执行 python setup.py build install 命令对源文件进行编译安装。

④ 以类似的方法对 HTSeq-0.12.4.tar.gz 源文件进行编译安装。

⑤ 将安装源文件目录下的 build 子目录下对应 Python 版本（例如 build/lib.linux- x86_64-3.7）目录中的 Pysam 和 HTSeq 复制到 Anaconda 安装目录下的 lib/python3.7/site- packages/中。

完成上述编译安装过程，在命令行中启动 Python 3.7，在解释器中执行以下指令，若无出错信息，则表明 HTSeq 安装、运行一切正常。

```
>>>import pysam
>>>import HTSeq
```

## 4.4.2　HTSeq 与高通量测序数据分析

### 1. 读入 Reads

通量是指同时可测的 DNA 样本数目的多少，第一代测序仪通常一次性只能对几十个样本进行测序，而第二代测序仪则可同时对数百万个样本进行测序。一个测序读长（Reads）是指测序得到的一个碱基序列。Reads 不是基因组中的组成，实际是一小段测序片段，是高通量测序仪产生的测序数据，通常为一连串由 A、C、T、G 组成的碱基序列。对整个基因组进行测序，会产生成千上万个 Reads。对于不同的测序仪器，Reads 长度可能会不一样。

在下面的例子中，我们通过 HTSeq 提供的 FastqReader()函数读取一个 FASTQ 格式文件。文件 "yeast_RNASeq_excerpt_sequence.txt" 是由 Solexa 公司的 Pipeline 软件在酵母菌 RNA 测序实验中生成的文件摘要。我们可以通过以下示例代码来读取。FastqReader()函数的第一个参数是文件名，第二个为可选参数，用于指定字符串的编码，如果省略，则使用默认值 "phred"。该示例用的是 Solexa Pipeline 在版本 1.8 之前使用的 offset-64 格式编码。

```
>>> import HTSeq  #导入HTSeq
#读取FASTQ格式文件
>>> fastq_file = HTSeq.FastqReader( "yeast_RNASeq_excerpt_sequence.txt", "solexa" )
>>> import itertools   #导入迭代器工具包
#使用itertools中的切片操作函数islice()读取文件的前10行
>>> for read in itertools.islice(fastq_file, 10):
    print(read)  #输出读取的部分文件内容
CTTACGTTTTCTGTATCAATACTCGATTTATCATCT
AATTGGTTTCCCCGCCGAGACCGTACACTACCAGCC
TTTGGACTTGATTGTTGACGCTATCAAGGCTGCTGG
ATCTCATATACAATGTCTATCCCAGAAACTCAAAAA
AAAGTTCGAATTAGGCCGTCAACCAGCCAACACCAA
GGAGCAAATTGCCAACAAGGAAAGGCAATATAACGA
AGACAAGCTGCTGCTTCTGTTGTTCCATCTGCTTCC
AAGAGGTTTGAGATCTTTGACCACCGTCTGGGCTGA
```

```
GTCATCACTATCAGAGAAGGTAGAACATTGGAAGAT
ACTTTTAAAGATTGGCCAAGAATTGGGGATTGAAGA
>>> read        #显示 read 对象的内容
<SequenceWithQualities object 'HWI-EAS225:1:10:1284:142#0/1'>
```

通过上述结果可知,Read 对象为一个 SequenceWithQualities 对象。通常,该类型的对象具有 seq、name 及 qual 等属性。下列示例代码分别显示了 read 对象的这几个属性的内容。

```
>>> read.name
'HWI-EAS225:1:10:1284:142#0/1'
>>> read.seq
b'ACTTTTAAAGATTGGCCAAGAATTGGGGATTGAAGA'
>>> read.qual
array([33, 33, 33, 33, 33, 33, 29, 27, 29, 32, 29, 30, 30, 21, 22, 25, 25,
       25, 23, 28, 24, 24, 29, 29, 29, 25, 28, 24, 24, 26, 25, 25, 24, 24,
       24, 24], dtype = uint8)
```

read.qual 所代表的 Quality 数组中的值是序列的 Phred 分数。测序中常用错误概率 $P_e$ 来表示每个核苷酸测量的准确性,通常赋予一个数值来更简便地表示,这个数值叫作测序质量分数。因为这个分数最开始通过 Phred 软件从测序仪生成的色谱图中得到,所以也称为 Phred 分数($Q_{Phred}$)。$Q_{Phred}$ 是最基本的质量分数,其他的质量计分标准都来自 $Q_{Phred}$。$Q_{Phred}$ 与 $P_e$ 之间的关系为 $Q_{Phred} = -10 \times \log_{10} P_e$。

作为使用 HTSeq 的第一个简单示例,我们现在通过将所有 Reads 的 qual 数组相加,再除以 Reads 的个数,来计算 Reads 中每个位置的平均质量分数。

```
>>> import numpy
>>> len( read )
36
>>> qualsum = numpy.zeros( len(read), numpy.int )   #qualsum 代表所有 qual 数组相加的结果
>>> nreads = 0   #nreads 变量代表 Reads 个数,变量初始化赋值
>>> for read in fastq_file:        #循环读取 FASTQ 格式文件,将质量分数相加并计算 Reads 个数
        qualsum + = read.qual      #质量分数累加
        nreads + = 1               #Reads 个数累加
>>> qualsum / float(nreads)        #计算平均质量分数
array([ 31.56838274,  30.08288332,  29.4375375 ,  29.00432017,
        28.55290212,  28.26825073,  28.46681867,  27.59082363,
        27.34097364,  27.57330293,  27.11784471,  27.19432777,
        26.84023361,  26.76267051,  26.44885795,  26.79135165,
        26.42901716,  26.49849994,  26.13604544,  25.95823833,
        25.54922197,  26.20460818,  25.42333693,  25.72298892,
        25.04164167,  24.75151006,  24.48561942,  24.27061082,
        24.10720429,  23.68026721,  23.52034081,  23.49437978,
        23.11076443,  22.5576223 ,  22.43549742,  22.62354494])
>>> from matplotlib import pyplot       #导入绘图工具包
>>> pyplot.plot( qualsum / nreads )     #绘制平均质量分数
>>> pyplot.show()    #显示图像
```

运行上述示例代码,输出酵母菌 RNA 测序平均质量分数,如图 4-4 所示。

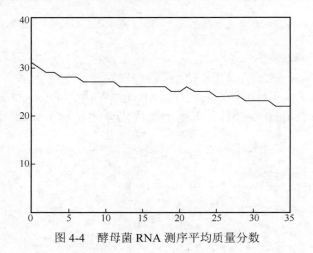

图 4-4　酵母菌 RNA 测序平均质量分数

若源文件不是 FASTQ 格式文件，而是 SAM 格式文件，其中的 Reads 已经做好了对位排列，则可用 HTSeq 的 SAM_Reader 接口来读取这些数据。

```
>>> alignment_file = HTSeq.SAM_Reader( "yeast_RNASeq_excerpt.sam" ) #读取 SAM 格式源文件
```

如果我们只计算质量分数，则可重写上述对应部分的示例代码，具体如下。

```
>>> nreads = 0
>>> for aln in alignment_file:          #循环读取 Reads 已经对齐的 SAM 格式文件
    qualsum + =  aln.read.qual          #质量分数累加
    nreads + =  1                       #Reads 个数累加
```

### 2. 绘制 TSS 图

在芯片序列分析中，一个常见的任务是获得与邻近特征相关的标记轮廓。例如，在分析组蛋白标记时，人们通常对这些标记在转录起始位点（TSS）附近的位置和延伸感兴趣。为此，人们通常计算整个基因组中 Reads 或片段的覆盖率，然后标记出以所有基因的 TSS 为中心的固定大小的窗口，将这些窗口中的覆盖率加起来形成一个具有窗口大小的"轮廓"。这是一个简单的操作，然而，在处理大量基因组和大量 Reads 时，这种操作可能会变得具有挑战性。

在这里，我们通过讲述该任务的不同解决方案来演示数据流在 HTSeq 中如何进行组织。作为示例数据，我们使用了 Barski 等人提供的数据集（下载地址参见本书配套的电子资源），下载了其中一个 H3K4me3 样本的 FASTQ 格式文件，将其与智人基因组 GRCh37 对齐，并将此文件的开头（实际上仅包含与染色体 1 对齐的 Reads）作为示例文件。作为注释，我们使用文件"Homo_sapiens.GRCh37.56_chrom1.gtf"，它是智人 1 号染色体的 Ensembl GTF 文件的一部分。GTF 主要是对染色体上的基因进行标注。

我们先从直接计算全覆盖率的方法开始演示，再对轮廓进行计算。

```
>>> import HTSeq
>>> bamfile = HTSeq.BAM_Reader( "SRR001432_head.bam" ) #读取 BAM 格式示例文件
#读取注释示例文件
>>> gtffile = HTSeq.GFF_Reader( "Homo_sapiens.GRCh37.56_chrom1.gtf" )
>>> coverage = HTSeq.GenomicArray( "auto", stranded = False, typecode = "i" ) #覆盖率
```

```
>>> for almnt in bamfile: #遍历BAM格式文件计算覆盖率
        if almnt.aligned:
            coverage[ almnt.iv ] + = 1
```

要想找到所有转录起始位点的位置,我们可以在 GTF 文件中查找编号为 1 的外显子 (Exon),GTF 文件中的"exon_number"属性为外显子编号。以下示例代码用于提取并显示此信息。

```
>>> import itertools
>>> for feature in itertools.islice( gtffile, 100): #仅遍历GTF文件中的前100条特征
        #遍历查找编号为1的外显子
        if feature.type = = "exon" and feature.attr["exon_number"] = = "1":
            print(feature.attr["gene_id"], \
                feature.attr["transcript_id"], feature.iv.start_d_as_pos) #输出相关信息
ENSG00000223972 ENST00000456328 1:11873/+
ENSG00000223972 ENST00000450305 1:12009/+
ENSG00000227232 ENST00000423562 1:29369/-
ENSG00000227232 ENST00000438504 1:29369/-
ENSG00000227232 ENST00000488147 1:29569/-
ENSG00000227232 ENST00000430492 1:29342/-
ENSG00000243485 ENST00000473358 1:29553/+
ENSG00000243485 ENST00000469289 1:30266/+
ENSG00000221311 ENST00000408384 1:30365/+
ENSG00000237613 ENST00000417324 1:36080/-
ENSG00000237613 ENST00000461467 1:36072/-
ENSG00000233004 ENST00000421949 1:53048/+
ENSG00000240361 ENST00000492842 1:62947/+
ENSG00000177693 ENST00000326183 1:69054/+
```

由于 GTF 文件包含每个基因的多个转录本,一个 TSS 可能会多次出现,从而赋予它不适当的权重。为此,我们可以用一个集合数据类型的变量来保存它,因为集合强制其中的元素必须具有唯一性。

```
>>> tsspos = set()
>>> for feature in gtffile:
        if feature.type = = "exon" and feature.attr["exon_number"] = = "1":
            tsspos.add( feature.iv.start_d_as_pos )

#手动选择一个示例起始位点
p = HTSeq.GenomicPosition( "1", 145439814, "+" )
>>> p in tsspos    #看该点是否处于TSS集合中
True
```

我们可以通过加、减一个固定值(所需窗口大小的一半,假设使用3000)来获得以这个TSS为中心的窗口。

```
>>> halfwinwidth = 3000   #窗口中心
>>> window = HTSeq.GenomicInterval( p.chrom, p.pos - halfwinwidth, p.pos + halfwinwidth, "." )
>>> window    #输出窗口变量相关信息
<GenomicInterval object '1', [145436814, 145442814), strand '.'>
```

```
>>> list( coverage[window] )   #将窗口的覆盖率转换为列表
[0, 0, 0, ..., 0, 0]
>>> import numpy
>>> wincvg = numpy.fromiter( coverage[window], dtype = 'i',
                             count = 2*halfwinwidth )
>>> wincvg  #以 numpy 数组形式表示的窗口覆盖率
array([0, 0, 0, ..., 0, 0, 0], dtype = int32)
#显示窗口覆盖率并绘制出其图像
>>> from matplotlib import pyplot
>>> pyplot.plot( wincvg )
>>> pyplot.show()
```

运行上述示例代码，显示的 TSS 窗口覆盖率如图 4-5 所示。

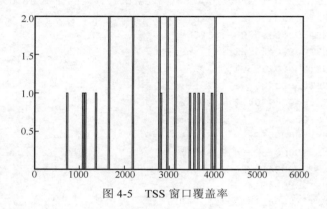

图 4-5　TSS 窗口覆盖率

为了累加计算轮廓，我们用零来初始化窗口大小的 numpy 向量，代码如下。

```
>>> profile = numpy.zeros( 2*halfwinwidth, dtype = 'i' )
```

现在，我们可以查看 TSS 位置并将其对应窗口的覆盖率累加以获取其轮廓，代码如下。

```
>>> for p in tsspos:  #遍历 TSS 集合
       window = HTSeq.GenomicInterval( p.chrom, p.pos - halfwinwidth, p.pos + halfwinwidth, "." )
       wincvg = numpy.fromiter( coverage[window], dtype = 'i', count = 2*halfwinwidth )
       if p.strand  ==  "+":  #该基因或转录本位于参考序列的正链上
          profile + =  wincvg   #累加窗口覆盖率来计算轮廓
       else:
          profile + =  wincvg[::-1]  #如果基因在负链上，我们将窗口覆盖率进行反转再累加
#显示输出轮廓图
>>> pyplot.plot( numpy.arange( -halfwinwidth, halfwinwidth ), profile )
>>> pyplot.show()
```

运行上述示例代码，输出的 TSS 轮廓如图 4-6 所示。我们可以清楚地看到，Reads 集中在 TSS 周围。

对于上述示例代码，我们可以稍加改进。在计算覆盖率时，通常只是在 Reads 覆盖的所有碱基对中添加一个。然而，片段大小超出了 Reads 的范围，长度约为 200bp。如果我们基于片段而不是 Reads 数据来计算覆盖率，则可能会得到更好的输出图像，在该示例中，将 Reads 扩展到片段大小，即 200bp。改进后的示例代码如下。

```
import HTSeq
import numpy
from matplotlib import pyplot

bamfile = HTSeq.BAM_Reader( "SRR001432_head.bam" )
gtffile = HTSeq.GFF_Reader( "Homo_sapiens.GRCh37.56_chrom1.gtf" )
halfwinwidth = 3000
fragmentsize = 200  #片段长度

coverage = HTSeq.GenomicArray( "auto", stranded = False, typecode = "i" )
for almnt in bamfile:
   if almnt.aligned:
      almnt.iv.length = fragmentsize   #将 Reads 扩展为片段大小
      coverage[ almnt.iv ] + = 1

tsspos = set()
for feature in gtffile:
   if feature.type = = "exon" and feature.attr["exon_number"] = = "1":
      tsspos.add( feature.iv.start_d_as_pos )

profile = numpy.zeros( 2*halfwinwidth, dtype = 'i' )
for p in tsspos:
   window = HTSeq.GenomicInterval( p.chrom, p.pos - halfwinwidth, p.pos +
                                   halfwinwidth, "." )
   wincvg = numpy.fromiter( coverage[window], dtype = 'i', count = 2*halfwinwidth )
   if p.strand = = "+":
      profile + = wincvg
   else:
      profile + = wincvg[::-1]
#绘制轮廓图
pyplot.plot( numpy.arange( -halfwinwidth, halfwinwidth ), profile )
pyplot.show()
```

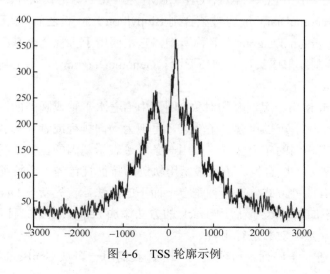

图 4-6　TSS 轮廓示例

运行上述示例代码，输出算法改进后的 TSS 轮廓，如图 4-7 所示。算法改进后的输出图像看起来更加平滑、流畅。

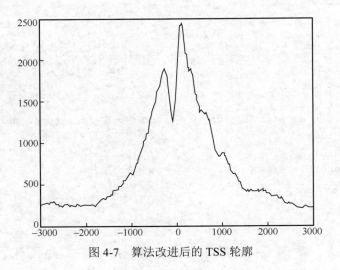

图 4-7　算法改进后的 TSS 轮廓

## 4.5　基因组可视化

基因组可视化即对基因组数据进行可视化，通常指对最基本的基因组 DNA 序列、注释数据等基因组相关的分析数据，按照一定的用户友好方式，使用图形元素呈现出来，方便直观地识别已知或未知的数据模式，或比较差异等。

Biopython 中的 Bio.Graphics 模块可被用于基因组数据的可视化。该模块基于 Python 的第三方扩展库 ReportLab，ReportLab 主要用于生成 PDF 格式文件，同时也能生成 EPS 格式文件和 SVG 格式文件。ReportLab 可以导出矢量图，如果安装了其他依赖项，例如 PIL，ReportLab 也可用于导出 JPEG、PNG、GIF、BMP 和 PICT 等格式文件。

Bio.Graphics.GenomeDiagram 包被整合到 Biopython 1.50 版之前，就已经是 Biopython 的独立模块。正如"GenomeDiagram"名称所指，它主要用于可视化全基因组（特别是原核生物基因组），既可绘制线形图又可绘制环形图。GenomeDiagram 多用于噬菌体、质粒和线粒体等微小基因组的可视化。

GenomeDiagram 使用一组嵌套的对象，图层中沿着水平轴或圆圈的图形对象表示一个序列或序列区域。一个图形可以包含多条轨迹，呈现为横向排列或者环形放射图。这些轨迹的长度通常相等，代表相同的序列区域。可用一条轨迹表示基因的位置，另一条轨迹表示调节区域，第三条轨迹表示 GC 含量。可将最常用轨迹的特征打包为一个特征集。

新建图形主要有两种方式。第一种是自上而下的方法，首先新建 Diagram 对象，然后用 Diagram 的方法来添加 Track，最后用 Track 的方法添加 Feature。第二种是自下而上的方法，首先单独新建对象，然后对其进行组合。

序列特征是描述一条序列不可或缺的部分，我们用一个从 GenBank 文件中读取出来的

SeqRecord 来绘制全基因组序列特征，示例用到的是鼠疫杆菌的 pPCP1 质粒，其元数据文件为 NC_005816.gb。采用自上而下的方法进行可视化的示例代码如下。

```
from reportlab.lib import colors    #导入该模块主要用于色彩处理
from Bio.Graphics import GenomeDiagram    #导入该模块主要用于基因组图形绘制
from Bio import SeqIO #导入该模块主要用于读取基因组元数据

record = SeqIO.read("NC_005816.gb", "genbank")  #读取鼠疫杆菌基因组元数据文件
"""
这里用自上而下的方法，导入目标序列后，新建一个 Diagram，然后新建一个 Track，最后新建一个特征集
"""
gd_diagram = GenomeDiagram.Diagram("Yersinia pestis biovar Microtus plasmid pPCP1")
gd_track_for_features = gd_diagram.new_track(1, name = "Annotated Features")
gd_feature_set = gd_track_for_features.new_set()


"""
提取 SeqRecord 中每个基因的 SeqFeature 对象，为 Diagram 生成一个相应的特征，将这些生成的特征用红、蓝色交替表示
"""
for feature in record.features:
    if feature.type ! =  "gene":
        continue
    if len(gd_feature_set) % 2 = = 0:
        color = colors.red
    else:
        color = colors.blue
    gd_feature_set.add_feature(feature, color = color, label = True)
"""
将 fragments 变量设置为"4"，基因组就会被分为 4 个片段。
创建导出文件需要两步，首先是 draw()方法，它用 ReportLab 对象生成全部图形。然后是 write()方法，将图形存储到格式文件中。可根据需要输出多种不同格式的文件，例如 PDF、EPS、SVG 及 PNG 等
"""
gd_diagram.draw(format = "linear", orientation = "landscape", pagesize = 'A4',
                fragments = 4, start = 0, end = len(record))
gd_diagram.write("plasmid_linear.pdf", "PDF")
gd_diagram.write("plasmid_linear.eps", "EPS")
gd_diagram.write("plasmid_linear.svg", "SVG")
gd_diagram.write("plasmid_linear.png", "PNG")
```

运行上述示例代码，输出 4 种不同格式的文件。其中 PNG 格式文件（线形特征图）如图 4-8（a）所示。

如果想生成 PDF 格式的环形特征图，则在上述示例的基础上添加以下代码即可。环形特征图如图 4-8（b）所示。

```
gd_diagram.draw(format = "circular", circular = True, pagesize = (20*cm, 20*cm),
                start = 0, end = len(record), circle_core = 0.7)
gd_diagram.write("plasmid_circular.pdf", "PDF")
```

以上示例中，基因组特征图的图形符号默认是方框（BOX），GenomeDiagram 第一版中只有这一选项，后来 GenomeDiagram 被整合到 Biopython 1.50 后，新增了箭头状（ARROW）

的图形符号,Biopython 1.61 又新增了八边形(OCTO)、锯齿形(JAGGY)及大箭头(BIGARROW)3 个图形符号。特征图各符号示例如图 4-9 所示,绘图符号设置示例代码如下。更详细的图形符号参数设置可参考本书配套电子资源提供的资料。

```
#默认使用 BOX 符号
gd_feature_set.add_feature(feature)
#显示声明使用 BOX 符号
gd_feature_set.add_feature(feature, sigil = "BOX")
#使用箭头符号
gd_feature_set.add_feature(feature, sigil = "ARROW")
#使用八边形符号
gd_feature_set.add_feature(feature, sigil = "OCTO")
#使用锯齿形符号
gd_feature_set.add_feature(feature, sigil = "JAGGY")
#使用大箭头符号
gd_feature_set.add_feature(feature, sigil = "BIGARROW")
```

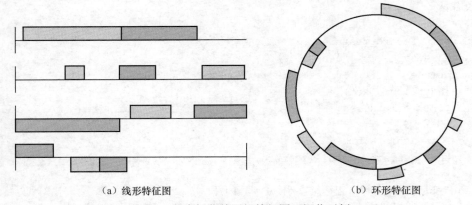

(a)线形特征图　　　　　(b)环形特征图

图 4-8　鼠疫杆菌基因组特征图可视化示例

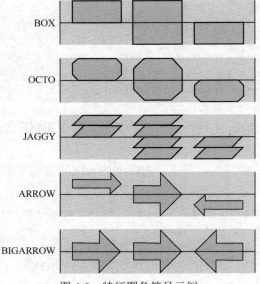

图 4-9　特征图各符号示例

我们仍然以鼠疫杆菌的 pPCP1 质粒为例，现在使用图形符号的高级选项。其中，用箭头表示基因，用窄框穿越箭头表示限制性内切酶的切割位点，示例代码如下。

```python
from reportlab.lib import colors      #导入该模块主要用于色彩处理
from Bio.Graphics import GenomeDiagram  #导入该模块主要用于基因组图形绘制
from Bio import SeqIO  #导入该模块主要用于读取基因组元数据
from Bio.SeqFeature import SeqFeature, FeatureLocation  #主要用于特征序列位置描述

record = SeqIO.read("NC_005816.gb", "genbank")  #读取鼠疫杆菌基因组元数据文件
gd_diagram = GenomeDiagram.Diagram(record.id)   #构建图形对象
gd_track_for_features = gd_diagram.new_track(1, name = "Annotated Features")  #构建轨迹
gd_feature_set = gd_track_for_features.new_set()  #特征集合初始化

#遍历序列特征
for feature in record.features:
    if feature.type ! = "gene":
        continue
    #以蓝色和淡蓝色交替来进行特征标注
    if len(gd_feature_set) % 2 = = 0:
        color = colors.blue
    else:
        color = colors.lightblue
    #以箭头来做特征标注
    gd_feature_set.add_feature(feature, sigil = "ARROW",
                               color = color, label = True,
                               label_size = 14, label_angle = 0)
"""
为了包含基因组中的一些非链特征，示例中用到 EcoRI、SmaI、HindIII 及 BamHI 等限制性内切酶酶切识别位点
"""
for site, name, color in [("GAATTC", "EcoRI", colors.green),
                          ("CCCGGG", "SmaI", colors.orange),
                          ("AAGCTT", "HindIII", colors.red),
                          ("GGATCC", "BamHI", colors.purple)]:
    index = 0
    while True:
        index = record.seq.find(site, start = index)
        if index = = -1 : break
        feature = SeqFeature(FeatureLocation(index, index+len(site)))
        gd_feature_set.add_feature(feature, color = color, name = name,
                                   label = True, label_size = 10,
                                   label_color = color)
        index + = len(site)
#绘制多种不同格式的线形特征图
gd_diagram.draw(format = "linear", pagesize = 'A4', fragments = 4,
                start = 0, end = len(record))
gd_diagram.write("plasmid_linear_nice.pdf", "PDF")
gd_diagram.write("plasmid_linear_nice.eps", "EPS")
```

```
gd_diagram.write("plasmid_linear_nice.svg", "SVG")
#绘制多种不同格式的环形特征图
gd_diagram.draw(format = "circular", circular = True, pagesize = (20*cm, 20*cm),
                start = 0, end = len(record), circle_core = 0.5)
gd_diagram.write("plasmid_circular_nice.pdf", "PDF")
gd_diagram.write("plasmid_circular_nice.eps", "EPS")
gd_diagram.write("plasmid_circular_nice.svg", "SVG")
```

运行上述示例代码，生成图 4-10 所示的鼠疫杆菌基因组序列可视化结果，其中图 4-10（a）为箭头表示的线性特征图，图 4-10（b）为箭头表示的环形特征图。

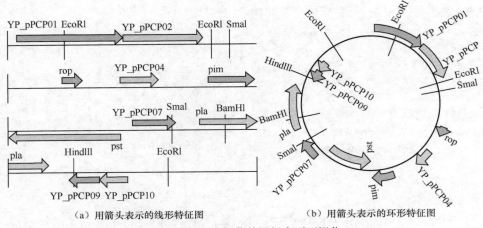

（a）用箭头表示的线形特征图　　　　（b）用箭头表示的环形特征图

图 4-10　鼠疫杆菌基因组序列可视化

前面示例构建图形时，都是使用单独的轨迹。实际上，在进行基因组特征可视化时，我们也可以创建多条轨迹，例如，其中一条轨迹用于展示基因，另一条轨迹则用于展示重复序列等。下面我们将用 Lactococcus phage Tuc2009、Bacteriophage bIL285 及 Listeria innocua Clip11262 这 3 个噬菌体基因组依次进行展示。这些噬菌体基因组所对应的元数据文件分别为 NC_002703.gbk、AF323668.gbk、NC_003212.gbk，可从本书配套的电子资源中找到或直接从 Entrez（NCBI 主持的一个数据库检索系统）中下载。多轨迹基因组特征可视化示例代码如下。

```
from Bio import SeqIO  #该模块主要用于读取基因组元数据
"""
从 3 个噬菌体基因组文件中分离提取相关特征信息，保证前两个噬菌体的反向互补链与其起始点对齐。噬菌体
Listeria innocua 数据非常大，故截取与前二者长度大体相同的元数据片段
"""
A_rec = SeqIO.read("NC_002703.gbk", "gb")  #噬菌体 Lactococcus phage 元数据
B_rec = SeqIO.read("AF323668.gbk", "gb")   #噬菌体 Bacteriophage 元数据
#噬菌体 Listeria innocua 元数据片段
C_rec = SeqIO.read("NC_003212.gbk", "gb")[2587879:2625807].reverse_complement
(name = True)

#导入图像色彩处理模块
from reportlab.lib.colors import red, grey, orange, green, brown, blue, lightblue,
```

```
purple
"""
对 3 个噬菌体基因组进行色彩标注,图像中用不同颜色表示基因功能的差异
"""
A_colors = [red]*5 + [grey]*7 + [orange]*2 + [grey]*2 + [orange] + [grey]*11 +
[green]*4 + [grey] + [green]*2 + [grey, green] + [brown]*5 + [blue]*4 + [lightblue]*
5 + [grey, lightblue] + [purple]*2 + [grey]
B_colors = [red]*6 + [grey]*8 + [orange]*2 + [grey] + [orange] + [grey]*21 + [green]*
5 + [grey] + [brown]*4 + [blue]*3 + [lightblue]*3 + [grey]*5 + [purple]*2
C_colors = [grey]*30 + [green]*5 + [brown]*4 + [blue]*2 + [grey, blue] + [lightblue]*
2 + [grey]*5
from Bio.Graphics import GenomeDiagram #导入基因组图形可视化处理模块

name = "Proux Fig 6" #图形命名
gd_diagram = GenomeDiagram.Diagram(name)
max_len = 0
"""
给 Diagram 添加 3 个 Track。我们在示例中设置不同的开始/结束值来体现它们之间长度不等
"""
for record, gene_colors in zip([A_rec, B_rec, C_rec], [A_colors, B_colors, C_colors]):
    max_len = max(max_len, len(record))
    gd_track_for_features = gd_diagram.new_track(1,
                            name = record.name,
                            greytrack = True,
                            start = 0, end = len(record))
    gd_feature_set = gd_track_for_features.new_set()

    i = 0
    for feature in record.features:
        if feature.type ! =  "gene":
            continue
        #用不同颜色的箭头形状对基因组特征进行可视化
        gd_feature_set.add_feature(feature, sigil = "ARROW",
                                    color = gene_colors[i], label = True,
                                    name = str(i+1),
                                    label_position = "start",
                                    label_size = 6, label_angle = 0)
        i+ = 1

#输出不同格式的可视化图形结果
gd_diagram.draw(format = "linear", pagesize = 'A4', fragments = 1,
                start = 0, end = max_len)
gd_diagram.write(name + ".pdf", "PDF")
gd_diagram.write(name + ".eps", "EPS")
gd_diagram.write(name + ".svg", "SVG")
```

运行上述示例代码,显示多重轨迹基因组特征可视化,如图 4-11 所示。

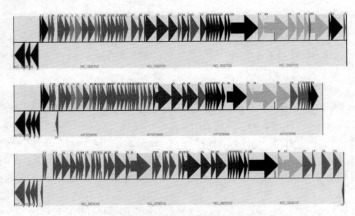

图 4-11 多重轨迹基因组特征可视化

## 4.6 蛋白质接触图

蛋白质作为生物体内分布最广、功能最复杂的一类大分子，一直受到广泛关注，吸引科研人员投入大量精力进行研究。氨基酸是构成蛋白质的基本单元，20多种不同的氨基酸以 mRNA 为模板脱水缩合形成首尾相连的氨基酸序列，是蛋白质的一级结构（蛋白质序列）。不同的蛋白质具有不同的氨基酸序列，所有蛋白质都会在其一维序列的基础上折叠形成特定的三维结构。了解蛋白质的三维结构是研究生物功能及活性机理的基础。

在蛋白质的序列中，氨基酸之间的氨基和羧基脱水成键，氨基酸的部分基团参与了肽键的形成，剩余的结构部分则称为氨基酸残基。蛋白质接触图，用一个二元二维矩阵来表示三维蛋白质结构中所有可能氨基酸残基对之间的距离。对于两个残基 i 和 j，如果它们之间的距离接近设定的阈值，则矩阵的 i、j 元素为 1，否则为 0。通常设定，当蛋白质序列中的任意两个残基的 β 碳原子（甘氨酸为 α 碳原子）之间的空间距离为 8Å（Angstrom，埃，1 埃等于 $10^{-10}$ 米，即 1 纳米的十分之一）时，可认为这两个氨基酸残基是相互接触的。

蛋白质残基接触图表达了序列中间隔不小于 6 个残基的所有接触信息。合适的残基与残基接触被认为在维持蛋白质的天然构象和指导蛋白质折叠方面发挥着关键作用。残基接触图包含蛋白质空间结构的重要信息，是蛋白质三维结构的一种二维表达形式。蛋白质残基接触信息主要用于表征蛋白质的结构和相互作用。这些信息可以用来描述蛋白质的构象、折叠方式、相互作用界面等，对于理解蛋白质的功能和行为非常重要。而远程残基接触信息则能够揭示不同残基之间的相互作用，这些相互作用通常距离较远，但在蛋白质的结构和稳定性中起到关键作用。远程残基接触信息可以用于预测蛋白质的构象变化，例如在蛋白质相互作用或变构效应中发生的构象变化。这些信息对于理解蛋白质如何在生物系统中发挥作用以及进行蛋白质工程和药物设计等方面都具有重要意义。因此，残基接触图成为蛋白质高级结构预测的关键一步。

PConPy 是一个开源的 Python 模块，用于以多种矢量和光栅图像格式生成蛋白质残基接触图、距离图和氢键图等。PConPy 相较于现有工具的主要优势是，能够使用更大范围的残基之间的距离度量生成接触图和距离图。PConPy 可以用作独立的应用程序，也可以被导入现有项目的源代码中。PConPy 也提供了基于 Web 的应用，其 Web 应用界面可通过本书电子资源提供的网址进行访问。

PConPy 项目的 Github 网址可从本书配套的电子资源查找，下载项目源代码至本地计算机然后解压项目文件进入安装目录，在命令行执行 python setup.py install 即可完成安装。

PConPy 利用 DSSP 程序获得残基间氢键信息。DSSP 是用于对蛋白质结构中的氨基酸残基进行二级结构构象分类的标准化算法，对应的可执行程序可从随书电子资源提供的网址中进行下载。DSSP 可执行程序需要安装到系统路径中。

利用 PConPy 生成蛋白质残基接触图的示例代码如下。

```
import pconpy #导入 PConPy 用于计算残基距离
import matplotlib as mpl #导入绘图库

pdb_fn = "datasets/pdb_files/1ubq.pdb" #指定示例蛋白质 PDB 格式文件路径
residues = pconpy.get_residues(pdb_fn) #获取蛋白质氨基酸残基
#以阈值为 8 埃、α 碳原子为度量来测量残基距离并生成接触矩阵
mat = pconpy.calc_dist_matrix(residues, measure = 'CA', dist_thresh = 8.0)
mpl.pyplot.xlim(0, len(residues))         #设置 x 轴坐标上下限
mpl.pyplot.ylim(0, len(residues))         #设置 y 轴坐标上下限
ax, fig = mpl.pyplot.gca(), mpl.pyplot.gcf() #获取当前 Axes 绘图区域及 Figure 绘图区域
mpl.pyplot.title(u"1UBQ 蛋白质残基接触图")
mpl.pyplot.xlabel(u"残基序列号")
mpl.pyplot.ylabel(u"残基序列号")
#绘制蛋白质残基接触图
map_obj = mpl.pyplot.pcolormesh(mat, shading = "flat", edgecolors = "None",
cmap = mpl.cm.Grays)
#对生成的图片按照指定文件名进行保存
mpl.pyplot.savefig("demo.jpg", bbox_inches = "tight")
mpl.pyplot.show() #显示图片
```

运行上述示例代码，生成图 4-12（a）所示的黑白蛋白质接触图。若需要将黑白颜色的接触图更改为其他颜色，只需将配色方案 cmap=mpl.cm.Grays 更改为指定配色，例如，cmap=mpl.cm.YlOrRd 会生成图 4-12（b）所示的彩色蛋白质的接触图。

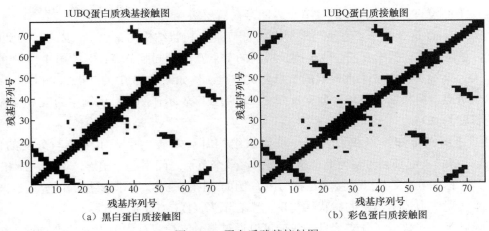

（a）黑白蛋白质接触图　　　（b）彩色蛋白质接触图

图 4-12　蛋白质残基接触图

PConPy 作为独立程序应用时，需要进入 pconpy.py 文件所在目录，然后在命令行中执行相关命令。例如，以 α 碳原子距离度量来生成指定蛋白质文件的 PDF 格式接触图的命令如下。

```
python pconpy.py cmap 8.0 --pdb ./tests/pdb_files/1ejg.pdb --chains A --output 1ejg_cmap.pdf --measure CA
```

其中，"cmap"参数用于指定生成残基接触图（如果指定为"dmap"，则表示生成距离图，"hbamp"表示生成氢键图）；"8.0"参数则用于设定接触距离阈值为 8Å；"--pdb ./tests/pdb_files/1ejg.pdb"用于指定示例文件及其所在目录；"--chains A"用于指定残基所在的链；"--output 1ejg_cmap.pdf"用于指定输出文件名；"--measure CA"指明用 α 碳原子的距离来进行测定。

## 4.7 系统发育树

系统发育树又称为分子进化树，是生物信息学中描述不同生物种类之间相关性的一种方法。系统发育树通常用一种类似树状分支的图形来概括各物种之间的亲缘关系，可用来描述物种之间的进化关系，帮助人们了解所有生物的进化历史过程。在进化树上，每个叶节点代表一个物种，如果每一条边都被赋予一个适当的权值，那么两个叶节点之间的最短距离就可以表示相应的两个物种之间的差异程度。

Biopython 软件包中的 Bio.Phylo 模块通常用于系统发育分析。为了熟悉这个模块，我们对一个已经创建好的树从几个不同的角度进行审视，然后给树的分支上颜色，并最终保存树。

"Newick"是最常见的进化树文件格式。在了解此格式之前，我们先熟悉一下树状图的构成。树状结构示例如图 4-13 所示。

该示例中，共有 A~F 这 6 个节点。这些节点可被分为 3 类：根节点、内部节点及叶节点。其中，A 为根节点，是整个树中所有节点的公共"祖先"；D 为内部节点，因为它的下面还有其他节点；B、C、E、F 等皆为叶节点，下面没有其他节点。这些节点之间存在着层级

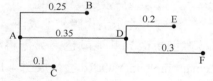

图 4-13 树状结构示例

关系，B、C、D 这 3 个节点直接与根节点 A 相连，为树状结构的第一层。E、F 节点和节点 D 相连，是树状结构的第二层。位于同一层级的节点互称为同胞节点，例如图 4-13 中的节点 B、C、D。层级关系中位于上一层的节点为父节点，例如图 4-13 中的节点 A 和 D。

除了节点，树状结构还包括分支，分支长度用数字表示，例如，示例中的根节点 A 到 D 节点的长度为 0.35。

由上述示例可知，当我们表示一个树状结构时，本质上是表示节点与分支的信息。"Newick"格式采用圆括号将同胞节点括起来，多个节点之间用逗号相连，例如，E 和 F 节点表示为（E, F）。父节点直接写在括号外，例如（E, F）D。不同层级的区分通过圆括号的嵌套来实现。上述示例中的树状结构可完整表示为（B,C,(E,F)D）A。

上述表示方式缺少了分支信息，我们可以通过将分支信息视为节点属性来表示，与节点

之间用冒号进行分割，例如 B:0.25。加上分支信息后，上述树状结构则可表示为（B:0.25,C:0.1,(E:0.2,F:0.3)D:0.35）A。这种表示方式涵盖了树状结构的所有信息。而在实际应用中，我们通常更关注叶节点，内部节点通常用于呈现层级结构，其名称并不重要。同时，根节点也可忽略不显示，因此，上述表示可简化为（B: 0.25, C: 0.1, (E: 0.2, F: 0.3):0.35）。

了解完树状图的表示方式后，我们可通过任何一个文本编辑器建立一个简单的"Newick"格式文件，内容为（B: 0.25, C: 0.1, (E: 0.2, F: 0.3)D:0.35）A，保存为"test.dnd"。在命令行中启动 Python 解释器，通过以下示例代码读取"Newick"格式的树状结构信息，并打印输出该树对象的层次结构等相关信息。

```
>>> from Bio import Phylo   #导入该模块用于进化树分析
>>> tree = Phylo.read("test.dnd", "newick") #读取"Newick"格式的树结构信息
>>> tree.rooted = True  #设置树结构有根节点，默认为 False
>>> print(tree)
Tree(rooted = True, weight = 1.0)
    Clade(name = 'A')
        Clade(branch_length = 0.25, name = 'B')
        Clade(branch_length = 0.1, name = 'C')
        Clade(branch_length = 0.35, name = 'D')
            Clade(branch_length = 0.2, name = 'E')
            Clade(branch_length = 0.3, name = 'F')
```

运行上述示例代码，输出树对象的各个节点名称、进化枝、分支长度等相关信息。

我们也可以通过 draw_ascii()函数来创建一个简单的 ASCII-art（纯文本）树状图，或通过 draw()函数来绘制图像，示例代码如下。

```
Phylo.draw_ascii(tree)
Phylo.draw(tree)
```

运行以上示例代码，输出的纯文本格式与图像格式的树状图分别如图 4-14（a）与图 4-14（b）所示。

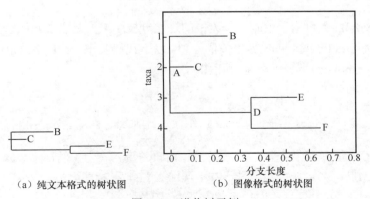

（a）纯文本格式的树状图　　（b）图像格式的树状图

图 4-14　进化树示例

函数 draw()支持在树中显示不同的颜色和分支宽度。从 Biopython 1.59 开始，Clade 对象就开始支持"color"和"width"属性，且使用它们不需要额外模块的支持。这两个属性都表示导向给定的进化枝前面的分支的属性，并依次往下，因此，所有的后代分支在显示时也都继承相同的宽度和颜色。要注意的是，Newick 文件类型不支持分支颜色和宽度，如果我们在

Bio.Phylo 中使用这些属性，则只能保存这些值到 PhyloXML 格式中。对分支颜色的设置可以通过指定 24 位的颜色值来实现，也可用三位数的 RGB 值或预先设置好的颜色名称等。例如，我们将根进化枝设置为蓝色，则可通过以下几种不同方式来实现。

```
tree.root.color = (0, 0, 255)     #三位数的 RGB 值
tree.root.color = "#0000FF"       #24 位颜色值
tree.root.color = "blue"          #颜色名称
```

　　一条进化枝的颜色会被当作自上而下整条进化枝的颜色，所以我们在这里设置根的颜色会将整棵树的颜色变为蓝色。我们可通过给树中的下面分支赋予不同的颜色来重新定义某个分支的颜色。例如，在上述示例进化树中，我们想将"E"和"F"两个节点所在的进化枝设置为红色，则可先通过 common_ancestor()方法来定位"E"和"F"两个节点的最近祖先（MRCA）节点，并返回原始树中这个进化枝的引用，然后将该进化枝的颜色设置为"red"，则该颜色会在原始树中对应的进化枝显示出来。示例代码如下。

```
mrca = tree.common_ancestor({"name": "E"}, {"name": "F"})
mrca.color = "red"
```

　　运行上述示例代码，输出着色后的进化树，如图 4-15 所示。

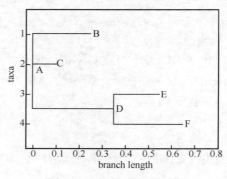

图 4-15　着色后的进化树

　　draw_graphviz()函数可用于绘制一个无根的进化分枝图，但是它要求系统安装 Graphviz、PyGraphviz 及 Matplotlib 或 Pylab 等相关依赖项。以下代码基于 XML 格式的系统发育示例文件，通过 draw_graphviz()函数来绘制进化树。

```
import pylab #绘图模块
from Bio import Phylo #进化树处理模块
tree = Phylo.read("example.xml", "phyloxml") #读取 XML 格式的示例进化树文件
Phylo.draw(tree) #利用 draw()函数绘制进化树
Phylo.draw_graphviz(tree, prog = 'neato') #利用 draw_graphviz()函数绘制进化树
pylab.show() #利用 draw_graphviz()函数绘制的图像必须通过 Matplotlib 或 Pylab 等模块来显示
pylab.savefig("phylotree_neato.png") #保存进化树图像文件
```

　　通过修改不同的"prog"参数来运行该示例程序，输出使用不同方法绘制的示例进化树，如图 4-16 所示。其中，图 4-16（a）为利用 draw()函数绘制的示例进化树；图 4-16（b）为利用 draw_graphviz()函数，prog='twopi'绘制的示例进化树；图 4-16（c）为利用 draw_graphviz()函数，prog='neato'绘制的示例进化树；图 4-16（d）为利用 draw_graphviz()函数，prog='dot'绘制的示例进化树。

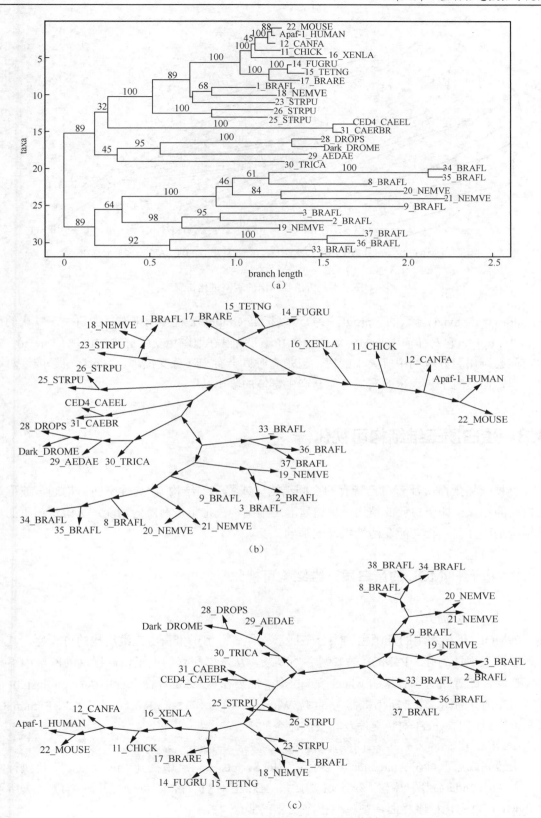

图 4-16 使用不同方法绘制的示例进化树

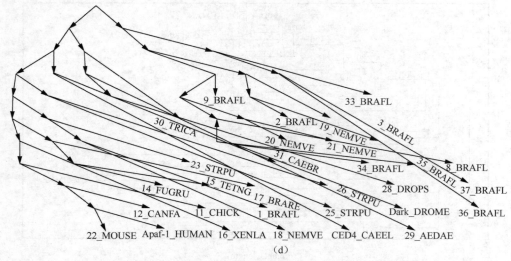

图 4-16  不同方法绘制出的示例进化树（续）

draw_graphviz() 函数的"prog"参数可以指定 Graphviz 程序用来布局的引擎。默认的引擎为"twopi"，它对任何大小的树都表现良好，可以很好地避免交叉分支的出现。"neato"引擎可能会画出更好看的中等大小的树，但是有时候会有交叉分支出现。"dot"引擎或许对小树有用，但是对于较大树的布局可能会产生奇怪的输出。

## 4.8 蛋白质三维结构可视化

每种天然蛋白质都有自己特有的空间结构（或称三维结构），这种空间结构通常被称为蛋白质的构象，即蛋白质的结构。蛋白质的三维结构决定了蛋白质的功能，了解蛋白质的三维结构是研究其生物功能及活性机理的基础。

### 4.8.1 基于 PyMOL 的蛋白质三维结构可视化

**1. PyMOL 简介**

PyMOL 是最常用的开源生物大分子展示软件，常用于蛋白质三维结构的可视化，其操作简单，表现能力强。PyMOL 的安装并不复杂，从本书配套的电子资源提供的网址中下载与用户硬件配置相对应版本的 wheel 安装文件，然后在 Anaconda 命令行中执行 pip install 命令即可完成。例如，作者所用机器为 64 位 Windows 10 操作系统、Anaconda 2021、Python 3.8 版本，则对应的 wheel 安装文件及其安装命令如下。

```
pip install pymol-2.5.0a0-cp38-cp38m-win_amd64.whl
```

安装完成后，可在 Anaconda 安装目录下的 Scripts 子目录中找到"pymol.exe"可执行文件。在 Anaconda 命令行中输入 pymol 然后按"Enter"键执行，若可以打开图 4-17（a）所示的 PyMOL 可视化程序界面，则表明程序安装正常。

PyMOL 程序界面功能分区如图 4-17（b）所示，主要由上下两部分组成，上部分是菜单窗口，下部分是数据显示窗口。其中，菜单窗口（深黑色框所标记的部分）整合了 PyMOL 的各个功能，主要包含以下几个部分：1.1 菜单栏、1.2 操作记录显示窗口、1.3 命令输入窗口、1.4 常用命令集成面板。数据显示窗口（深黑色框所标记的部分）主要用于分子对象的操作和显示，主要包括以下几个部分：2.1 可视化窗口、2.2 命令输入窗口、2.3 对象列表窗口、2.4 模式窗口。

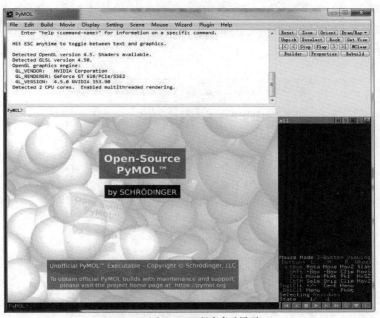

（a）PyMOL程序启动界面

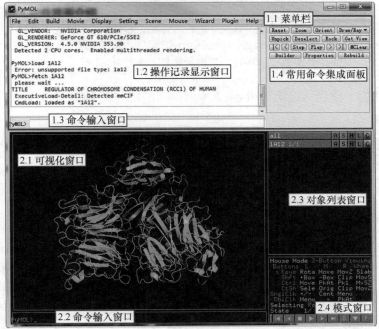

（b）PyMOL程序界面功能分区

图 4-17　PyMOL 程序界面

## 2. 下载蛋白质文件

在开始蛋白质结构可视化之前，我们需要在相关的 PDB 网站上下载蛋白质数据文件，例如 1A12.pdb。也可以直接通过 PyMOL 来下载文件，单击菜单栏中的"File→Get PDB"，蛋白质文件下载界面如图 4-18 所示，在 PDB ID 对应的输入框中填入 PDB 的编号即可，不需要包含文件名后缀".pdb"。单击"Download"按钮，PyMOL 会自动加载该蛋白质，在工作路径下面出现"1A12.cif"文件。随着 PDB 解析的结构越来越大，PDB 格式文件的局限性逐渐显现，不能超过 9999 个原子，因此，蛋白质数据的"PDB"文件格式正在逐渐被"CIF"格式取代。

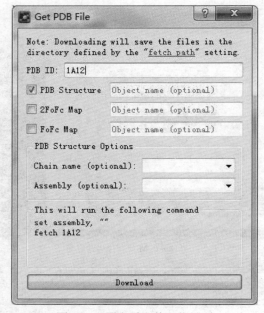

图 4-18　蛋白质文件下载界面

蛋白质文件的下载也可直接在图 4-17 所示 PyMOL 主界面的"1.3 命令输入窗口"中直接通过命令来实现。

初次下载蛋白质文件数据的命令：fetch 蛋白质文件名称。例如：fetch 1A12。

如果是第二次可视化同一个蛋白质结构，则不需要再次下载，只需输入以下命令：load 蛋白质文件名称。例如：load 1A12。

## 3. 蛋白质结构渲染展示

PyMOL 蛋白质结构展示界面如图 4-19 所示。在图 4-19（a）所示的对象列表窗口中，我们可以看到现在有 2 个对象名称，一个是"all"，另一个是"1A12"。其中，"1A12"是我们刚载入的蛋白质，"all"在此处不是一个真实的对象，它代表了所有对象。每个对象都有对应的 A（Action）、S（Show）、H（Hide）、L（label）、C（Color）等几个不同的操作。"Action"主要包含了对象常用操作的集合，例如，复制、删除对象，对对象加氢，展示对象。"Show"用于将对象渲染成不同的展示模式。"Hide"根据对象的状态或者描述进行相应的掩藏。"Label"则用于显示对象中残基原子等名称或者属性。"Color"用于对对象进行着色。

为了观察该蛋白质分子的不同形态，我们可以通过"Show"操作将蛋白质对象渲染成图 4-19（b）所示的 ribbon、sticks、cartoon、dots、surface、mesh、spheres、lines 等不同的展示效果。例如，将蛋白质 1A12 展示为 cartoon 形态，可在 1A12 对象对应的"A、S、H、L、C"操作列表中单击"S"，并在弹出的菜单中依次单击"Show→as→cartoon"即可。我们也可在 PyMOL 界面的命令行输入窗口执行 show cartoon 命令达到同样的效果。

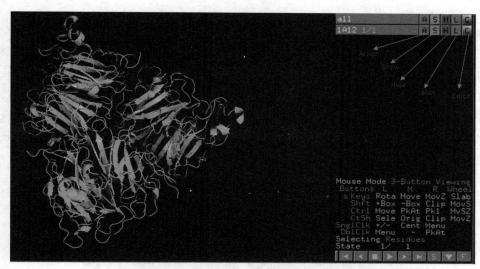

（a）蛋白质对象操作界面

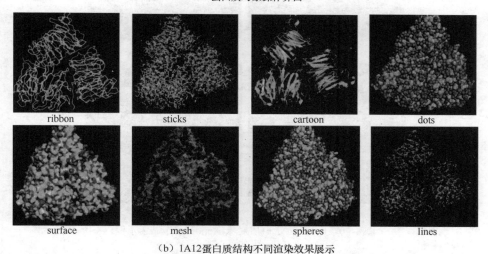

（b）1A12蛋白质结构不同渲染效果展示

图 4-19　PyMOL 蛋白质结构展示界面

### 4. 蛋白质对象的平移、缩放与旋转

由于 PyMOL 展示的是一个三维视图，要想选择一个最佳的界面需要对图像进行以下相关操作，包括平移、旋转、缩放及切割等。

① 图像平移：将光标对准图像的任意处，按住鼠标中键不放，然后上下左右移动，蛋白质对象会随着鼠标的移动而移动。

② 图像旋转：将光标对准图像的任意处，按住鼠标左键不放，然后上下左右移动鼠标，

蛋白质对象会进行旋转。

③ 图像缩放：将光标对准图像的任意处，按住鼠标右键不放，然后上下移动，蛋白质对象会进行缩放。按住鼠标右键向上移动为缩小图像，向下移动为放大图像。

④ 图像切割：将光标对准图像的任意处，然后滚动鼠标中键。

当软件不能正常使用上述操作时，可在 PyMOL 菜单栏中依次单击"File→Reinitialize→Original Settings"进行重置。

### 5. 蛋白质对象的 Action 操作

蛋白质对象的 Action 操作包括常用的显示操作、增加或删除氢原子的操作及对象的复制、剪切、删除和重命名等操作。例如，我们要显示蛋白质 1A12 的简单形式，可通过单击对象后的 A 操作弹出菜单，然后依次单击"preset→simple"。若单击"preset→ball and stick"，则显示其球棍模型，"preset→b-factor putty"用于显示基于温度因子 b-factor 数值的蛋白质的柔性，"preset→publication"用于显示高质量出版标准的图形。PyMOL 蛋白质对象 Action 操作显示示例如图 4-20 所示。

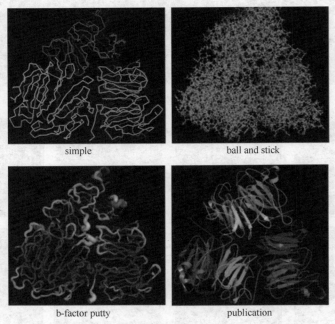

图 4-20　PyMOL 蛋白质对象 Action 操作显示示例

Action 中的对象删除水分子、增删氢原子及复制、剪切、删除、重命名等操作的方式如下。

（1）删除水分子——"A→remove waters"

该操作属于红色警告操作，不可逆操作。删除水分子后，无法通过"Ctrl+Z"组合键进行撤销。

（2）增加/删除氢原子

在 line 和 stick 模式下可以看到氢原子，在 cartoon 模式下看不到氢原子。因此，以下对象操作皆可在 line 或者 stick 模式下执行。

① "A→Hydrogens→remove"：删除所有氢原子。

② "A→Hydrogens→add"：增加所有氢原子。

③ "A→Hydrogens→remove non polar"：删除所有非极性氢原子，我们可以看到 C 上的氢原子全部被删除。

④ "A→Hydrogens→add polar"：增加极性氢原子。

（3）对象的复制、剪切、删除、重命名

"A→Copy to object→new"：复制对象，默认命名为 obj01。

对 obj01 对象，单击 "A→rename object"，输入新名称（例如 1A12_01），然后按 "Enter" 键即可实现对象的重命名。

"A→delete object"：删除对象。

此外，Action 操作还可用于显示蛋白质的静电势图，依次单击 "A→generate→vacuum electrostatics→protein contact potential(local)" 即可，蛋白质 1A12 静电势图如图 4-21 所示。

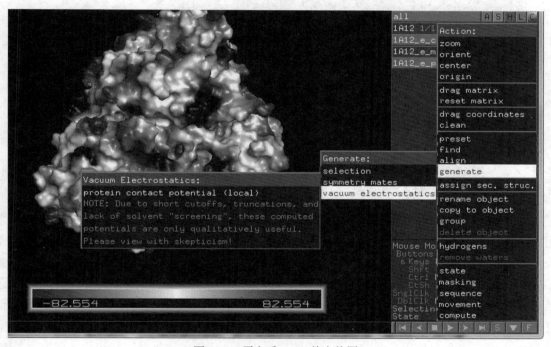

图 4-21　蛋白质 1A12 静电势图

### 6. 蛋白质对象着色操作

PyMOL 中内置了多种不同的对象着色方案，PyMOL 界面如图 4-22（a）所示。单击蛋白质对象上的 C 按钮，弹出菜单中提供了多种不同的着色选项，包括按照原子类型着色（"by element"）、按照二级结构着色（"by ss"）、按照 b-factor 值着色（"spectrum→b-factors"）等。

在研究蛋白质结构时，我们通常需要直观地观察蛋白质的二级结构，例如 α 螺旋（α-Helix）、β 折叠（β-Strand）和无规则卷曲（Random Coil）等。除了通过 C 操作的弹出菜单来进行二级结构的着色，我们也可通过在 PyMOL 命令行输入窗口执行指令来对蛋白质二级结构用不同颜色进行标记。

在 PyMOL 中，我们以 h、s 和 l+""分别指代 α 螺旋、β 折叠和无规则卷曲。下列示例代码用于对上述常见的蛋白质二级结构进行着色显示。执行代码，显示蛋白质二级结构着色示例，如图 4-22（b）所示。

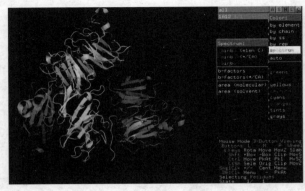 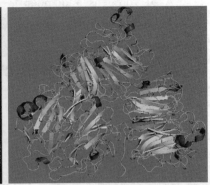

（a）PyMOL 界面　　　　　　　　　　　　（b）蛋白质二级结构着色示例

图 4-22　PyMOL 对象着色示例

```
color red, ss h              #设置 α 螺旋显示颜色为红色
color yellow, ss s           #设置 β 折叠显示颜色为黄色
color green, ss l+""         #设置无规则卷曲显示颜色为绿色
cmd.bg_color("gray")         #设置背景颜色为灰色
```

**7. PyMOL 脚本编程示例**

除了通过图形界面来操作显示蛋白质分子对象，PyMOL 亦可通过脚本编程的方式来实现相关操作。PyMOL 提供了丰富的编程 API，包括蛋白质分子载入、原子选择、化学键的创建、残基距离的计算、去除化学基团、提取配体周围位点、设置光源、生成分子对接动画等各方面的强大功能，限于篇幅和内容相关性，作者在此不进行详尽而全面的叙述。读者可通过 PyMOL 官方网站自行查阅资料进行学习研究。

下面我们通过一个简单的示例来演示如何利用脚本编程的方式检测蛋白质残基之间是否存在盐桥并进行显示。盐桥也称为离子键，是蛋白质结构中静电作用的一种，指的是由于正负电荷间产生的强烈静电相互作用，将两个原子团束缚到一起而形成的化学键。长期以来，盐桥一直被人们认为是影响蛋白质稳定性的重要因素，在蛋白质折叠、结构和功能方面扮演着重要的角色。

检测氨基酸残基之间是否存在盐桥一般分为以下步骤。首先，定位带负电荷的氨基酸上的羧基上的氧原子；然后，定位正电荷氨基的 Lys 残基上的带正电荷的 N 原子；最后，显示这两类原子在既定范围（例如 4Å）之内的配对情况。上述步骤可通过在 PyMOL 界面中执行以下命令来实现。

```
fetch 3cro    #载入蛋白质 3CRO，初次载入时会自动下载并在当前工作目录下保存为"3cro.cif"文件
#选择带负电荷的氨基酸的羧基上的氧原子
PyMOL>select negative, (resn ASP+Glu and name OD*+OE*)
#选择正电荷氨基的 Lys 残基上的带正电荷的 N 原子
PyMOL>select positive, (resn Lys and name NZ) or (resn arg and name NE+NH*)
#测量带正负电荷的两类原子之间的距离是否在 4Å 以内
```

```
PyMOL>distance saltbridge, (negative ), (positive ), 4.0, 0
```

将上述命令行所实现的功能以 Python 脚本的方式实现，代码如下。

```
from pymol import cmd      #导入pymol工具包
cmd.reinitialize            #界面初始化
cmd.load("3cro.cif")        #载入蛋白质 3CRO
cmd.show_as("cartoon")      #将对象渲染为cartoon 模式

#定位带负电荷的氨基酸的羧基上的氧原子
cmd.select("negative", "resn ASP+Glu and name OD*+OE*")
#定位正电荷氨基的 Lys 残基上的带正电荷的 N 原子
cmd.select("positive", "(resn Lys and name NZ) or (resn arg and name NE+NH*)")
#显示这两类原子在 4Å 范围之内的配对情况
cmd.distance("saltbridge", "negative", "positive", 4.0, 0)
```

将上述示例代码保存为"saltbridge.py"脚本文件，并在 PyMOL 界面中的命令窗口输入"run saltbridge.py"来运行示例代码。显示蛋白质盐桥如图 4-23 所示，氨基酸残基之间存在虚线，说明这个氨基酸存在盐桥。

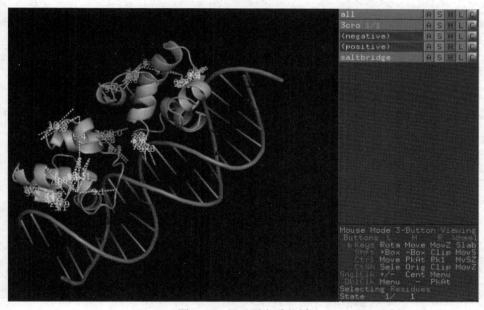

图 4-23  显示蛋白质盐桥

## 4.8.2  基于 Dash Bio 的蛋白质三维结构可视化

Dash 是一个基于 Plotly、React 和 Flask 等构建的面向数据分析应用的 Python 框架。Dash 提供的基于前端的交互响应方式，使用户可以很容易构建出有着丰富多彩用户界面的、敏捷和交互式的复杂 Web 应用。

Dash Bio 是一个基于 Dash 框架的开源 Python 工具库，主要面向生物信息学和药物开发领域的应用，其中包括 FASTA 数据的可视化、3D 分子结构探索、微阵列结果可视化、基因突变可视化、药物代谢动力学分析、医学图像的测量和注释等。

下面我们用这个开源 Python 框架来进行交互式的蛋白质分子三维结构可视化。在此之前，我们需要在 Anaconda 命令行中输入以下命令来完成该 Dash Bio 的在线安装。

```
pip install dash_bio -i 镜像源地址
```

安装完成后，在 Python 解释器中输入 import dash_bio，若无出错信息，则表明 Dash Bio 安装正常。

以下示例代码为基于 Dash Bio 的蛋白质分子三维结构显示。运行该示例程序将会启动 Flask Web 服务器，并默认侦听 8050 端口。用户需要在浏览器中输入以下网址来查看运行结果：http://127.0.0.1:8050 或 http://localhost:8050。基于 Dash Bio 的蛋白质分子三维结构可视化示例如图 4-24 所示。

```
import json  #导入该数据包用于JSON格式数据处理
import six.moves.urllib.request as urlreq  #导入该工具包用于远程数据获取
from six import PY3    #导入该工具包用于运行环境兼容性检查
import dash  #Dash框架工具包
import dash_bio as dash_bio  #dash_bio工具包
import dash_html_components as html  #Dash框架页面布局处理工具包

#Web 应用界面样式表
external_stylesheets = ['https://codepen.io/chriddyp/pen/bWLwgP.css']
app = dash.Dash(__name__, external_stylesheets = external_stylesheets)   #Flask应用启动
model_data = urlreq.urlopen(
    'githubusercontent 网址/plotly/dash-bio-docs-files/master/' +
    'mol3d/model_data.js'
).read()    #从指定网址远程获取模型数据
styles_data = urlreq.urlopen(
    'githubusercontent 网址/plotly/dash-bio-docs-files/master/' +
    'mol3d/styles_data.js'
).read()    #从指定网址远程获取样式表数据

if PY3: #当前运行环境是否为Python 3
    model_data = model_data.decode('utf-8')     #模型数据解码为utf-8
    styles_data = styles_data.decode('utf-8')  #样式表数据解码为utf-8

#将模型数据及样式表JSON对象转换为Python字典
model_data = json.loads(model_data)
styles_data = json.loads(styles_data)

#定义Web应用界面的布局
app.layout = html.Div([
    dashbio.Molecule3dViewer(
        id = 'my-dashbio-molecule3d',
        styles = styles_data,
        modelData = model_data
    ),
    "Selection data",
    html.Hr(),
```

```python
    html.Div(id = 'molecule3d-output')
])
```

'''
装饰器通过声明,描述应用程序界面的"输入"与"输出"项。
当输入项组件的属性值发生更改时,将自动调用callback装饰器打包的函数,将更新的内容作为输入项参数,返回函数的输入内容,更新输出项组件的属性值
'''

```python
@app.callback(
    dash.dependencies.Output('molecule3d-output', 'children'),
    [dash.dependencies.Input('my-dashbio-molecule3d', 'selectedAtomIds')]
)
def show_selected_atoms(atom_ids):   #显示残基中被选中的原子
    if atom_ids is None or len(atom_ids) = = 0:  #若原子序号为空或不存在
        return '您尚未选择任何原子,请点击分子结构的某个地方来选择一个原子'
    return [html.Div([
      html.Div('Element: {}'.format(model_data['atoms'][atm]['element'])), #元素
      html.Div('Chain: {}'.format(model_data['atoms'][atm]['chain'])), # 所属肽链
      html.Div('Residue name: {}'.format(model_data['atoms'][atm]['residue_name'])),
      #残基名称
        html.Br()
    ]) for atm in atom_ids]  #返回基于样式表格式的被选择原子的布局及相关属性

if __name__ = = '__main__':
    app.run_server(debug = True)  #启动基于Flask的Web应用
```

在上述示例代码中,model_data.js 为一个蛋白质分子示例数据文件,其所包含的每个原子及其相关属性用 Python 字典来进行描述。摘录其中部分数据,其格式如下。

```
{"name": "CA", "chain": "A", "positions": [15.049, -7.696, 5.336], "residue_index": 1,
 "element": "C", "residue_name": "GLY1", "serial": 1}
```

其中,"name"表示原子名称,"chain"指明该原子所属的肽链,"positions"为该原子的三维空间坐标,"residue_index"为氨基酸残基序列号,"element"指出该原子属于何种元素,"residue_name"为氨基酸残基名称,"serial"为该原子的序列号。

示例中用到的 model_data.js、styles_data.js 及 bWLwgP.css 等数据文件可在本书配套的电子资源中找到。如果用户想提高示例程序的运行速度,可直接从本地读取以上几个数据文件,用以下代码来替换示例中对应部分的代码。

```python
external_stylesheets = ['http://localhost:9000/bWLwgP.css']
app = dash.Dash(__name__, external_stylesheets = external_stylesheets)
model_data = urlreq.urlopen('http://localhost:9000/model_data.js').read()
styles_data = urlreq.urlopen('http://localhost:9000/styles_data.js').read()
```

上述代码中的"http://localhost:9000/"是一个以本地机器作为 Web 服务器的访问地址。在访问该地址之前,我们需要在 Anaconda 或者 Windows 控制台的命令行中通过 cd 命令进入上述 3 个资源文件所在的目录,然后输入以下指令来开启一个本地 Web 服务器。

Python 2 运行环境: python -m SimpleHTTPServer 9000。
Python 3 运行环境: python -m http.server 9000。

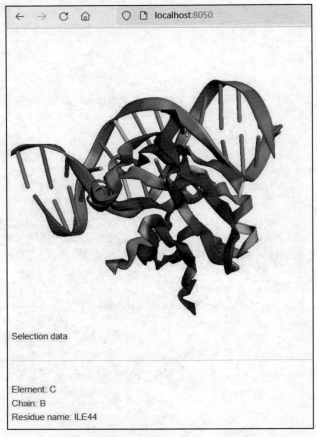

图 4-24 基于 Dash Bio 的蛋白质分子三维结构可视化示例

简易的 Web 服务器启动之后，重新运行修改后的代码即可获得同样的运行结果，由于访问的文件资源在本地机器，服务器不受网络连接速度等因素的影响而运行速度会更快。

上述示例只是简单地显示了一个蛋白质分子的三维结构，没有提供交互操作。下面我们介绍一个较为高级的交互式可视化应用示例，代码可在本书电子资源中找到。该示例代码较长，限于篇幅，就不在书中进行展示。其复杂性主要体现在布局和样式设计上，将数据选择、可视化方式选择等交互操作通过选项卡的方式整合在界面中。与上一个示例不同的是，本示例的代码将布局、样式表等数据全部写入代码中并通过函数进行封装，而不是从本地的外部文件进行读取。

蛋白质分子三维结构交互示例如图 4-25 所示。其中，"Data"选项卡为数据选择交互界面（见图 4-25（a）），"View"为可视化方式选择交互界面（见图 4-25（b））。"Data"选项卡界面中的"Select structure"用于选择蛋白质分子中被显示的结构。"Drag and drop or click to upload a file"用于选择要显示的蛋白质分子文件（一般为 PDB 格式），可用拖曳的方式来实现文件选择。"View"选项卡界面中的"Selection"用于显示通过鼠标单击选择的原子的相关信息。"Style"用于选择蛋白质分子三维结构可视化的方式，包括"Sticks""Cartoon""Spheres"等。"Color"用于选择可视化配色方案。因该示例提供了诸多交互操作，用户可以获得多个维度、更为专业的数据可视化结果。

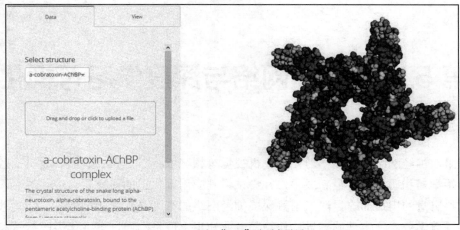

(a)"Data"选项卡界面

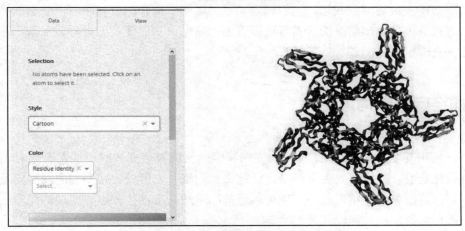

(b)"View"选项卡界面

图 4-25 蛋白质分子三维结构交互示例

# 第 5 章　神经网络与深度学习可视化

近年来,神经网络和深度学习在计算机视觉等领域取得了巨大的进展,吸引了各行各业的人们开始学习和研究这些最新成果,并尝试将其应用到自己的研究项目中。然而,对于许多非理工科出身的用户而言,深入了解深层神经网络的行为是具有挑战性的,因为涉及诸多复杂的高等数学公式、定理的推导、计算等专业知识。但是,通过可视化手段探索和研究神经网络要容易得多。通过可视化,我们可以了解网络的结构和组成、网络中数据的流向、网络的运行方式、模型输出结果的优劣等诸多方面的信息,从而使我们对看似复杂无序的神经网络的行为有着更深刻的理解。

## 5.1　神经网络结构可视化

我们在使用卷积神经网络(CNN)、递归神经网络或其他变体时,通常希望对模型的架构进行可视化查看,从而在对多个模型进行定义和训练时,可以比较不同的网络层及它们的放置顺序对训练结果的影响。此外,还可以通过网络结构可视化来更好地理解模型结构、激活函数、模型参数形状(神经元数量)等。

### 5.1.1　基于 ANN Visualizer 的神经网络结构可视化

ANN Visualizer 是一个 Python 库,它使我们使用一行代码就能可视化人工神经网络。它和 Keras 一起工作,并利用 Python 的 Graphviz 库创建一个整洁和可视化的神经网络图。

借助先进的可视化工具,我们可以直观地看到整个深度学习的过程,或可以构建卷积神经网络。在本书中,我们使用 Keras 构建简单的神经网络,然后使用 ANN Visualizer 来可视化神经网络。

**1. ANN Visualizer 的安装**

在 Anaconda 控制台中,执行以下命令即可完成 ANN Visualizer 的在线安装。

```
pip install ann_visualizer -i 镜像源地址
```

为了更好地实现神经网络结构的可视化,我们一般会同时安装以下几个工具来辅助实现。

(1) Keras

Keras 的安装可通过在 Anaconda 命令行执行 pip install keras 来实现。要注意的是,在 Python 3.x 环境下,运行 Keras 需要 TensorFlow 后端的支持,如果系统中没有事先安装

TensorFlow，则有可能显示出错信息。

TensorFlow 的安装，也同样可通过在 Anaconda 命令行执行 pip install TensorFlow==version 来实现，其中 version 为指定的 TensorFlow 版本号。如果省略该参数，则默认为是当前最新版本。

如果通过默认官网进行下载安装的速度很慢，则推荐使用清华镜像源地址来实现安装，安装命令如下。

```
pip install TensorFlow -i 镜像源地址
```

（2）Graphviz

Graphviz（官方网址请参考本书配套的电子资源）是一个由 AT&T 实验室启动的开源工具包，用于绘制 DOT 语言脚本描述的图形。它也提供了供其他软件使用的库。Graphviz 是一个自由软件，其授权为 Eclipse Public License。

Graphviz 的安装分为两个部分。假设我们在 Windows 平台使用该软件，那么我们首先需要从其官方网址下载可执行的安装程序，然后按照提示一步步完成安装。假设它被安装在 "c:\Graphviz" 目录中，我们需要将该目录下的 bin 目录添加至系统环境变量 Path 中，以便方便快捷地从命令行中调用 Graphviz 可执行程序。安装完成后，打开 Anaconda 控制台，输入 dot –version 即可查看 Graphviz 的版本及安装目录等诸多相关信息。

完成上述步骤后，我们需要在 Anaconda 命令行中执行 pip install graphviz 命令来完成第二部分的安装。

**2. ANN Visualizer 神经网络结构可视化示例**

通过 Keras 库提供的 API，我们可以轻松实现一个简单的人工神经网络模型，示例代码如下。

```
import keras;
from keras.models import Sequential
from keras.layers import Dense

#定义一个 Keras 顺序模型
network = Sequential()
#添加一个隐含全连接层
network.add(Dense(units = 6,
                  activation = 'relu',
                  kernel_initializer = 'uniform',
                  input_dim = 11));
#添加一个隐含全连接层
network.add(Dense(units = 6,
                  activation = 'relu',
                  kernel_initializer = 'uniform'))
#添加一个隐含全连接层
network.add(Dense(units = 1,
                  activation = 'sigmoid',
                  kernel_initializer = 'uniform'))
```

要生成该神经网络的可视化结构图，我们需要执行以下示例代码。

```
#导入ann_visualizer可视化库
from ann_visualizer.visualize import ann_viz
#生成可视化结果,将结果保存在指定文件中
ann_viz(network, view = True, filename = "network.gv", title = "Demo NeuralNetwork")
```

其中,ann_viz 为神经网络结构可视化命令,其函数原型如下。

```
ann_viz(model, view = True, filename = "network.gv", title = "My Demo ANN")
```

参数说明如下。

① model:Keras 顺序模型。

② view:如果设置为 True,则会在执行命令后打开图形预览。

③ filename:保存图形的位置(以".gv"文件格式保存)。

④ title:可视化的 ANN 标题。

运行上述示例代码,显示基于 ANN Visualizer 的人工神经网络结构可视化,如图 5-1 所示。

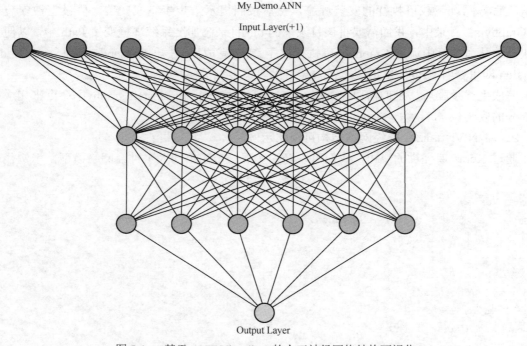

图 5-1　基于 ANN Visualizer 的人工神经网络结构可视化

ANN Visualizer 同样也可用于 Keras 定义的卷积神经网络结构的可视化,示例代码如下。

```
import keras
from keras.models import Sequential
from keras.layers import Dense, Dropout
from keras.layers import Conv2D, MaxPooling2D
from keras.layers.core import Flatten

from ann_visualizer.visualize import ann_viz
```

```python
def build_cnn_model():
    model = keras.models.Sequential()
    model.add(
        Conv2D(
            32, (3, 3),
            padding = "same",
            input_shape = (32, 32, 3),
            activation = "relu"))
    model.add(Dropout(0.2))

    model.add(
        Conv2D(
            32, (3, 3),
            padding = "same",
            input_shape = (32, 32, 3),
            activation = "relu"))
    model.add(MaxPooling2D(pool_size = (2, 2)))
    model.add(Dropout(0.2))

    model.add(
        Conv2D(
            64, (3, 3),
            padding = "same",
            input_shape = (32, 32, 3),
            activation = "relu"))
    model.add(Dropout(0.2))

    model.add(
        Conv2D(
            64, (3, 3),
            padding = "same",
            input_shape = (32, 32, 3),
            activation = "relu"))
    model.add(MaxPooling2D(pool_size = (2, 2)))
    model.add(Dropout(0.2))

    model.add(Flatten())
    model.add(Dense(512, activation = "relu"))
    model.add(Dropout(0.2))

    model.add(Dense(10, activation = "softmax"))

    return model

model = build_cnn_model()
ann_viz(model, view = True, filename = "CNN.gv", title = "My Demo CNN")
```

运行上述示例代码，显示基于 ANN Visualizer 的卷积神经网络结构可视化，如图 5-2 所示。

清晰大图可参见本书配套的电子资源。

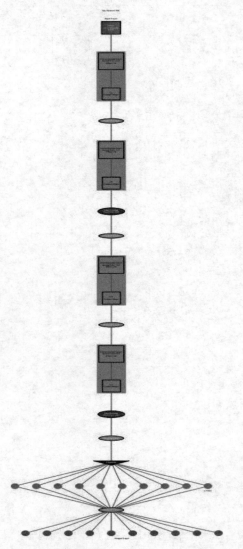

图 5-2　基于 ANN Visualizer 的卷积神经网络结构可视化

## 5.1.2　Keras 神经网络结构可视化

除了 TensorFlow（tf.keras 作为 Keras API 可以与 TensorFlow 工作流无缝集成），与其他深度学习框架相比，Keras 在行业和研究领域的应用更为广泛。对 Keras 的神经网络结构进行可视化，能让我们更好地理解和学习这个流行的框架，为进一步深入研究更复杂的深度学习项目打下良好的基础。

### 1. 基于 Keras 内置函数的网络结构可视化

除了通过 ANN Visualizer 来可视化神经网络结构，Keras 也内置了 plot_model()函数来绘制网络结构图,其函数原型如下。

```
keras.utils.vis_utils.plot_model(show_shapes = False, show_layer_names = True,
expand_dim = False, dpi = 96)
```

参数说明如下。

① show_shapes:(默认为 False)控制是否在图中输出各层的尺寸。

② show_layer_names:(默认为 True)控制是否在图中显示每一层的名字。

③ expand_dim:(默认为 False)控制是否将嵌套模型扩展为图形中的聚类。

④ dpi:(默认为 96)控制图像 dpi。

下面这个例子演示了构建一个 Keras 神经网络并将其网络结构输出保存为图片的过程,示例代码如下。

```
from keras.utils import plot_model
from keras import *
from TensorFlow.keras.layers import *

#定义一个基于Keras API 的神经网络
def construct_model():
    #定义模型类型为顺序型
    model = Sequential()
    #添加一个卷积层
    model.add(Conv2D(filters = 64, kernel_size = (3, 3), input_shape = (128, 128, 1),
activation = 'relu'))
    #再添加一个卷积层
    model.add(Conv2D(filters = 64, kernel_size = (3, 3), activation = 'relu'))
    #添加一个最大池化层
    model.add(MaxPool2D((2, 2)))
    #添加一个 Flatten 层
    model.add(Flatten())
    #添加一个全连接层,激活函数为 relu
    model.add(Dense(256, activation = 'relu'))
    #添加一个全连接层,激活函数为 softmax
    model.add(Dense(12, activation = 'softmax'))
    #为搭建好的神经网络模型设置损失函数 loss、优化器 optimizer、准确性评价函数 metrics
    model.compile(loss = 'categorical_crossentropy', optimizer = 'adam', metrics =
['accuracy'])
    #返回创建好的模型
    return model

model = construct_model() #实例化一个 model 对象
plot_model(model, to_file = 'model.png') #将网络结构图保存到指定文件中
```

运行上述示例代码,将在当前目录下生成名为"model.png"的图片,其中保存着我们定义的神经网络结构。为了保证程序正常运行,需确保本机安装了 pydot。Keras 神经网络结构可视化如图 5-3 所示,其中左图为默认参数设置输出的结果,右图为以下参数设置输出的结果。高清结果图请参考本书配套的电子资源。

```
plot_model(model, to_file = 'model.png', show_shapes = True, dpi = 256)
```

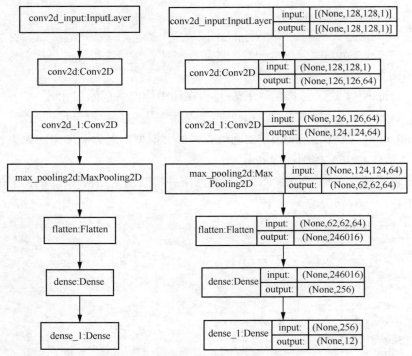

图 5-3　Keras 神经网络结构可视化

### 2. 基于 Visualkeras 的 Keras 神经网络结构可视化

Visualkeras 是一个用于帮助可视化 Keras 神经网络架构的 Python 工具包。它根据输出形状计算每个层的大小,可以为每层类型的填充和轮廓提供自定义颜色映射。有些模型可能由太多的层组成,无法可视化,在这种情况下,Visualkeras 可以帮助我们隐藏或忽略 Keras 模型的某些层。

在 Anaconda 控制台中,执行以下命令即可完成 Visualkeras 的在线安装。

```
pip install visualkeras -i 镜像源地址
```

Visualkeras 模块提供了两种不同的方式来可视化神经网络结构。一种方式是通过 graph_view() 函数来实现,示例代码如下。

```
import visualkeras
from keras import *
from TensorFlow.keras.layers import *

#定义一个神经网络模型构建函数
def construct_model():
    #顺序模型
    model = models.Sequential()
    #添加一个卷积层
    model.add(layers.Conv2D(32, (3, 3), activation = 'relu', input_shape = (32, 32, 3)))
    #添加一个最大池化层
    model.add(layers.MaxPooling2D((2, 2)))
    #添加一个卷积层
```

```
    model.add(layers.Conv2D(64, (3, 3), activation = 'relu'))
    #添加一个最大池化层
    model.add(layers.MaxPooling2D((2, 2)))
    #添加一个卷积层
    model.add(layers.Conv2D(64, (3, 3), activation = 'relu'))
    #为搭建好的神经网络模型设置损失函数 loss、优化器 optimizer、准确性评价函数 metrics
    model.compile(loss = 'categorical_crossentropy', optimizer = 'adam', metrics = 
['accuracy'])
    return model

#获取模型数据
model = construct_model()
#可视化自定义的 Keras 神经网络结构
visualkeras.graph_view(model)
```

运行上述示例代码，显示 Visualkeras 神经网络结构可视化，如图 5-4 所示。

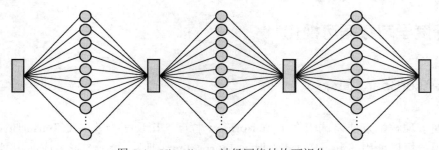

图 5-4　Visualkeras 神经网络结构可视化

另一种方式是通过 layered_view()函数来实现。在上段示例代码的基础上，将最后的输出语句修改为以下语句，会输出图 5-5（a）所示的默认设置，并在当前目录下生成名为"keras_model.png"的图片。

```
visualkeras.layered_view(model, legend = True, to_file = 'keras_model.png')
```

若在上述语句中添加参数 draw_volume=False，则会将立体显示的网络层级结构图变成 2D 显示。添加参数 show_volume=False 后的输出结果如图 5-5（b）所示。

继续添加参数 spacing=50，会在每个输出层之间增加 50 单位的间距。继续添加参数 spacing=50 后的输出结果如图 5-5（c）所示。

我们还可通过对参数 color_map 的设置为每个层指定不同颜色。用以下代码替换本示例中的最后一行用于可视化的代码，然后运行上述示例代码，将得到添加颜色映射后的输出结果，如图 5-5（d）所示。

```
from collections import defaultdict
color_map = defaultdict(dict)
color_map[layers.Conv2D]['fill'] = 'orange'
color_map[layers.MaxPooling2D]['fill'] = 'blue'
color_map[layers.Dense]['fill'] = 'green'
color_map[layers.Flatten]['fill'] = 'red'
visualkeras.layered_view(model, legend = True, draw_volume = True, color_map = 
color_map, spacing = 50)
```

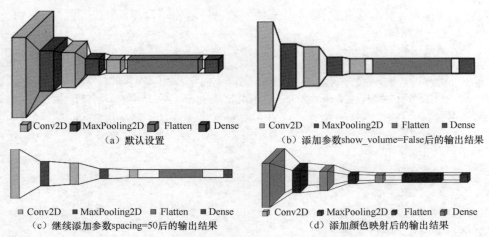

图 5-5　Visualkeras 神经网络结构可视化示例

## 5.2　深度学习数据可视化

### 5.2.1　TensorBoard 简介

为了便于理解、方便调试和优化 TensorFlow 程序，出现了一款名为 TensorBoard 的可视化工具。用户可以使用 TensorBoard 来展示 TensorFlow 图形、绘制图形生成的定量指标图及其他相关数据。TensorBoard 主要用于训练庞大的深度神经网络，其中涉及复杂而难以理解的运算。它通过读取 TensorFlow 的事件文件来运行，这些文件包含 TensorFlow 运行中涉及的主要数据。

在 Anaconda 控制台中执行以下命令即可完成 TensorBoard 的在线安装。

```
pip install tensorboard -i 镜像源地址
```

安装完成后，输入以下指令来启动 TensorBoard。

```
tensorboard --logdir = path/to/log-directory
```

其中，logdir 参数指向 SummaryWriter 序列化数据的存储路径。如果 logdir 目录的子目录中包含另一次运行时的数据，那么 TensorBoard 会展示所有运行的数据。一旦 TensorBoard 开始运行，可通过在浏览器中输入 localhost:6006 来查看 TensorBoard。

进入 TensorBoard 的界面时，我们会在右上角看到导航选项卡，每个选项卡将展现一组可视化的序列化数据集。对于我们查看的每个选项卡，如果 TensorBoard 中没有数据与这个选项卡相关，则会显示一条提示信息指示我们如何序列化相关数据。

### 5.2.2　Loss 及 Accuracy 曲线可视化

在任何深度学习项目中，配置损失函数是确保模型以预期方式工作的最重要步骤之一。损失函数有时也称为代价函数或误差函数，用于衡量预测值与实际值的偏离程度。损失函数可以为神经网络提供很多实际的灵活性，它将定义网络的输出如何与网络的其他部分连接。

一般来说，我们在进行机器学习任务时，使用的每个算法都有一个目标函数，算法便是对这个目标函数进行优化，特别是在分类或者回归分析任务中，就是用损失函数作为其目标函数。机器学习的目标是希望预测值与实际值的偏离较小，也就是希望损失函数较小（最小化损失函数）。损失函数曲线（也称为 Loss 曲线）能够反映网络训练的动态趋势，通过对它进行观察，可以得到模型是否收敛、过拟合等相关信息。

准确率也是常见的评价指标之一，指的是被正确分类的样本数除以样本总数。通常而言，准确率越高，分类器就越好。观察模型的准确率曲线（也称为 Accuracy 曲线，以下简称为 Acc 曲线），可以很好地了解和辅助判断一个机器学习模型的优劣。

Loss 曲线和 Acc 曲线的可视化方法有多种，既可以通过常用的绘图工具 Matplotlib 来实现，也可通过 TensorBoard 等可视化工具来完成。下面，我们先用 Matplotlib 来演示如何绘制这两种曲线，示例代码如下。

```
import TensorFlow as tf
import matplotlib.pyplot as plt

#载入手写体识别数据集MINST
mnist = tf.keras.datasets.mnist
(x_train, y_train), (x_test, y_test) = mnist.load_data()
x_train, x_test = x_train / 255.0, x_test / 255.0

#构建一个简单的由三层连接构成的Keras顺序模型
model = tf.keras.models.Sequential([
    tf.keras.layers.Flatten(),
    tf.keras.layers.Dense(128, activation = 'relu'),
    tf.keras.layers.Dense(10, activation = 'softmax')
])

#为搭建好的Keras模型设置损失函数、优化器及准确性评价函数
model.compile(optimizer = 'adam',
              loss = tf.losses.SparseCategoricalCrossentropy(from_logits = False),
              metrics = ['sparse_categorical_accuracy'])

#设置模型训练的batch_size和epochs
batch_size = 100
epochs = 10

#根据设定的参数进行模型拟合训练
history = model.fit(x_train, y_train, batch_size = batch_size,
          epochs = epochs, verbose = 1, validation_data = (x_test, y_test))
scores = model.evaluate(x_test, y_test, verbose = 0)

print(history.history.keys())
print("Accuracy: %.2f%%" % (scores[1]*100))

#显示训练集和验证集的Acc和Loss曲线
```

```
acc = history.history['sparse_categorical_accuracy']  #训练集 Acc 曲线
val_acc = history.history['val_sparse_categorical_accuracy']  #验证集 Acc 曲线
loss = history.history['loss']  #训练集 Loss 曲线
val_loss = history.history['val_loss']  #验证集 Loss 曲线

plt.subplot(1, 2, 1)
plt.plot(acc, label = 'Training Accuracy')
plt.plot(val_acc, label = 'Validation Accuracy')
plt.title('Training and Validation Accuracy')
plt.legend()

plt.subplot(1, 2, 2)
plt.plot(loss, label = 'Training Loss')
plt.plot(val_loss, label = 'Validation Loss')
plt.title('Training and Validation Loss')
#显示图例
plt.legend()
#将显示结果保存在当前目录下的指定文件中，并设置图像分辨率为 256dpi
plt.savefig('./acc_loss.png', dpi = 256)
plt.show()
```

运行上述示例代码，显示神经网络模型的 Loss 和 Acc 曲线可视化，如图 5-6 所示。从图中可以看出，Loss 曲线不断下降，Acc 曲线持续上升，由此可见，该神经网络模型在手写体识别任务中表现不错。另外，训练集中的 Loss 曲线不断下降，表明模型的学习率较高。训练集中的 Acc 曲线也呈不断上升趋势，表明模型对数字手写体样本的识别率越来越高。

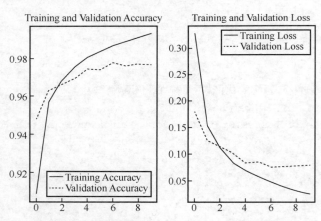

图 5-6　神经网络模型的 Loss 和 Acc 曲线可视化

TensorFlow 在程序运行过程中，用 TensorFlow.summary.FileWriter 对象将图计算时生成的一系列 Summary 数据写入事件文件（Event File）。FileWriter 的构造器包含一个 logdir（也就是 Summary 数据保存的文件目录），以及可选的图。TensorBoard 的数据可视化就是通过读取 logdir 中的事件文件中保存的 Summary 数据来实现的。

下面示例通过载入数字手写体数据集来训练一个简单的神经网络系统，并将图计算生成的 summary 数据保存在指定目录下的事件文件中，示例代码如下。

```python
#向下兼容TensorFlow
import TensorFlow.compat.v1 as tf
tf.compat.v1.disable_eager_execution()
from TensorFlow.examples.tutorials.mnist import input_data

#载入数字手写体识别数据集
mnist_data = input_data.read_data_sets(r'.Datasets/MNIST_data', one_hot = True)

#设定每次迭代的数据大小
batch_size = 100
n_batch = mnist_data.train.num_examples // batch_size

#占位符
x = tf.placeholder(tf.float32)
y = tf.placeholder(tf.float32)


#创建一个Summary函数,用来记录Summary数据
def variable_summaries(var):
    mean = tf.reduce_mean(var)
    #Summary平均值
    tf.summary.scalar('mean', mean)
    #Summary方差
    tf.summary.scalar('stddev', tf.sqrt(tf.reduce_mean(tf.square(var - mean))))
    tf.summary.histogram('histogram', var)   #Summary分布直方图数据


#第一层输入784,输出为10
with tf.name_scope(name = 'layer1'):
    w1 = tf.Variable(tf.truncated_normal([784, 10]), name = 'w1')
    b1 = tf.Variable(tf.zeros([1, 10]) + 0.001)
    z1 = tf.matmul(x, w1) + b1
    input1 = tf.nn.softmax(z1)

#Loss函数,并加入Summary指令
with tf.name_scope(name = 'loss'):
    loss = tf.reduce_mean(tf.nn.softmax_cross_entropy_with_logits(labels = y, logits = input1))
    variable_summaries(loss)

#Adam梯度降低,优化训练Loss
with tf.name_scope(name = 'train'):
    train = tf.train.AdamOptimizer(0.001, 0.9, 0.999).minimize(loss)

#变量初始化
init = tf.global_variables_initializer()

#将结果存放在bool型列表中,然后汇总
```

```python
correct_prediction = tf.equal(tf.argmax(y, 1), tf.argmax(input1, 1))

#计算 Accuracy，并加入 Summary 指令
with tf.name_scope(name = 'accuracy'):
    accuracy = tf.reduce_mean(tf.cast(correct_prediction, tf.float32))
    variable_summaries(accuracy)

merge_all = tf.summary.merge_all()

with tf.Session() as sess:
    sess.run(init)
    #将事件文件存储到指定目录，该目录和 TensorBoard 启动时的指定目录要一致
    writer = tf.summary.FileWriter(r'./logs', sess.graph)
    #训练 20 代
    for epoch in range(20):
        #每代对数据进行一轮 minibatch
        for batch in range(n_batch):
            #每一个循环读取 batch_size 大小批次的数据
            batch_x, batch_y = mnist_data.train.next_batch(batch_size)
            '''
            每次迭代中同时执行 merge_all 与 train，表示每一步迭代训练都会进行 Summary 操作。由
            于 run 有两个节点，会返回对应两个节点的结果值，而我们只要 merge_all 的值，因此另一个
            用占位符去替代
            '''
            summaries, _ = sess.run([merge_all, train], feed_dict = {x: batch_x, y: batch_y})

            #用测试数据集计算 accuracy
            acc = sess.run(accuracy, feed_dict = {x: mnist_data.test.images, y: mnist_data.test.labels})
            if batch % 99 == 0:
                print('第%d代%d批次，准确率为%.4f' % (epoch + 1, batch + 1, acc))

        #每一个 epoch 迭代完以后将 summary 数据加入事件文件中
        writer.add_summary(summaries, epoch)
    writer.close()
```

运行上述示例代码，会在指定目录下生成一个类似"events.out.tfevents.****"的事件文件，文件名后的*号因不同机器会有所不同。启动 TensorBoard 并将 logdir 指向事件文件所在目录，显示基于 TensorBoard 的 Loss、Acc 曲线可视化，如图 5-7 所示。高清大图及交互动画可参见本书配套的电子资源。

从 TensorBoard 的可视化面板中可以观察到，Loss 曲线和 Acc 曲线以不同的方式进行了呈现。从面板上选择不同的菜单功能，可以对数据进行更多维度的观察和探索。例如，SCALARS 中显示的是 Summary 数据中的标量画出来的折线图，其中，虚线为真实曲线，实线为经平滑处理后的曲线，平滑程度可经过 Smoothing 进行调节。DISTRIBUTIONS 主要用来展现网络中各参数随训练步数增长的变化状况，通常用来观测权重与偏置。HISTOGRAMS 是分布直方图，主要用来观测数据的分布变化。

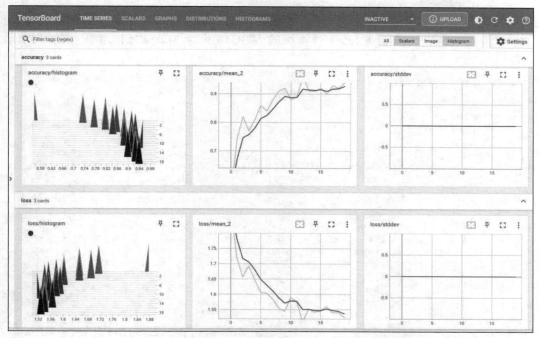

图 5-7 基于 TensorBoard 的 Loss、Acc 曲线可视化示例

## 5.2.3 卷积核及特征图可视化

神经网络模型通常是不透明的，这意味着很难解释其做出特定决策或预测的原因。卷积神经网络旨在处理图像数据，其结构和功能表明，与其他类型的神经网络相比，卷积神经网络应该更容易理解。具体而言，模型通常由较小的线性卷积核和卷积核的计算结果（也称激活图或特征图）组成。卷积核和特征图的可视化对理解模型如何工作很有帮助。

**1. 卷积核可视化**

在大多数深度学习的卷积中，通过将卷积核应用于输入图像和前一层输出的特征图，我们可以生成新的特征图。这些特征图有助于我们更好地理解模型在特定输入下的内部表示形式。卷积核（也叫滤波器）在网络中起到将图像从像素空间映射到特征空间的作用，可认为是一个映射函数。像素空间中的值经过卷积核后得到响应值。要想对卷积核进行可视化，一种简单的方法是展示每个卷积核所对应的视觉模式，即从空白输入图像开始，使用梯度下降优化卷积神经网络输入图像的值，其目的是使特定卷积核的响应达到最大化。经过优化后的输入图像能够让选定的卷积核产生最大的响应。

根据这个思路，给定一个已经训练好的网络，可视化某一层的某一个卷积核，我们随机初始化生成一张图（指的是对像素值随机取值，不是在数据集中随机选一张图），然后经过前向传播到该层，我们希望这个随机生成的图在经过这一层卷积核时，它的响应值能尽可能大，换言之，响应值比较大的图像是该卷积核比较认可的，且与识别任务密切相关。通过不断调整图像的像素值，直到响应值足够大，从而达到可视化该卷积核的目的。

理解了它的原理后，它的实现方法就比较简单了：设计一个损失函数，即以经过该层卷积核后的响应值为目标函数，使用随机梯度下降来调节输入图像的值，使响应值最大。下面，我们将以在 ImageNet 上预训练的 VGG16 网络为例来实现卷积核的可视化。示例代码如下。

```python
from keras.applications import VGG16
from keras import backend as K
import numpy as np

#VGG16 网络模型
model = VGG16(weights = 'imagenet', include_top = False)

layer_name = 'block3_conv1'
filter_index = 0

layer_output = model.get_layer(layer_name).output
#block3_conv1 层第 0 个卷积核响应的损失
loss = K.mean(layer_output[:, :, :, filter_index])

'''
为了实现梯度下降，我们需要得到损失函数相对于模型输入参数的梯度，这可通过 Keras 内置的 gradients() 函数来实现。该函数返回的是一个张量列表，因本例中列表长度为1，故只保留其第一个元素
'''
grads = K.gradients(loss, model.input)[0]

'''
为了让梯度下降过程顺利进行，可将梯度张量除以其 L2 范数(张量中所有值的平方和的平方根)来标准化。这也确保了输入图像的更新大小始终位于相同的范围。
小技巧：做除法前加上 1e-5，以防除数为 0
'''
grads /=  (K.sqrt(K.mean(K.square(grads))) + 1e-5)

#给定输入图像，计算损失张量和梯度张量的值
iterate = K.function([model.input], [loss, grads])

#通过随机梯度下降让损失最大化
#生成一张带有噪声的灰度图
input_img_data = np.random.random((1, 150, 150, 3)) * 20 + 128.
step = 1.
#运行 40 次梯度上升
for i in range(40):
    #计算损失值和梯度值
    loss_value, grads_value = iterate([input_img_data])
    #沿着让损失最大化的方向调节输入图像
    input_img_data +=  grads_value * step
```

'''
得到的图像张量是 shape 为(1, 150, 150, 3)的浮点数张量，其取值可能不是[0, 255]区间内的整数。因此需要对该张量进行处理，将其转换为可显示的图像

```
'''
def deprocess_image(x):
    #张量标准化,使其均值为 0,标准差为 0.1
    x -=  x.mean()
    x /=  (x.std() + 1e-5)
    x *=  0.1
    #将 x 裁切到[0, 1]区间
    x +=  0.5
    x = np.clip(x, 0, 1)
    #将 x 转换为 RGB 数组
    x *=  255
    x = np.clip(x, 0, 255).astype('uint8')
    return x

'''
定义一个函数用于生成卷积核模式图。
输入一个层的名称和一个卷积核索引,函数将返回一个有效的图像张量
'''
def generate_pattern(layer_name, filter_index, size = 150):
    #构建一个损失函数,将该层第 n 个卷积核的响应值最大化
    layer_output = model.get_layer(layer_name).output
    loss = K.mean(layer_output[:, :, :, filter_index])
    #计算这个损失相对于输入图像的梯度
    grads = K.gradients(loss, model.input)[0]
    #将梯度标准化
    grads /=  (K.sqrt(K.mean(K.square(grads))) + 1e-5)
    #返回给定输入图像的损失和梯度
    iterate = K.function([model.input], [loss, grads])
    #从带有噪声的灰度图像开始
    input_img_data = np.random.random((1, size, size, 3)) * 20 + 128.
    step = 1.
    #运行 40 次梯度上升
    for i in range(40):
        loss_value, grads_value = iterate([input_img_data])
        input_img_data +=  grads_value * step

    img = input_img_data[0]
    return deprocess_image(img)

'''
为了简单起见,我们只查看每一层的前 64 个卷积核,并只查看每个卷积块的第一层(即 block1_conv1、
block2_conv1、block3_conv1、block4_conv1、block5_conv1)。我们将输出放在一个 8×8 的网格中,
每个网格是一个 64 像素×64 像素的卷积核模式图,两个卷积核模式图之间留有一些黑边
'''
#对 block1_conv1 和 block1_conv4 卷积层的卷积核进行可视化
for layer_name in ['block1_conv1', 'block4_conv1']:
    size = 64
    margin = 5
```

```
#8×8 的空图像(全黑色)，用于保存结果
results = np.zeros((8 * size + 7 * margin, 8 * size + 7 * margin, 3))

for i in range(8):#遍历 results 网格的行
    for j in range(8):#遍历 results 网格的列
        #生成 layer_name 层第 i+(j * 8)个卷积核的模式
        filter_img = generate_pattern(layer_name, i + (j * 8), size = size)
        
        #将结果放到 results 网格第(i, j)个方块中
        horizontal_start = i * size + i * margin
        horizontal_end = horizontal_start + size
        vertical_start = j * size + j * margin
        vertical_end = vertical_start + size
        results[horizontal_start: horizontal_end,
                vertical_start: vertical_end, :] = filter_img

#显示 results 网格
plt.figure(figsize = (20, 20))
results/ = 255. #归一化处理
plt.imshow(results)
plt.show()
```

运行上述示例代码，显示神经网络模型卷积核可视化，如图 5-8 所示。其中图 5-8（a）为 block1_conv1 的卷积核模式，图 5-8（b）为 block4_conv15-9 的卷积核模式。

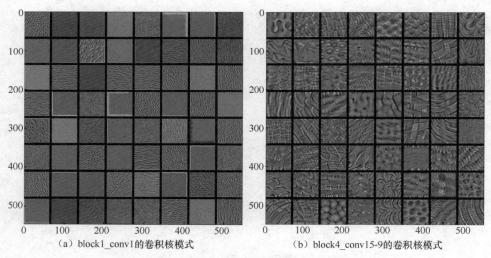

(a) block1_conv1的卷积核模式　　　　(b) block4_conv15-9的卷积核模式

图 5-8　神经网络模型卷积核可视化示例

在卷积神经网络中，随着层数的加深，其中的卷积核变得越来越复杂、精细。模型第一层（block1_conv1）的卷积核对应简单的方向边缘和颜色，更高层的卷积核则类似于自然图像中的纹理（羽毛、眼睛、树叶等）。

### 2. 特征图可视化

在卷积神经网络中，卷积层的作用是提取输入图片中的信息，这些信息被称为图像特征。

这些特征是由图像中的每个像素通过组合或者独立的方式所体现的，例如图片的纹理特征、颜色特征等。因为卷积对输入图像进行的操作是线性的，但输入的图像的信息并不都是线性可分的，所以通过激活函数来进行非线性操作，能够更好地映射特征，去除数据中的冗余，以增强卷积神经网络的表达能力。

所谓的特征图可视化，是指对于给定的输入图像，经神经网络各中间层进行卷积操作及激活函数的非线性处理之后输出的该层特征图。通过这些特征图，我们可以观察输入数据在网络中如何被分解，不同卷积核分别聚焦于原始图像的哪方面的信息等。

下面示例演示了基于 VGG19 神经网络模型，对一个输入图像进行特征图可视化的过程。示例代码如下。

```python
from keras.applications.vgg19 import VGG19
from keras.preprocessing import image
from keras.applications.vgg19 import preprocess_input
from keras.models import Model
import numpy as np
import matplotlib.pyplot as plt
from pylab import *

'''
根据给定的数值(特征图的数量)，返回行、列值，用于特征图的排列。
例如，若给定值为 64，则返回 row = 8, col = 8；若给定值为 35，则返回 row = 6, col = 6
'''
def get_row_col(num_pic):
    squr = num_pic ** 0.5
    row = round(squr)
    col = row + 1 if (squr - row)> 0 else row
    return row, col

#特征图可视化
def visualize_feature_map(img_batch):
    feature_map = img_batch
    feature_map_combination = []

    #特征图的个数
    num_pic = feature_map.shape[2]
    #特征图排列的行数(row)及列数(col)
    row, col = get_row_col(num_pic)

    #按照行、列数显示所有特征图
    for i in range(0, num_pic):
        feature_map_split = feature_map[:, :, i]
        feature_map_combination.append(feature_map_split)
        plt.subplot(row, col, i + 1)
        plt.imshow(feature_map_split) #显示特征图
        axis('off') #关闭每个特征图的坐标轴显示

    #保存特征图并显示
```

```
    plt.savefig('feature_map.png', dpi = 100)
    plt.show()

    #将各个特征图按1:1进行叠加
    feature_map_sum = np.sum(item for item in feature_map_combination)
    plt.imshow(feature_map_sum)
    plt.savefig("feature_map_sum.png", dpi = 100)
    plt.show()

if __name__ == "__main__":
    #选用训练好的VGG19模型
    base_model = VGG19(weights = 'imagenet', include_top = False)
    #使用inputs与outputs建立函数链式模型
    model = Model(inputs = base_model.input, outputs = base_model.get_layer('block1_pool').output)

    #载入示例图像
    img = image.load_img('dog.jpg')

    #图像预处理
    x = image.img_to_array(img)
    x = np.expand_dims(x, axis = 0)
    x = preprocess_input(x)

    #利用模型进行预测
    block_pool_features = model.predict(x)

    #输出经block1卷积块第一层卷积后的特征图
    feature = block_pool_features.reshape(block_pool_features.shape[1:])
    #特征图可视化
    visualize_feature_map(feature)
```

运行上述示例代码，显示特征图可视化，如图5-9所示。其中图5-9（a）为示例原图，图5-9（b）为经第1层卷积后输出的特征图，图5-9（c）为叠加后的特征图。

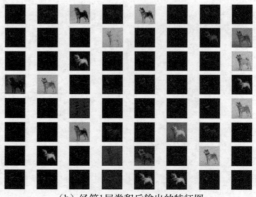

（a）示例原图　　　　　　　　（b）经第1层卷积后输出的特征图

图5-9　特征图可视化示例

(c) 叠加后的特征图

图 5-9　特征图可视化示例（续）

对于特征图而言，浅层网络通常提取的是纹理和细节特征，深层网络提取的是轮廓、形状等最强特征。层数越深，提取的特征越具有代表性，但图像的分辨率会越来越低。

## 5.2.4　梯度下降与学习率可视化

随机梯度下降（SGD）也称为增量梯度（gradient）下降，是一种迭代方法，用于优化可微分目标函数。该方法通过在小批量数据上计算损失函数的梯度而迭代地更新权重与偏置项。随机梯度下降是随机取样替代完整的样本，主要作用是提高迭代速度，避免陷入庞大计算量的泥沼。

学习率（Learning Rate）是神经网络训练过程中一个很重要的参数，决定了在每步参数更新中，模型参数有多大程度（或多快、多大步长）的调整。权重、学习率与梯度之间的关系如下。

$$w_{n+1} = w_n - \text{learning\_rate} * \text{gradient} \tag{5-1}$$

学习率过大，会导致参数更新步幅过大，越过了很多候选参数，有可能会越过最优值，使参数在优化过程中损失函数值震荡（或在最终的极优值两侧来回摆动），导致网络不能收敛。过大的学习率会降低模型的有效容量，缩小了神经网络的参数搜索空间。

学习率过小，除了会导致训练速度慢，还容易导致模型停留在一个训练误差很高的局部极小值上，不利于继续搜索更好、更偏向于全局的局部极小值。从这个意义上讲，学习率过小也会降低模型的有效容量。

在神经网络的训练过程中，常采用的一个策略是学习率更新策略，即学习率随着模型训练的迭代次数增加而逐渐衰减，这样既可以兼顾学习效率，又能兼顾后期学习的稳定性：前期通过大学习率快速搜索，找到一个较好的（更倾向于全局最小的）局部区域，后期用较小的学习率在这个局部区域进行收敛。

下面，我们将通过交互可视化的方法，来讨论神经网络模型中梯度下降与学习率之间的关系问题，其中梯度下降算法用最简单的随机梯度。在本示例中，我们选取的 cost 函数为 $J(x) = (x-1)^2 + 1$。示例代码如下。

```
import numpy as np
import matplotlib.pyplot as plt
```

```python
from ipywidgets import *  #用于交互处理

#定义梯度函数
def J(theta):
    return (theta-1)**2+1

#对梯度函数求导
def gradJ(theta):
    return 2*(theta-1)

#使用梯度下降算法模拟模型训练
def train(learning_rate, epoch, theta):
    thetas = []
    for i in range(epoch):
        gradient = gradJ(theta)
        delta = -learning_rate*gradient
        theta+ = delta
        thetas.append(theta)
    plt.figure(figsize = (10, 10))
    x = np.linspace(-1, 3, 100)

    #绘制cost函数曲线
    plt.plot(x, J(x))
    #在曲线上绘制theta及J(theta)
    plt.plot(np.array(thetas), J(np.array(thetas)), color = 'r', marker = 'o')

    #设置绘制参数并绘制起始点(start)和最低点(min)的位置
    plt.plot(1.0, 1.0, 'r*', ms = 20)
    plt.text(1.0, 1.0, 'min', color = 'k')
    plt.text(thetas[0]+0.1, J(thetas[0]), 'start', color = 'k')
    plt.text(thetas[-1]+0.1, J(thetas[-1])-0.05, 'end', color = 'k')

    #设置x、y轴坐标名称
    plt.xlabel('theta')
    plt.ylabel('loss')
    #显示绘制图像
    plt.show()

    #输出随交互即时变化的theta和loss值
    print('theta:', theta)
    print('loss:', J(theta))

#可以随时调节，查看效果（最小值、最大值、步长）
@interact(learning_rate = (0, 5, 0.001),
          epoch = (1, 100, 1),
          init_theta = (-1, 3, 0.1),
          continuous_update = False)

def visualize_gradient_descent(learning_rate = 0.05, epoch = 10, init_theta = -1):
```

```
train(learning_rate, epoch, init_theta)
```

运行上述示例代码，显示学习率过低，如图 5-10（a）所示。图中左上部分出现的 3 个滑块控件是用户图像进行交互的工具，拖动它们会改变对应的参数值，从而改变图像显示的结果。从该图中可以看出，此刻学习率为 0.05，初始化 theta 参数为-1，经 10 次迭代还未达到最小值，这表明此时的学习率较低，需要更多的迭代次数方可到达全局最小值。

若手动调节学习率为 0.15，其他两个参数不变，则可发现经 10 次迭代就开始收敛，由此可见，提高学习率可以加快模型训练的速度，显示为学习率适中，如图 5-10（b）所示。

继续提高学习率至 0.93，可发现 Cost 函数值开始震荡，梯度方向在不停地改变。由此可见，学习率过大，导致参数更新步幅过大，越过了很多候选参数，甚至越过了最优值，使 Cost 函数值在最终的极优值两侧来回摆动，导致网络不能收敛，显示为学习率过高而无法收敛，如图 5-10（c）所示。

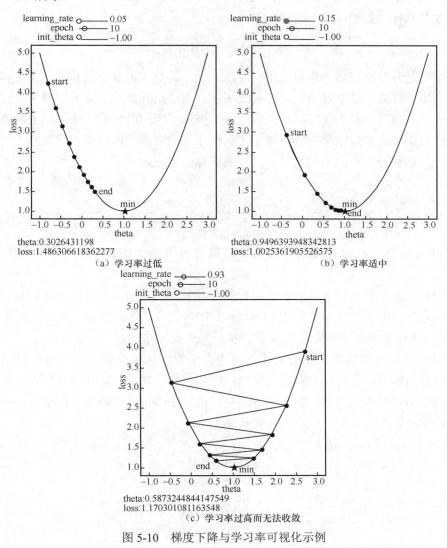

图 5-10　梯度下降与学习率可视化示例

高清大图及交互动画可参见本书配套的电子资源。

## 5.2.5 混淆矩阵及其可视化

在基于深度学习的分类识别领域中,经常采用统计学中的混淆矩阵来评价分类器的性能。混淆矩阵是机器学习中用来总结分类模型预测结果的一个分析表,是模式识别领域中的一种常用的表达形式。它以矩阵的形式描绘样本数据的真实属性和分类预测结果类型之间的关系。

混淆矩阵是一种特定的二维矩阵,矩阵的每一列代表一个预测的类别,每一行则代表实际的类别。对角线上的值表示预测正确的数量/比例,而非对角线元素是预测错误的部分。混淆矩阵的对角线值越高越好,这表明正确的预测结果多。特别是在各分类数据的数量不平衡的情况下,混淆矩阵可以直观地显示分类模型对应各个类别的准确率。分类准确率是预测正确的样本数与总样本数的比值,公式如下。

$$分类准确率 = 预测正确的样本数 / 总样本数 \qquad (5-2)$$

混淆矩阵是对分类问题的预测结果的总结。使用计数值汇总正确和不正确预测的数量,并按每个类进行细分,这是混淆矩阵的关键所在。混淆矩阵显示了分类模型在进行预测时会对哪一部分产生混淆。它不仅可以让我们了解分类模型所犯的错误,还可以了解哪些错误类型正在发生。正是这种对结果的分解避免了仅使用分类准确率所带来的局限性。

下面,我们通过一个简单的例子来直观地解释混淆矩阵。

```
y_true = ["Dog", "Tiger", "Monkey", "Monkey", "Horse", "Dog", "Dog", "Monkey", "Dog",
"Tiger", "Horse", "Tiger"]                    #真实类别
y_pred = ["Monkey", "Tiger", "Dog", "Monkey", "Horse", "Tiger", "Dog", "Monkey", "Dog",
"Tiger", "Dog", "Tiger"]                      #预测类别
```

利用分类模型得到的预测结果及真实的属性可以通过图 5-11(a)所示的混淆矩阵展现。

纵轴的标签表示真实属性,而横轴的标签表示分类的预测结果。此矩阵的第一行第一列的数字 2 表示 Monkey 被成功分类成 Monkey 的样本数目,第四行第一列的数字 1 表示 Dog 被分类成 Monkey 的样本数目,以此类推,构成整个混淆矩阵。

混淆矩阵的每一行数据之和代表该类别的真实数目,每一列之和代表该类别的预测数目,矩阵的对角线上的数值代表被正确预测的样本数目。那么,这种混淆矩阵是如何生成的呢?这里给出两种简单的方法,第一种方法是使用 Seaborn 提供的热力图函数来进行绘制,可以直接将混淆矩阵可视化,完整的示例代码如下。

```python
import numpy as np #用于数组相关处理
import matplotlib.pyplot as plt #用于图形可视化处理
import seaborn as sns #主要用于基于热力图的数据可视化处理
import pandas as pd #用于表格型数据结构处理
from sklearn.metrics import confusion_matrix #混淆矩阵处理函数

#混淆矩阵定义
true_label = ["Dog", "Tiger", "Monkey", "Monkey", "Horse", "Dog",
```

```
                "Dog", "Monkey", "Dog", "Tiger", "Horse", "Tiger"]        #真实类别
predicted_label = ["Monkey", "Tiger", "Dog", "Monkey", "Horse", "Tiger",
                "Dog", "Monkey", "Dog", "Tiger", "Dog", "Tiger"]          #预测类别
con_mat = confusion_matrix(true_label, predicted_label,
                labels = ["Monkey", "Tiger", "Horse", "Dog"])             #生成混淆矩阵
#设置混淆矩阵数据行列值
df = pd.DataFrame(con_mat, index = ["Monkey", "Tiger", "Horse", "Dog"], columns =
["Monkey", "Tiger", "Horse", "Dog"])
sns.heatmap(df, annot = True, cmap = 'GnBu') #生成混淆矩阵的热力图
plt.ylabel('True label')           #设置 y 轴标签
plt.xlabel('Predicted label')      #设置 x 轴标签
plt.show()
```

运行上述示例代码，显示 Seaborn 生成的混淆矩阵，如图 5-11（a）所示。

第二种方法是使用 Matplotlib 提供的 matshow() 函数进行可视化，示例代码如下。运行上述示例代码，显示 Matplotlib 生成的混淆矩阵，如图 5-11（b）所示。

```
import numpy as np
import matplotlib.pyplot as plt #用于图形可视化处理
import pandas as pd #用于表格型数据结构处理
from sklearn.metrics import confusion_matrix #混淆矩阵处理函数

#混淆矩阵定义
true_label = ["Dog", "Tiger", "Monkey", "Monkey", "Horse", "Dog",
                "Dog", "Monkey", "Dog", "Tiger", "Horse", "Tiger"]        #真实类别
predicted_label = ["Monkey", "Tiger", "Dog", "Monkey", "Horse", "Tiger",
                "Dog", "Monkey", "Dog", "Tiger", "Dog", "Tiger"]          #预测类别
con_mat = confusion_matrix(true_label, predicted_label,
                    labels = ["Monkey", "Tiger", "Horse", "Dog"])         #生成混淆矩阵
#设置混淆矩阵数据行列值
df = pd.DataFrame(con_mat, index = ["Monkey", "Tiger", "Horse", "Dog"], columns =
["Monkey", "Tiger", "Horse", "Dog"])

#混淆矩阵可视化
plt.matshow(con_mat, cmap = plt.cm.Greens)
plt.colorbar() #设置颜色条
for i in range(len(con_mat)):
    for j in range(len(con_mat)):
        #显示混淆矩阵中的数字
        plt.annotate(con_mat [i, j], xy = (i, j),
                    horizontalalignment = 'center', verticalalignment = 'center')

plt.ylabel('True label')           #设置 y 轴标签
plt.xlabel('Predicted label')      #设置 x 轴标签
plt.show()
```

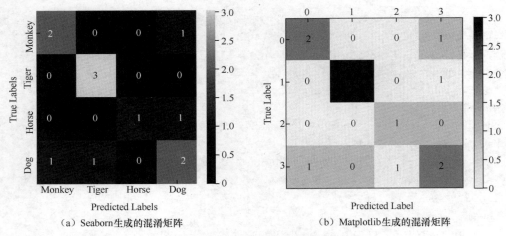

(a) Seaborn生成的混淆矩阵　　　　(b) Matplotlib生成的混淆矩阵

图 5-11　混淆矩阵可视化示例

利用混淆矩阵的可视化，我们可以分析类别误判的结果，从而更好地对机器学习的模型进行调整。

### 5.2.6　类激活图可视化

类激活图（CAM）是计算机视觉领域中用于分类任务的一项强大技术。它使科学家可以检查要分类的图像，并了解该图像的哪些部分或像素为模型的最终输出做出了更大的贡献，CAM 的目标是识别图片中最能激活物体特征的部分。

假设我们构建了一个卷积神经网络，目标是将人类图片分为"男人"和"女人"，然后将其添加到新的图片中，并返回标签"Man"。使用 CAM 工具，我们能够看到图片中哪个部分最能激活"Man"类。如果我们想提高模型的准确性，并且想要了解需要修改哪些图层，或者是否需要对训练集中的图像进行不同的预处理，那么 CAM 将非常有用。

CNN 一般由特征提取器与分类器组成。特征提取器负责提取图像特征。分类器依据特征提取器提取的特征进行分类，常用的分类器为多层感知器（MLP），目前主流的做法是在特征提取器后接一个全局平均池化层（GAP）加上类别数目大小的全连阶层。CNN 最后一层特征图富含最为丰富的类别语义信息（可以将其理解为高度抽象的类别特征），因此，CAM 基于最后一层特征图进行可视化。

CAM 将 CNN 的分类器替换为 GAP+类别数目大小的全连接层（以下称为分类层）后重新训练模型，生成的 CAM 大小与最后一层特征图的大小一致。GAP 的出发点是在训练过程中让网络学会判断原图中哪个区域具有类别相关特征。由于 GAP 去除了多余的全连接层，可支持任意大小的输入。此外，引入 GAP 更充分地利用了空间信息，且没有全连接层的各种参数，鲁棒性强，因此可以降低过拟合的风险。

CAM 的优点很多，然而它有一个非常严重的缺陷，就是它要求修改原模型的结构，从而导致模型需要重新训练，这在很大程度上限制了其使用场景。如果模型已经上线或训练成本极高，我们进行重新训练的概率很小。当一种被称为"梯度加权类激活图（Grad-CAM）"的技术问世之后，这个问题就很好地被解决了。

Grad-CAM 的基本思路如下：假设我们有一个训练有素的 CNN，并用它来生成新的图像，返回该图像所属的类。为此，我们会获取最后一个卷积层的输出特征图，并通过输出类的梯度对每个通道进行加权（输入通道），这样我们将获得一个热力图，而该热力图将会指示输入图像中的哪些部分激活了该类。

　　Grad-CAM 的基本思路和 CAM 是一致的，也是通过得到每个特征图对应的权重，最后求一个加权和。但是它与 CAM 的主要区别在于求权重的过程。CAM 通过将全连接层替换为 GAP 层，重新训练得到权重，而 Grad-CAM 另辟蹊径，用梯度的全局平均来计算权重。事实上，经过严格的数学推导，Grad-CAM 与 CAM 计算出来的权重是等价的。Grad-CAM 结构示意如图 5-12 所示，给定一个图像和一个感兴趣的类（例如，"Tiger Cat"或任何其他类型的可微输出）作为输入，然后前向传播图像通过 CNN 模型，然后通过特定任务的计算获得该类别的原始分数。除了所需的类（例如"Tiger Cat"的梯度设置为 1，其他所有类别的梯度皆设为 0。然后，该信号被反向传播到感兴趣的整流卷积特征图上，接着，通过全连接层激活函数对前面高度抽象化的特征进行整合，对各种分类情况都输出一个概率，分类器可以根据全连接得到的概率进行分类。

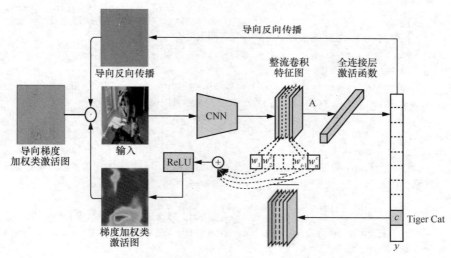

图 5-12　Grad-CAM 结构示意

　　我们结合上述获得的特征图来计算目标物体大致的定位。最后，用导向反向传播逐点乘以热力图以获得高分辨率和特定概念的导向梯度加权类激活图。

　　Grad-CAM 对最终的加权和加了一个 ReLU 层，加上一层 ReLU 的原因在于我们只关心对类别 $c$ 有正影响的像素点，如果不加 ReLU 层，最终可能会带入一些其他类别的像素，从而影响解释的效果。

　　除了直接生成热力图对分类结果进行解释，Grad-CAM 还可以与其他经典的模型解释方法（例如导向反向传播）相结合，得到更细致的解释。这样就很好地解决了反卷积和导向反向传播对类别不敏感的问题。当然，Grad-CAM 的神奇之处不仅仅局限于对图片分类的解释，任何与图像相关的深度学习任务，只要用到了 CNN，都可以用 Grad-CAM 进行解释，例如图像描述、视觉问答等。无论是 CAM 还是 Grad-CAM，除了用来对模型的预测结果作解释，还有一个非常重要的功能——物体检测。不难发现，Grad-CAM 在给出解释的同时，正好完成了标注物体位置的工作，虽然其标注的位置不一定非常精确，也不一定完整覆盖物体的每一个像素，但只要有这样一个大致的信息，我们就可以得到物体的位置，而且我们不需要使用人工标注的方框。

我们使用预先训练的 VGG16 网络来演示 Grad-CAM 技术，示例代码如下。

```python
#用于VGG16网络模型相关处理
from keras.applications.vgg16 import (VGG16, preprocess_input, decode_predictions)
from keras.preprocessing import image    #用于图像处理
import keras.backend as K                #用于梯度计算等操作
import matplotlib.pyplot as plt          #用于热力图显示
import numpy as np                       #用于数组处理
import scipy.misc                        #用于图像读取和大小调整
import cv2                               #用于图像输入/输出
import sys                               #用于参数处理

model = VGG16(weights = 'imagenet')      #载入模型
model.summary()                          #输出模型信息摘要

img_path = sys.argv[1]                   #从命令行参数中获取输入图像的路径及文件名
img = scipy.misc.imread(img_path)        #读取图像内容
img = scipy.misc.imresize(img, (224, 224))  #加载图像，将其大小调整为224像素×224像素
x = np.expand_dims(img, axis = 0)
x = np.array(x, dtype = np.float)        #将图像转换为Numpy float32类型的张量
x = preprocess_input(x)                  #应用内置函数中的规则对图像进行预处理

preds = model.predict(x)  #基于模型的类别预测
print('Predicted:', decode_predictions(preds, top = 3)[0])#输出预测信息
#输出原图像最大激活预测向量中的条目所对应的类别索引，将用该索引分析输入和该类别之间的类激活图
print('Index of Class for the Prediction Vector :', np.argmax(preds[0]))

obj_output = model.output[:, np.argmax(preds[0])]#在输出中目标物体所对应的元素
last_conv_layer = model.get_layer('block5_conv3')#最后一个卷积层
#目标物体所属类对最后一个卷积层输出特征图的梯度
grads = K.gradients(obj_output, last_conv_layer.output)[0]
pooled_grads = K.mean(grads, axis = (0, 1, 2))  #对每个通道的梯度求全局平均
#对于给定的输入图像，获取梯度的全局平均及最后一个卷积层的输出
iterate = K.function([model.input], [pooled_grads, last_conv_layer.output[0]])
pooled_grads_value, conv_layer_output_value = iterate([x])
'''
给定一张输入图像，对于一个卷积层的输出特征图，用类别相对于通道的梯度对这个特征图中的每个通道进行加权
'''
for i in range(model.get_layer('block5_conv3').output_shape[-1]):
    conv_layer_output_value[:, :, i] *= pooled_grads_value[i]

#生成热力图。出于可视化目的，我们将热图在0和1之间进行标准化
heatmap = np.mean(conv_layer_output_value, axis = -1)
heatmap = np.maximum(heatmap, 0)
heatmap /= np.max(heatmap)
```

```
plt.matshow(heatmap)  #显示热力图
plt.show()

#生成类激活图
img = cv2.imread(img_path)  #利用 OpenCV 函数载入原图像文件
#将热力图调整为与原图同样大小
heatmap = cv2.resize(heatmap, (img.shape[1], img.shape[0]))
heatmap = np.uint8(255 * heatmap)  #将热力图转换为 RGB
#使用 applyColorMap 函数以生成伪彩色图像
heatmap = cv2.applyColorMap(heatmap, cv2.COLORMAP_JET)
#将热力图与原图叠加,这里的 0.5 是指热力图的强度因子
superimposed_img = heatmap * 0.5 + img
#生成指明文件名的类激活图
cv2.imwrite('grad_cam.jpg', superimposed_img)
```

运行上述示例代码,输出以下图像目标类别预测信息,显示类激活图可视化,如图 5-13 所示。其中图 5-13(a)为输入图像,图 5-13(b)为基于原输入图像生成的热力图,图 5-13(c)为热力图与原图叠加而成的类激活图,图 5-13(d)为导向梯度加权类激活图。

```
Predicted class:
Norwegian_elkhound (n02091467) with probability 0.83
Index of Class for the Predicted Vector: 174
```

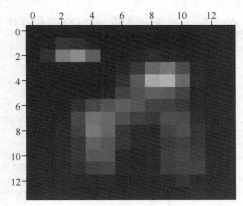

（a）输入图像　　　　　　　　　　　　　（b）热力图

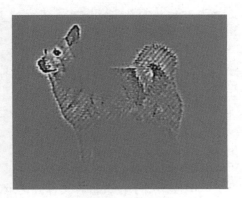

（c）热力图与原图叠加而成的类激活图　　　　（d）导向梯度加权类激活图

图 5-13　类激活图可视化示例

## 5.3 基于 VisualDL 的深度学习可视化

### 5.3.1 VisualDL 简介

VisualDL 是一个面向深度学习任务设计的可视化工具，由百度飞桨（PaddlePaddle）平台提供。飞桨以百度公司多年的深度学习技术研究和业务应用为基础，是我国首个开源开放、技术领先、功能完备的产业级深度学习平台，集深度学习核心训练和推理框架、基础模型库、端到端开发套件和丰富的工具组件于一体。

VisualDL 利用了丰富的图表来呈现训练参数变化趋势、模型结构、数据样本、高维数据分布等数据，用户可以更直观、更清晰地查看数据的特征与变化趋势，有助于分析数据，及时发现错误，进而改进神经网络模型的设计，实现高效的模型优化。目前，VisualDL 支持标量、图结构、数据样本可视化、直方图、PR 曲线及高维数据降维呈现等诸多功能，同时，VisualDL 可提供可视化结果保存服务，通过 VDL.service 生成链接，保存并分享可视化结果。项目正处于高速迭代中，随时可能有新组件的加入。需要注意，官方自 2020 年 1 月 1 日起不再维护 Python 2，为了保障代码的可用性，VisualDL 现仅支持 Python 3。

VisualDL 可通过在 Anaconda 终端执行以下 pip 命令进行在线安装。

```
pip install visualdl -i 镜像源地址
```

### 5.3.2 VisualDL 的使用方法

VisualDL 将训练过程中的数据、参数等信息存储至日志文件中后，启动面板即可查看可视化结果。

**1. 记录日志**

VisualDL 的后端提供了 Python SDK，可通过 LogWriter 定制一个日志记录器，接口如下。

```
class LogWriter(logdir = None,
                comment = '',
                max_queue = 10,
                flush_secs = 120,
                filename_suffix = '',
                write_to_disk = True,
                display_name = '',
                file_name = '',
                **kwargs)
```

VisualDL Python 接口参数说明见表 5-1。

以下示例代码用于设置日志文件并记录几个标量数据。

```
from visualdl import LogWriter  #导入 VisualDL 的日志处理功能模块
```

```
#在"./log/scalar_test/train"路径下建立日志文件
with LogWriter(logdir = "./log/scalar_test/train") as writer:
    #使用 scalar 组件记录一个标量数据
    writer.add_scalar(tag = "acc", step = 1, value = 0.5678)
    writer.add_scalar(tag = "acc", step = 2, value = 0.6878)
    writer.add_scalar(tag = "acc", step = 3, value = 0.9878)
```

表 5-1　VisualDL Python SDK 接口参数说明

| 参数 | 格式 | 含义 |
| --- | --- | --- |
| logdir | string | 日志文件所在的路径，VisualDL 将在此路径下建立日志文件并进行记录，如果不填，则默认为 runs/\${CURRENT_TIME} |
| comment | string | 为日志文件夹名添加后缀，如果指定了 logdir，则此项无效 |
| max_queue | int | 日志记录消息队列的最大容量，若达到此容量，则立即写入日志文件 |
| flush_secs | int | 日志记录消息队列的最大缓存时间，若达到此时间，则立即写入日志文件 |
| filename_suffix | string | 为默认的日志文件名添加后缀 |
| write_to_disk | boolean | 是否写入磁盘 |
| display_name | string | 在面板中替换实际显示的 logdir，当日志所在路径过长或想隐藏日志所在路径时可指定此参数 |
| file_name | string | 指定写入的日志文件名，如果指定的文件名已经存在，则将日志续写在此文件中，文件名必须包括 vdlrecords |

### 2. 启动可视化面板

在上述示例中，日志已记录 3 组标量数据，现在可启动 VisualDL 面板查看日志的可视化结果。共有两种启动方式：命令行启动和在 Python 脚本中启动。

使用命令行启动 VisualDL 面板的命令格式如下。

```
visualdl --logdir <dir_1, dir_2, ... , dir_n> -- model<dir> -- host <host> --port <port> --cache-timeout <cache_timeout> --language <language> --public-path <public_path> --api-only
```

VisualDL 命令行启动接口参数说明见表 5-2。

表 5-2　VisualDL 命令行启动接口参数说明

| 参数 | 含义 |
| --- | --- |
| --logdir | 设定日志所在目录，可以指定多个目录，VisualDL 将遍历且迭代寻找指定目录的子目录，对所有实验结果进行可视化 |
| --host | 设定 IP，默认为 127.0.0.1 |
| --port | 设定端口，默认为 8040 |
| --cache-timeout | 后端缓存时间，在缓存时间内，前端多次请求同一个 URL，返回的数据从缓存中获取，默认为 20s |
| --language | VisualDL 面板语言，可指定为"en"或"zh"，默认为浏览器使用语言 |

续表

| 参数 | 含义 |
|---|---|
| --public-path | VisualDL 面板 URL，默认是/app，即访问地址为 http://\<host>: \<port>/app |
| --api-only | 是否只提供 API，如果设置此参数，则 VisualDL 不提供页面展示，只提供 API 服务，此时 API 地址为 http://\<host>:\<port>/\<public_path>/api；若没有设置 public_path 参数，则默认为 http://\<host>:\<port>/api |

针对上一步生成的日志，启动命令如下。

```
visualdl --logdir ./log
```

VisualDL 支持在 Python 脚本中启动可视化面板，接口如下。

```
visualdl.server.app.run(logdir,
                        host = "127.0.0.1",
                        port = 8080,
                        cache_timeout = 20,
                        language = None,
                        public_path = None,
                        api_only = False,
                        open_browser = False)
```

要注意的是，除 logdir 外，其他参数均为不定参数，传递时请指明参数名。VisualDL 脚本启动接口参数说明见表 5-3。

表 5-3　VisualDL 脚本启动接口参数说明

| 参数 | 格式 | 含义 |
|---|---|---|
| logdir | string 或 list[string_1, string_2,…, string_n] | 日志文件所在的路径，VisualDL 将在此路径下递归搜索日志文件并进行可视化，可指定单个或多个路径 |
| host | string | 指定启动服务的 IP，默认为 127.0.0.1 |
| port | int | 启动服务端口，默认为 8040 |
| cache_timeout | int | 后端缓存时间，在缓存时间内，前端多次请求同一个 URL，返回的数据从缓存中获取，默认为 20s |
| language | string | VisualDL 面板语言，可指定为 "en" 或 "zh"，默认为浏览器使用语言 |
| public_path | string | VisualDL 面板 URL，默认是/app，即访问地址为 http://\<host>:\<port>/app |
| api_only | boolean | 是否只提供 API，如果设置此参数，则 VisualDL 不提供页面展示，只提供 API 服务，此时 API 地址为 http://\<host>:\<port>/\<public_path>/api；若没有设置 public_path 参数，则默认为 http://\<host>:\<port>/api |
| open_browser | boolean | 是否打开浏览器，若设置为 True，则在启动后自动打开浏览器并访问 VisualDL 面板，若设置 api_only，则忽略此参数 |

针对上一步生成的日志，启动 VisualDL 可视化面板的示例代码如下。

```
from visualdl.server import app
app.run(logdir = "./log")
```

在使用任意一种方式启动 VisualDL 面板后，打开浏览器访问 VisualDL 面板，即可查看日志的可视化结果，如图 5-14 所示。

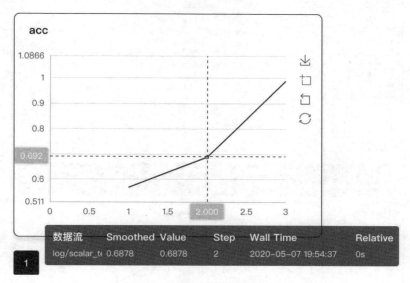

图 5-14 日志的可视化结果示例

## 5.3.3 基于 VisualDL 的数据可视化

### 1. 标量可视化

以图表形式实时展示训练过程参数,例如 loss、accuracy(以下简称为 acc)等,可以让用户通过观察单组或多组训练参数变化,了解训练过程,加速模型调优。

例如,我们先运行以下示例代码,再打开 VisualDL 面板,即可对 acc 和 loss 进行可视化,显示标量可视化结果,如图 5-15 所示。

```
from visualdl import LogWriter
if __name__ == '__main__':
    value = [i/1000.0 for i in range(1000)]
    with LogWriter(logdir = "./log/scalar_test/train") as writer:
        for step in range(1000):
            writer.add_scalar(tag = "acc", step = step, value = value[step])
            writer.add_scalar(tag = "loss", step = step, value = 1/(value[step] + 1))
```

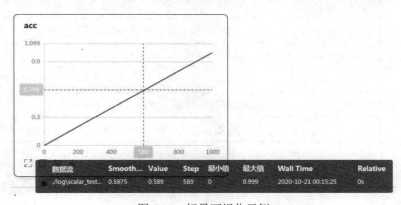

图 5-15 标量可视化示例

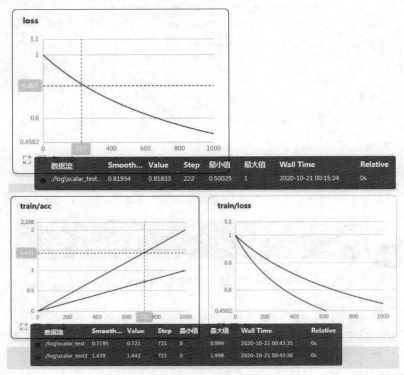

图 5-15　标量可视化示例（续）

### 2. 图像数据可视化

实时展示训练过程中的图像数据，用于观察不同训练阶段的图像变化，有利于用户深入了解训练过程及效果。Image 组件用于显示图像数据随训练的变化。在模型训练过程中，将图像数据传入 Image 组件，就可在 VisualDL 的可视化面板中查看相应图像。

Image 组件的接口定义如下。

```
add_image(tag, img, step, walltime = None, dataformats = "HWC")
```

Image 组件接口参数说明见表 5-4。

表 5-4　Image 组件接口参数说明

| 参数 | 格式 | 含义 |
| --- | --- | --- |
| tag | string | 记录指标的标志，例如 train/loss，不能含有% |
| img | numpy.ndarray | 以 ndarray 格式表示的图片 |
| step | int | 记录的步数 |
| walltime | int | 记录数据的时间戳，默认为当前时间戳 |
| dataformats | string | 传入的图像格式，包括 NCHW、HWC、HW，默认为 HWC |

以下示例代码展示了如何使用 Image 组件可视化图像样本数据。

```
import numpy as np   #用于图像数组处理
from PIL import Image  #用于对图像进行相关操作
```

```python
from visualdl import LogWriter  #用于对记录器进行相关操作

def random_crop(img):
    #定义一个函数用于获取图像的随机 100×100 切片

    img = Image.open(img)
    w, h = img.size
    random_w = np.random.randint(0, w - 100)
    random_h = np.random.randint(0, h - 100)
    r = img.crop((random_w, random_h, random_w + 100, random_h + 100))
    return np.asarray(r)

if __name__ == '__main__':
    #初始化一个记录器
    with LogWriter(logdir = "./log/image_test/train") as writer:
        for step in range(10):
            #添加一个示例图像数据
            writer.add_image(tag = "image_tag",
                             img = random_crop("./horse.jpg"),
                             step = step)
```

运行上述程序后，在 Anaconda 控制台中执行以下命令。

```
visualdl --logdir ./log --port 8080
```

在浏览器输入 http://127.0.0.1:8080，打开 VisualDL 可视化面板，即可查看图像数据。图像样本数据如图 5-16（a）所示。

### 3. 音频数据可视化

Audio 组件可用于实时查看训练过程中的音频数据，监控语音识别与合成等任务的训练过程。Audio 组件的接口定义如下。

```
add_audio(tag, audio_array, step, sample_rate)
```

Audio 组件接口参数说明见表 5-5。

表 5-5 Audio 组件接口参数说明

| 参数 | 格式 | 含义 |
| --- | --- | --- |
| tag | string | 记录指标的标志，例如 audio_tag，不能含有% |
| audio_array | numpy.ndarray | 以 ndarray 格式表示的音频 |
| step | int | 记录的步数 |
| sample_rate | int | 采样率（注意正确填写对应音频的采样率） |

以下示例代码展示了如何使用 Audio 组件可视化音频样本数据。

```python
from visualdl import LogWriter
from scipy.io import wavfile  #用于音频文件相关操作

if __name__ == '__main__':
#初始化一个记录器
with LogWriter(logdir = "./log/audio_test/train") as writer:
```

```
        sample_rate, audio_data = wavfile.read('./test.wav')  #读取示例音频数据
        #将音频数据添加到记录器中
        writer.add_audio(tag = "audio_tag",
                         audio_array = audio_data,
                         step = 0,
                         sample_rate = sample_rate)
```

运行上述程序后，在 Anaconda 控制台中执行以下命令。

```
visualdl --logdir ./log --port 8080
```

在浏览器输入 http://127.0.0.1:8080，打开 VisualDL 可视化面板，即可查看音频数据。音频样本数据如图 5-16（b）所示。可视化面板提供了滑动 Step/迭代次数，用于查看不同迭代次数下的音频数据、播放/暂停音频数据、调节音量、下载音频数据文件等不同操作。

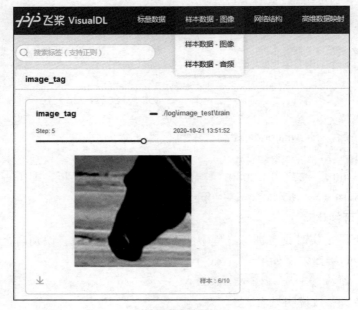

（a）图像样本数据

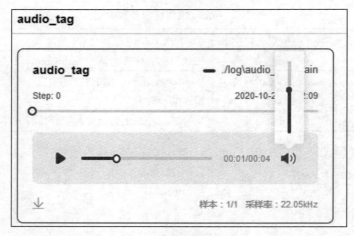

（b）音频样本数据

图 5-16　基于 VisualDL 的图像与音频样本数据可视化（续）

## 4. 网络结构可视化

利用 Graph 组件能够一键可视化模型的网络结构。Graph 组件用于查看模型属性、节点信息、节点输入/输出等，并进行节点搜索，协助用户快速分析模型结构与了解数据流向。查看神经网络模型的网络结构图，有以下两种方式启动 VisualDL 可视化面板。

（1）前端启动 Graph

如果只需使用 Graph，不需要添加任何参数，在 Anaconda 控制台中执行 visualdl 命令后即可启动。

如果同时需使用其他功能，在命令行指定日志文件路径（以 ./log 为例）即可启动，命令如下。

```
visualdl --logdir ./log --port 8080
```

（2）后端启动 Graph

在命令行加入参数 --model 并指定神经网络模型文件路径（非文件夹路径）即可启动，命令如下。

```
visualdl --model ./log/model --port 8080
```

Graph 目前只支持可视化网络结构格式的模型文件。启动后即可查看神经网络结构及其相关信息。本示例中用到的是 resnet50 神经网络结构模型，其模型属性和网络结构图如图 5-17 所示。

VisualDL 可视化面板支持上下左右任意拖曳模型、放大和缩小模型、搜索定位到对应节点、单击查看模型属性、选择模型展示的信息、以 PNG 或 SVG 格式导出文件、单击节点即可展示对应属性信息及一键更换模型等操作。

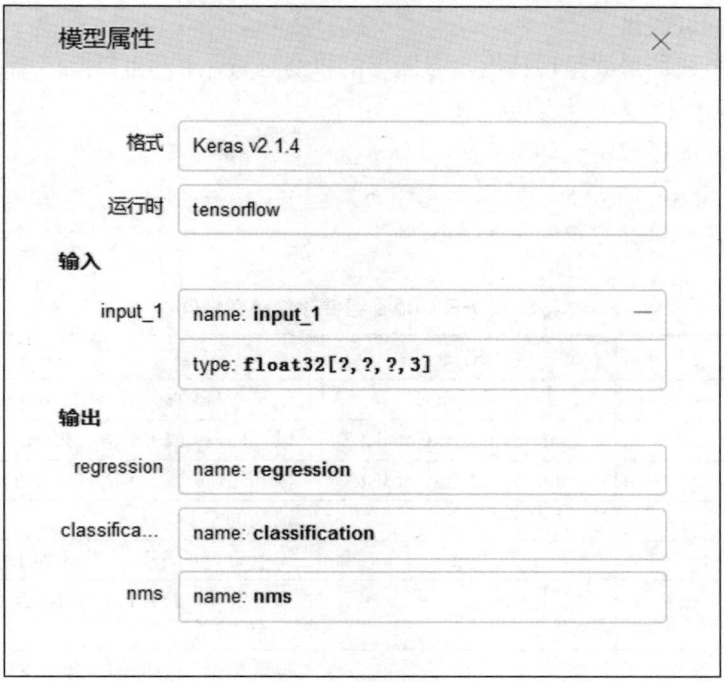

（a）模型属性

图 5-17 模型属性和网络结构图

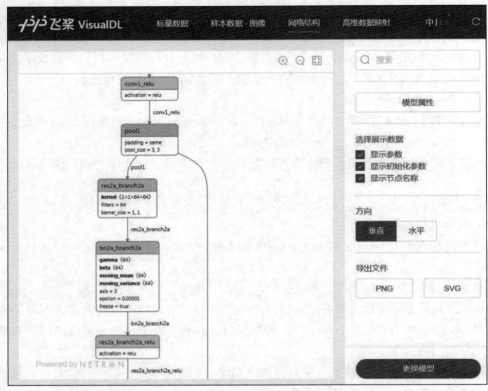

(b) 网络结构图

图 5-17  模型属性和网络结构图（续）

### 5. PR Curve 可视化

PR Curve 以折线图形式呈现精度与召回率的权衡分析，用户可以此清晰直观地了解模型训练效果，便于分析模型是否达到要求。

PR Curve 组件的接口定义如下。

```
add_pr_curve(tag, labels, predictions, step = None, num_thresholds = 10)
```

PR Curve 组件接口参数说明见表 5-6。

表 5-6  PR Curve 组件接口参数说明

| 参数 | 格式 | 含义 |
| --- | --- | --- |
| tag | string | 记录指标的标志，例如 train/loss，不能含有% |
| labels | numpy.ndarray or list | 以 ndarray 或 list 格式表示的实际类别 |
| predictions | numpy.ndarray or list | 以 ndarray 或 list 格式表示的预测类别 |
| step | int | 记录的步数 |
| num_thresholds | int | 阈值设置的个数，默认为 10，最大值为 127 |
| weights | float | 用于设置 TP/FP/TN/FN 在计算 precision 和 recall 时的权重 |
| walltime | int | 记录数据的时间戳，默认为当前时间戳 |

以下示例代码展示了如何使用 PR Curve 组件可视化数据。

```
from visualdl import LogWriter
import numpy as np

with LogWriter("./log/pr_curve_test/train") as writer:
for step in range(3):
    labels = np.random.randint(2, size = 100)
    predictions = np.random.rand(100)
    writer.add_pr_curve(tag = 'pr_curve',
                        labels = labels,
                        predictions = predictions,
                        step = step,
                        num_thresholds = 5)
```

运行上述程序后，在命令终端执行以下命令。

```
visualdl --logdir ./log --port 8080
```

接着在浏览器打开 http://127.0.0.1:8080，即可查看 PR Curve。PR Curve 可视化示例如图 5-18 所示。

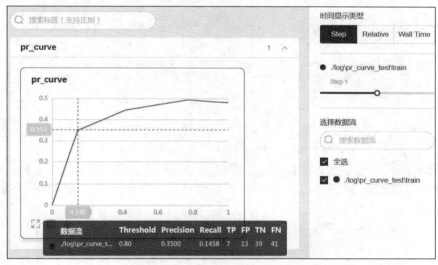

图 5-18　PR Curve 可视化示例

VisualDL 可视化面板支持查看不同训练步数下的 PR Curve、搜索打点数据标签、展示特定数据、搜索卡片标签、展示目标图表、数据点 Hover 展示详细信息（阈值对应的 TP、TN、FP、FN）等不同操作。

### 6. 高维数据展示

High Dimensional 组件对高维数据进行降维展示，用于深入分析高维数据之间的关系。VisualDL 目前支持以下两种数据降维算法：主成分分析法（PAC）及 t-分布式随机邻域嵌入（t-SNE）。

High Dimensional 组件的接口定义如下。

```
add_embeddings(tag, labels, hot_vectors, walltime = None)
```

High Dimensional 组件接口参数说明见表 5-7。

表 5-7 High Dimensional 组件接口参数说明

| 参数 | 格式 | 含义 |
|---|---|---|
| tag | string | 记录指标的标志，例如 default，不能含有% |
| labels | numpy.array 或 list | 一维数组表示的标签，每个元素是一个 string 类型的字符串 |
| hot_vectors | numpy.array or list | 与 labels 一一对应，每个元素可以被看作某个标签的特征 |
| walltime | int | 记录数据的时间戳，默认为当前时间戳 |

以下示例代码展示了如何使用 High Dimensional 组件可视化数据。

```
from visualdl import LogWriter
if __name__ == '__main__':
    hot_vectors = [
        [1.3561076367500755, 1.3116267195134017, 1.6785401875616097],
        [1.1039614644440658, 1.8891609992484688, 1.32030488587171],
        [1.9924524852447711, 1.9358920727142739, 1.21244012793911606],
        [1.4129542689796446, 1.7372166387197474, 1.7317806077076527],
        [1.3913371800587777, 1.4684674577930312, 1.5214136352476377]]

    labels = ["label_1", "label_2", "label_3", "label_4", "label_5"]
    # 初始化一个记录器
    with LogWriter(logdir = "./log/high_dimensional_test/train") as writer:
        # 将一组 labels 和对应的 hot_vectors 传入记录器进行记录
        writer.add_embeddings(tag = 'default',
                              labels = labels,
                              hot_vectors = hot_vectors)
```

运行上述程序后，在 Anaconda 控制台执行以下命令。

```
visualdl --logdir ./log --port 8080
```

接着在浏览器打开 http://127.0.0.1:8080，即可查看可视化结果。高维数据降维展示示例如图 5-19 所示。

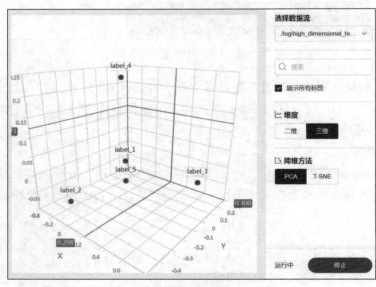

图 5-19 高维数据降维展示示例

VisualDL 可视化面板支持展示特定打点数据、搜索展示特定数据标签或展示所有数据标签、2D 或 3D 展示高维数据分布、可选择 PCA 或 T-SNE 作为数据降维方式等操作。

### 7. 直方图

Histogram 组件以直方图形式展示 Tensor（weight、bias、gradient 等）数据在训练过程中的变化趋势，可帮助开发者深入了解模型的各层效果，精准调整模型结构。

Histogram 组件的接口定义如下。

```
add_histogram(tag, values, step, walltime = None, buckets = 10)
```

Histogram 组件接口参数说明见表 5-8。

表 5-8 Histogram 组件接口参数说明

| 参数 | 格式 | 含义 |
| --- | --- | --- |
| tag | string | 记录指标的标志，例如 train/loss，不能含有 % |
| values | numpy.ndarray or list | 以 ndarray 或 list 格式表示的数据 |
| step | int | 记录的步数 |
| walltime | int | 记录数据的时间戳，默认为当前时间戳 |
| buckets | int | 生成直方图的分段数，默认为 10 |

以下示例代码展示了如何使用 Histogram 组件可视化数据。

```python
from visualdl import LogWriter
import numpy as np

if __name__ == '__main__':
    values = np.arange(0, 1000)
    with LogWriter(logdir = "./log/histogram_test/train") as writer:
        for index in range(1, 101):
            interval_start = 1 + 2 * index / 100.0
            interval_end = 6 - 2 * index / 100.0
            data = np.random.uniform(interval_start, interval_end, size = (10000))
            writer.add_histogram(tag = 'default tag',
                                values = data,
                                step = index,
                                buckets = 10)
```

运行上述程序后，在 Anaconda 控制台执行以下命令。

```
visualdl --logdir ./log --port 8080
```

在浏览器输入 http://127.0.0.1:8080，即可查看训练参数直方图。直方图可视化示例如图 5-20 所示。

VisualDL 可视化面板支持数据点 Hover 展示参数值、训练步数、频次、搜索卡片标签、展示目标直方图、搜索打点数据标签，展示特定数据流。

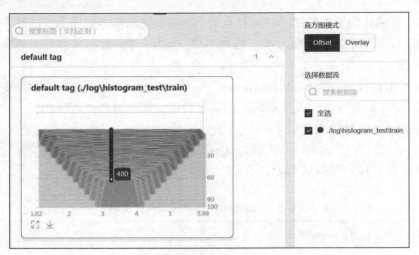

图 5-20　直方图可视化示例

### 5.3.4　VisualDL.service

VisualDL.service 是 VisualDL 可视化结果保存服务，以链接形式将可视化结果保存下来，方便用户快速、便捷地进行托管与分享。

① 确保 VisualDL 已升级到最新版本，如未升级，请使用以下命令进行升级。

```
pip install visualdl -upgrade
```

② 上传需保存/分享的日志/模型文件。

```
visualdl service upload --logdir ./log  --model ./__model__
```

其中，"__model__"代表深度学习网络模型名称，例如，"yolo-tiny.h5"。在 Anaconda 命令行运行上述命令，执行 VDL.service 命令返回的信息如图 5-21 所示。

图 5-21　执行 VDL.service 命令返回的信息

③ VDL.service 将返回一个 URL，访问该 URL 即可查看可视化结果。

# 第 6 章　音频数据可视化

在日益发达的信息化社会中，用数字化的方法进行音频信号处理是整个数字化通信网络中重要的组成部分。随着现代科学技术的发展，音频信号处理系统日臻完善，并已逐步融入我们的日常生活中。

音频信号处理的主要目的是得到某些声音特征参数，以便更高效地进行传输或存储。同时，音频信号通过处理运算，也可以用于某种特殊用途，例如语音识别、说话人识别、语种识别、语音前端处理（包括但不限于语音增强、语音分离、回声抵消、麦克风阵列信号处理等）、语音编码及语音合成等。在音频信号处理过程中，音频可视化是一种最为常见的数据分析手段。它使我们不仅可以听到声音，还可以"看"到声音，从而获得更直观的信息。

## 6.1　音频信号简介

### 6.1.1　音频信号的物理性质与信号采集

声音是一种由物体振动引发的物理现象，例如人讲话时声带的振动，弹古筝时琴弦的振动等。物体的振动引起周围介质（通常为空气）的振动，并以波的形式向四周传播，人耳接收到后就听到了声音，所以声音是听觉对声波的感知。确定声波这一物理性质后，会引出两个概念：周期（频率）和振幅。振幅反映了声音波形从波峰到波谷的变化及声波所携带的能量多少。对振幅的主观感受是音量的大小，高振幅波形的声音较大，低振幅波形的声音较小。频率反映的是 1 秒内的声波变化周期，即单位时间内声波的振动次数。对频率的主观感受是声音的音调，频率越高则音调越高。

根据声音的物理性质，我们只需将振动信号记录下来就可实现声音的记录。计算机并不使用波形来记录声音，而是使用一串离散的数字信号来表示频率和振幅。

声音采集录制过程示意如图 6-1 所示。话筒采集到声音信号之后将会通过一个模/数转换器将其中的模拟音频信号转换成离散的数字信号。

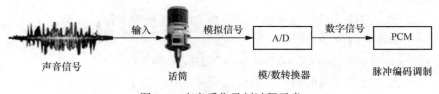

图 6-1　声音采集录制过程示意

首先，声波通过空气传播到话筒的振膜，振膜振动产生相应的模拟信号。然后，通过模/数转换器将模拟信号转换为数字信号。最后，通过脉冲编码调制（PCM）技术对连续变化的模拟信号进行采样、量化、编码，转换成离散的数字信号，至此就实现了计算机对声音信号的采集。在音频文件中，PCM格式的文件保存的是转换后的原始音频数据，文件内容中没有附加的文件头和文件结束标志。

## 6.1.2 数字音频信号的量化与存储

### 1. 音频信号的量化

通过话筒对音频进行采集并转化的过程实际上是将音频数字化的过程。数字音频信号通常可以利用采样率、采样位数、声道数3个参数来量化表示。

采样率也称为采样速率或采样频率，指的是每秒从连续的模拟信号中提取并组成离散信号的声音样本个数，它用赫兹（Hz）来表示。采样频率越高，声音的质量也就越好，声音的还原度也就越真实，但同时它占的资源也比较多。因为人耳的分辨率非常有限，太高的频率并不能被分辨出来。采样频率的倒数称为采样周期或采样时间，它是采样的时间间隔。奈奎斯特定理指出，采样频率必须大于被采样信号带宽的两倍。例如，信号的带宽是50 Hz，那么为了避免混叠现象，采样频率必须大于100 Hz。换句话说，采样频率必须至少是信号中最大频率分量频率的两倍，否则就不能从信号采样中恢复原始信号。从理论上来说，采样率大于40 kHz的音频格式都可以被称为无损格式。

采样位数也称为采样大小，可以将其理解为采集卡处理声音的解析度。这个数值越大，解析度就越高，录制和回放的声音就越真实。计算机中的声音文件是用数字0和1来表示的，所以录音的本质就是把模拟声音信号转换成数字信号。反之，在播放时则是把数字信号还原成模拟声音信号并输出。采集卡的位是指采集卡在采集和播放声音文件时所使用的数字信号的二进制位数。采集卡的位数客观地反映了数字信号对输入声音信号描述的准确程度。8位（8 bit）代表2的8次方（256），16位（16 bit）则代表2的16次方（65536），也就是64 K。例如，对于一段相同的音乐信息，16 bit的声卡能将它分为64 K个精度单位进行处理，而8位声卡只能处理256个精度单位，造成了较大的信号损失，两者的最终采样效果自然无法相提并论。常见的音频采样位数有8 bit、16 bit、24 bit、32 bit等，数值越高，音质越好。

声道数也称为通道数，指的是同一时间采集或者播放的总音频信号个数。音频的采集和播放是可以叠加的，因此，可以同时从多个音频源采集声音，并分别输出到不同的扬声器，故声道数一般表示声音录制时的音源数量或回放时相应的扬声器数量，常见的有单声道和双声道，前者的声道数为1，后者的声道数为2。

### 2. 音频信号的存储

基于前文关于音频信号量化的阐述，一个PCM格式音频文件的存储大小就是采样位数、采样率、声道数和持续时间的累乘，具体如下。

音频数据大小(bit) = 采样率(Hz)×采样位数(bit)×声道数(n)×时长(s)

与音频文件大小息息相关的另一个概念是码率。所谓码率，是指每秒时间内的数据流量，单位是bit/s。码率越高，对声音的描述就越精细，音质的损失就越小，所得到的音质就越接近于原始声音。但同时也需要更大的存储空间来存放这些数据,也就是说,码率越高,相同大小的存储介质上可装载的音频时间就越短。

例如,双声道数字音频若采样频率为 44.1 kHz,每个采样点按 16 位量化,那么,其码率为 44.1 kbit/s×16×2=1.4112 Mbit/s。

在无损无压缩格式中(例如 WAV 格式),码率=采样率×采样位数×声道数。在有损压缩格式中(例如 MP3 格式),码率的计算便不是上述公式了,因为原始信息已经被破坏。码率描述了 1 秒钟该音频的信息量,因而音频文件总的大小是码率乘以总时长。我们听音乐时,歌曲所标识的 128 kbit/s、320 kbit/s 均为码率,其中 320 kbit/s 是 MP3 格式的最高码率,但和 44.1 kHz 采样率、16 位采样位数的 WAV 文件比起来(其双声道的码率 1411.2 kbit/s),存在很大差异。

音频文件被压缩后码率便发生了变化。无损压缩中的码率与音质无关,有损压缩中的码率和音质呈正相关。无损压缩指的是在无损格式之间的压缩(转换),无论压缩(转换)成什么格式,音质都是相同的,并且都能还原成最初的文件。我们通常所说的无损均指无损压缩,没有无损码率的说法。有损压缩指的是声音信息在压缩过程中发生了丢失,且所丢失的声音无法用采样率和位数表示出来,特点就是压缩后的文件变得很小,常在流媒体中使用。各种不同格式的压缩皆对应着不同的算法(或编码),播放时需要对应的解码器进行译码。

## 6.2 Python 音频处理工具简介

在利用 Python 进行音频数据分析处理时,可以用到诸多非常优秀的第三方库,例如,PyAudio、Librosa、Pydub、PyAudioAnalysis 等。下面,我们将一一介绍这几个常见的 Python 库及其安装和简单应用。

### 1. PyAudio

PyAudio 是跨平台音频 I/O 库 PortAudio 的 Python 语言版本。通过 PyAudio,用户可以轻松地使用 Python 在 Linux、Windows 及 macOS 等不同操作系统平台上进行录音、播放、生成 WAV 格式文件等操作。

PyAudio 的安装非常简单,打开 Anaconda 控制台,并直接输入以下命令即可。

```
pip install pyaudio -i 镜像源地址
```

安装完成后,我们可通过一个简单的例子来演示基于 PyAudio 实现的音频文件播放功能,对于其他功能,我们将在后续根据需要再进行介绍。示例代码如下。

```python
import pyaudio   #导入 PyAudio 库
import wave      #导入 Python 内置音频处理库 wave

CHUNK = 1024 #定义数据流块的大小
wavefile = wave.open(r'test.wav', 'rb') #以只读方式打开一个 WAV 格式文件
pa = pyaudio.PyAudio() #实例化一个 PyAudio 对象

#在设备上打开音频数据流
stream = pa.open(format = pa.get_format_from_width(wavefile.getsampwidth()), #采样位数
                 channels = wavefile.getnchannels(), #声道数
```

```
                    rate = wavefile.getframerate(),    #采样频率
                    output = True)   #指明该数据流用于输出, 即音频播放

data = wavefile.readframes(CHUNK)   #读取数据

#播放音频
while len(data: = wavefile.readframes(CHUNK)):
        stream.write(data)

#停止数据流
stream.close()

#关闭 PyAudio
pa.terminate()
```

PyAudio 实现音频播放的基本思路是从 WAV 格式音频文件中读取相应的数据并将其写入流中。PyAudio 对象通常只负责播放和录音,从音频文件中读取二进制数据,一般会用到 Python 内置音频处理库 wave 提供的 wave.open()方法。wave 不支持压缩/解压,但支持单声道、立体声音频文件的读取。使用 wave.open()方法打开一个文件读取/写入音频数据的格式如下。

```
wave.open(file, mode = None)
```

其中,file 为文件名称,mode 为文件打开模式,调用后返回一个 Wave_read Objects 或 Wave_write Objects。mode='rb'表示只读,mode='wb'表示只写。通常用在 with 语句中,当语句结束时,将自动执行 Wave_read_close()或 Wave_write_close()命令,即自动关闭文件。

2. Librosa

Librosa 是一个用于音频分析、处理的 Python 工具包,包括常见的音频读取、短时傅里叶分析、时频处理、幅度转换、特征提取、绘制音频相关图形等诸多功能。

安装 Librosa 最简单的方法是通过 pip 指令来实现,这将确保满足所有必需的依赖关系。打开 Anaconda 控制台,直接输入以下命令即可。

```
pip install librosa -i 镜像源地址
```

安装完成后,我们用一个简单的例子来演示基于 Librosa 读取 WAV 格式音频文件,并显示该音频文件所对应的时间序列及采样率等相关信息。对于 Librosa 的其他功能,我们将在后续根据需要再进行介绍。示例代码如下。

```
import librosa   #导入 Librosa 库
y, sr = librosa.load('demo.wav')   #载入一个示例音频文件
print(y)       #输出音频所对应的 float 类型的时间序列
print(sr)      #输出默认采样率 22050
y, sr = librosa.load(demo.wav', sr = None)
print(y)       #输出音频所对应的 float 类型的时间序列
print(sr)      #输出音频文件原始的采样率
y, sr = librosa.load(demo.wav', sr = 44100)
print(y)       #输出音频所对应的 float 类型的时间序列
print(sr)      #输出重新设定的采样率 44100
```

示例代码中主要用到了 Librosa 的 load()方法,用于读取音频文件。其函数原型如下。函数返回一个数组形式的音频时间序列及采样率。

```
librosa.load (path, sr = 22050, mono = True, offset = 0.0, duration = None)
```
参数说明如下。

① path：音频文件的路径。

② sr：采样率。默认采样率是 22050。如果设为"None"，则使用音频自身的采样率。

③ mono：bool 类型，表示是否将信号转换为单声道。

④ offset：float 类型，偏移量，表示在此时间之后开始读取（以秒为单位）。

⑤ duration：float 类型，持续时间，表示仅加载如此时长的音频（以秒为单位）。

运行上述示例代码，输出结果如下，从中可以看出示例音频文件的原始采样率为 96000。

```
[ 0.000000e+00   0.000000e+00   0.000000e+00 ... -6.136971e-07 -3.525131e-07
  0.000000e+00] 22050
[ 0.0000000e+00   0.0000000e+00   0.0000000e+00 ... -1.7881393e-07
 -1.1920929e-07 -5.9604645e-08] 96000
[ 0.0000000e+00   0.0000000e+00   0.0000000e+00 ... -7.3138358e-07
 -3.8278523e-07   0.0000000e+00] 44100
```

### 3. Pydub

Pydub 是 Python 的一个高级音频处理库，以毫秒（ms）为单位进行工作，主要用于 WAV 格式音频文件的读取、切片、增大或衰减音量、反向播放等相关操作。若使用非 WAV 格式的音频文件，则需安装 FFmpeg 工具。打开 Anaconda 控制台，在命令行中执行以下命令即可实现 Pydub 的在线安装。

```
pip install pydub -i 镜像源地址
```

FFmpeg 是一个开源的音视频转码工具，它提供了录制、转换及流化音视频的完整解决方案，可以转码、压缩、提取、截取、合并等。FFmpeg 分为 3 个版本——Static、Shared 及 Dev。前两个版本可以直接在命令行中使用，包含 3 个可执行文件——ffmpeg.exe、ffplay.exe、ffprobe.exe。Static 版本中的可执行文件较大，因为相关的动态链接库都已经编译到可执行文件中。Shared 版本的可执行文件相对较小，因为它们运行时，还需要到相关的动态链接库中调用相应的功能。Dev 版本用于开发，包含库文件"*.lib"及头文件"*.h"等。读者可根据自己计算机的硬件配置和需求，下载合适的版本。下载文件并解压后，将其中的 bin 目录添加至系统环境变量"Path"中。

打开系统控制台窗口，输入 ffmpeg 命令，若无出错信息，则表明配置成功。例如，将 WAV 格式的音频文件转换为 16000 采样频率、16 位采样位数、单声道的 PCM 格式音频文件，可通过执行以下命令来实现。

```
ffmpeg -y  -i test.wav  -acodec pcm_s16le -f s16le -ac 1 -ar 16000 output.pcm
```

其中，"test.wav"为输入文件，"output.pcm"为输出文件。二者之间为各种参数设置。FFmpeg 软件的更多使用方法可参照其官方网站，查阅详细技术文档。在 Python 中，调用 FFmpeg 需要借助 ffmpy3 工具包，可打开 Anaconda 控制台，在命令行中执行以下命令进行在线安装。

```
pip install ffmpy3 -i 镜像源地址
```

利用 Pydub 提供的功能对音频文件进行切分与组合的示例代码如下。对于 Pydub 的其他功能，我们将在后续根据需要再进行介绍。

```
from pydub.playback import play     #导入Pydub的play方法
from pydub import AudioSegment      #导入Pydub的音频切分处理模块
```

```
music1 = AudioSegment.from_wav("test.wav")  #载入 WAV 格式的音频文件
music2 = AudioSegment.from_mp3("test.mp3")  #载入 MP3 格式的音频文件
start = 5*1000  #定义文件切分起始位置为 5s
end = 20*1000   #定义文件切分结束位置为 20s
snippet1 = music1[start:end]  #根据定义的起止位置切分音频文件 test.wav
snippet2 = music2[45*1000:60*1000]  # 从 45~60s 的位置切分音频文件 test.mp3
combined_music = snippet1+snippet2  #组合两个音乐片段
play(combined_music)  #播放组合的音乐片段
```

通过 Pydub 的 AudioSegment 模块,可以实现对音频文件精确到毫秒级的切分操作,我们可以基于这一技术实现更复杂的音频数据编辑功能。Pydub 对于音频文件的读取有 3 种不同的方法:一是 AudioSegment.from_wav(),该方法主要用于载入 WAV 格式的文件;二是 AudioSegment.from_mp3(),该方法主要用于载入 MP3 格式的文件;三是 AudioSegment.from_file(),该方法用于载入所有 FFmpeg 支持的格式。例如,上述代码中的两个示例音频文件可通过以下语句实现。

```
music1 = AudioSegment.from_file("test.wav", format = "wav")   #载入 WAV 格式的音频文件
music2 = AudioSegment.from_file("test.mp3", format = "mp3")   #载入 MP3 格式的音频文件
```

上述代码中的 format 参数亦可默认,因为 WAV 和 MP3 格式皆属 FFmpeg 支持的音频文件格式。

### 4. PyAudioAnalysis

PyAudioAnalysis 是一个开源的 Python 库,涵盖了广泛的音频信号处理与数据分析任务,包括音频特征提取、音频分类器的训练和应用、使用有监督或无监督方法对音频流进行分割、对未知声音进行分类、训练和使用音频回归模型、可视化音频数据及分析内容相似性等。打开 Anaconda 控制台,在命令行中执行以下命令即可实现 PyAudioAnalysis 的在线安装。

```
pip install pyaudioanalysis -i 镜像源地址
```

为了能完全正常地使用 PyAudioAnalysis 库的所有功能,通常还需安装其他几个依赖工具,例如 Pydub、Eyed3、Hmmlearn 等。Pydub 在前文已经介绍过,不再赘述。Eyed3 库提供了读写 ID3 标签(MP3 音乐文件的信息标签包括曲名、演唱者、专辑、类别等)的功能,同时可检测 MP3 文件的头信息,包括比特率、采样频率和播放时间等。Hmmlearn 曾经是 scikit-learn 项目的一部分,现已单独分离出来,是在 Python 上实现隐马可夫模型的一个组件包。对于上述两个依赖库,在 Anaconda 控制台中执行以下命令即可实现在线安装。

```
pip install eye3d -i 镜像源地址
pip install hmmlearn -i 镜像源地址
```

音频特征提取是 PyAudioAnalysis 的一个主要功能。特征提取的目的是希望能够使用大量音频信号的底层特征来得到音频特征的高层表示,特征提取能够获得一组关于原始数据基本信息的特征。短期窗口是特征提取的重要概念,即音频信号的采样窗口很短,以至于音频信号被分为很短的片段,采样时可以选择重叠部分,以避免丢失一些连续性的信息。以下示例代码演示了如何载入一个音频文件并获取其采样率、总时长、短期特征矩阵及短期特征名称的过程。对于 PyAudioAnalysis 的其他功能,我们将在后续根据需要再进行介绍。

```
#导入 PyAudioAnalysis 的短期特征提取模块
```

```python
from pyAudioAnalysis import ShortTermFeatures as aF
#导入PyAudioAnalysis的音频I/O操作模块
from pyAudioAnalysis import audioBasicIO as aIO

#读取音频文件。sr表示采样率,即每秒取多少个样本,s是指原始音频文件所对应的样本Numpy数组
sr, s = aIO.read_audio_file("data/doremi.wav")
#总样本数/每秒样本个数 = 音频文件总时长(秒)
duration = len(s)/float(sr)

print(f'Sample Rate = {sr}') #输出音频原始采样率
print(f'Duration = {duration} seconds') #输出音频时长

'''
提取音频信号的短期特征值。
win和step分别代表窗口和步长,f为一个[68, ]的矩阵,fn为特征名称
'''
win, step = 0.050, 0.050
[f, fn] = aF.feature_extraction(s, sr, int(sr * win), int(sr * step))
print(f'{f.shape[1]} frames, {f.shape[0]} short-term features')
print('Feature names:')
for i, nam in enumerate(fn):
    print(f'{i}:{nam}') #输出特征名称
```

运行上述示例代码,输出结果如下,从中可以看出,示例音频文件的原始采样率为16000,音频总时长为8s左右。

```
Sample Rate = 16000
Duration = 8.01025 seconds
200 frames, 68 short-term features
Feature names:
0:zcr
1:energy
2:energy_entropy
3:spectral_centroid
4:spectral_spread
5:spectral_entropy
6:spectral_flux
7:spectral_rolloff
8:mfcc_1
9:mfcc_2
10:mfcc_3
…
61:delta chroma_7
62:delta chroma_8
63:delta chroma_9
64:delta chroma_10
65:delta chroma_11
66:delta chroma_12
67:delta chroma_std
```

示例中用到了两个重要的函数,其中read_audio_file()函数用于返回音频文件的采样

率及原始音频样本的 Numpy 数组，feature_extraction()函数则返回一个包含 68 个短期特征的矩阵及一个特征名称字符串列表。

### 5. Scipy

音频在本质上是一种波形信号，因此，一些功能较强的通用信号处理工具也可应用于音频信号的分析和处理，Scipy 就是这样一种常用的工具。Scipy 是一个广泛应用于数学、工程等领域的开源高级科学计算库，是基于 Numpy 构建的一个集成了多种数学算法和函数的 Python 模块，通过给用户提供一些高层的命令和类来实现数据操作与可视化。打开 Anaconda 控制台，在命令行中执行以下命令即可实现 Scipy 的在线安装。

```
pip install scipy -i 镜像源地址
```

下面示例利用 Matplotlib 绘制曲线方程 $y = \sin(2\pi x)$ 的信号波形，然后通过 scipy.signal.resample()对信号进行重采样，最后同时显示信号波形与采样点。示例代码如下。

```python
import numpy as np
import matplotlib.pyplot as plt
from scipy import signal  #导入信号处理模块

plt.rcParams['font.sans-serif'] = ['SimHei']     #设置中文字体显示
plt.rcParams['axes.unicode_minus'] = False       #设置正常显示负号

x = np.linspace(0, 5, 100) #定义 x 轴
y = np.sin(2*np.pi*x)  #定义曲线方程 y = sin(2πx)
y_resampled = signal.resample(y, 20)  #从信号波形上选取 20 个采样点
plt.plot(x, y) #绘制曲线
plt.plot(x[::5], y_resampled, 'b*') #画出采样点
plt.title('信号与重采样')
plt.xlabel('时间')  #x 轴标题
plt.ylabel('幅度')  #x 轴标题
plt.show()
```

运行上述示例代码，显示信号波形与采样点，如图 6-2 所示。

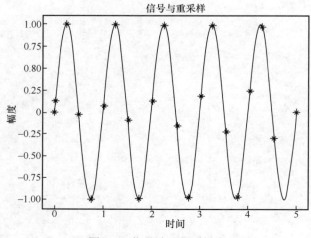

图 6-2　信号波形与采样点

## 6.3 音频信号处理与可视化

### 6.3.1 音频信号的载入与显示

音频数据分析的第一步通常是将音频文件载入计算机内存，然后通过不同的方法获取其中所包含的信息。音频文件的读取方法有多种，6.2 节已有不少介绍。下面，我们将通过几个简单的示例来演示使用不同的方法载入音频文件，并对其波形等相关信息进行可视化。

首先，我们使用内置音频处理库 wave 来实现音频文件的读取，然后通过 Matplotlib 模块进行音频数据的可视化，示例代码如下。

```
import wave
import matplotlib.pyplot as plt
import numpy as np

f = wave.open(r"test.wav", 'rb') #读取本地音频数据
params = f.getparams() #获取音频数据信息
#声道数、采样位数、采样频率、采样点数
nchannels, sampwidth, framerate , nframes = params [:4]

#readframes 方法用于读取声音数据，传递一个参数指定需要读取的长度（以采样点为单位）
#读取音频数据，返回 byte 类型的十六进制字符串，例如，b'\xff\xff\xff\x00\x00\xfe\x00\xff'
strData = f.readframes(nframes)

#将字符串转换为16位整数
waveData = np.fromstring(strData, dtype = np.int16)
f.close() #关闭打开的文件
waveData = waveData*1.0/(max(abs(waveData)))    #数据归一化
#通过数组变形及矩阵转置操作，将 waveData 由一维数组变成二维数组
waveData = np.reshape(waveData, [nframes, nchannels]).T

#计算音频时间
time = np.arange(0, nframes)*(1.0/framerate)

plt.rcParams['font.sans-serif'] = ['SimHei'] #设置中文字体显示
plt.rcParams['axes.unicode_minus'] = False     #设置正常显示负号
plt.plot(time, waveData[0]) #选取其中一个声道的数据进行可视化
plt.xlabel("时间(s)")
plt.ylabel("幅度")
plt.title("单声道数据")
plt.show()
```

运行上述示例代码，输出利用 wave 读取音频数据并可视化的结果，如图 6-3 所示。

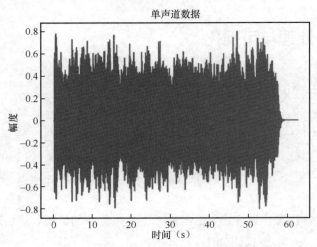

图 6-3 利用 wave 读取音频数据并可视化

利用 Librosa 载入音频文件，并以指定参数读取音频部分内容并显示该部分数据的波形，示例代码如下。

```
import matplotlib.pyplot as plt
import librosa
import librosa.display

#载入示例音频文件，并以单声道、指定采样率22050，从第2s偏移开始读取3.5s时长的内容
y, sr = librosa.load("test.wav", sr = 22050, mono = True, offset = 2, duration = 3.5)

#显示读取的部分音频内容数据所对应的波形文件
plt.figure(plt.figure(figsize = (10, 5)))
librosa.display.waveplot(y, sr = sr)
plt.show()
```

运行上述示例代码，输出利用 Librosa 读取音频数据并可视化的结果，如图 6-4 所示。

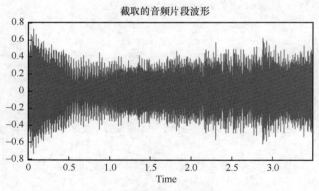

图 6-4 利用 Librosa 读取音频数据并可视化

利用 PyAudioAnalysis 读取音频文件并显示音频数据，其中对音频第一声道的完整数据进行可视化，对于第二声道只显示其前 10000 个采样点的波形。示例代码如下。

```
#导入PyAudioAnalysis的音频I/O操作模块
```

```python
from pyAudioAnalysis import audioBasicIO as aIO
import matplotlib.pyplot as plt
import numpy as np

#读取音频文件。sr 表示采样率，即每秒取多少个样本，s 是指原始音频文件所对应的样本 Numpy 数组
sr, s = aIO.read_audio_file("demo.wav")

stereo_wave = s.T #通过矩阵转置将音频文件对应的 Numpy 数组由两列变为两行，每行代表一个单声道

plt.rcParams['font.sans-serif'] = ['SimHei']  #设置中文字体显示
plt.rcParams['axes.unicode_minus'] = False    #设置正常显示负号

#显示音频第一声道波形数据
plt.figure(plt.figure(figsize = (10, 5)))
plt.plot(stereo_wave[0])  #显示第一声道波形
plt.xlabel("采样点")
plt.ylabel("幅度")
plt.title("第一声道数据")
plt.show()

#显示音频第二声道部分采样点的波形数据
plt.figure(plt.figure(figsize = (10, 5)))
plt.plot(stereo_wave[1][0:10000])  #显示第二声道前 10000 个采样点数据波形
plt.xlabel("采样点")
plt.ylabel("幅度")
plt.title("第二声道部分数据")
plt.show()
```

运行上述示例代码，输出利用 PyAudioAnalysis 读取音频数据并可视化的结果，如图 6-5 所示。

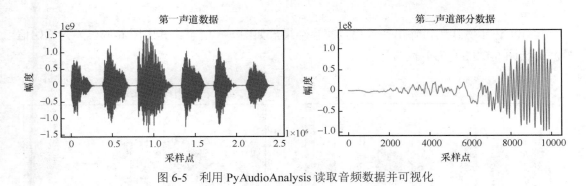

图 6-5 利用 PyAudioAnalysis 读取音频数据并可视化

## 6.3.2 音频数据扩充

数据扩充，也称为数据扩增，在许多领域都有着广泛的应用。在机器视觉领域，数据扩

充是经常使用的一种技巧,通过图像平移、翻转、尺度变换、添加随机噪声等来提升计算机视觉系统的表现能力。在深度学习领域,数据扩增也非常重要,它可以增加训练样本的数量,同时可在一定程度上缓解模型过拟合,提高模型的泛化能力,还可以扩展样本空间。在音频数据处理过程中,数据扩充主要通过剪裁、旋转、调音等方式实现。

信号的剪裁是指从原始音频信号中截取一段数据然后保存下来。以下示例首先利用 librosa.load() 方法读取音频原始信息并显示其信号波形,然后通过 Scipy 的 write() 方法将截取的音频片段数据写入文件,最后读取这部分数据并显示相应波形。示例代码如下。

```python
import librosa
from scipy.io import wavfile
import matplotlib.pyplot as plt
import librosa.display

plt.rcParams['font.sans-serif'] = ['SimHei']    #设置中文字体显示
plt.rcParams['axes.unicode_minus'] = False      #设置正常显示负号

y, sr = librosa.load("./audio/demo.wav")        #读取示例音频

#显示原始信号波形
plt.figure(figsize = (10, 5))
plt.title("原始信号波形")
librosa.display.waveplot(y, sr = sr)  #绘制信号波形
plt.show()

wavfile.write("./audio/demo_clip.wav", sr, y[10*sr:15*sr])  #剪裁原音频的第10~15秒并保存

#显示剪裁信号波形
plt.figure(figsize = (10, 5))
plt.title("剪裁信号波形")
librosa.display.waveplot(y[10*sr:15*sr], sr = sr1)
plt.show()
```

运行上述示例代码,输出音频信号剪裁结果,如图 6-6 所示。其中图 6-6(a)为原始信号波形,图 6-6(b)为剪裁信号波形。

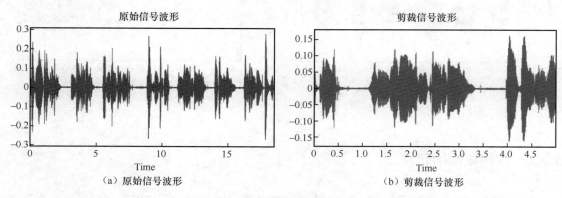

图 6-6　音频信号剪裁示例

对音频信号的剪裁也可用 Pydub 的 audioSegment()方法，以实现精确到毫秒级的切分操作。示例代码可参见 6.2 节。

音频信号的旋转通常是将代表音频数据的数组沿着给定轴方向滚动一定的长度。该操作可以通过 numpy.roll()函数来实现，其函数原型如下。

```
numpy.roll(a, shift, axis = None)
```

参数说明如下。

① a：数组类型，表示输入数组。

② shift：int 类型或 int 元组类型，表示滚动的长度，如果是元组，则轴参数的维度应该与 shift 维度一致。

③ axis：滚动的维度。0 为垂直滚动，1 为水平滚动。默认情况下，即参数为 None 时，数组在移位之前会被扁平化，之后会恢复原始形状。

实现音频旋转操作的示例代码如下。

```
import librosa
import librosa.display
import numpy as np
from scipy.io import wavfile
import matplotlib.pyplot as plt

plt.rcParams['font.sans-serif'] = ['SimHei']        #设置中文字体显示
plt.rcParams['axes.unicode_minus'] = False          #设置正常显示负号

#读取音频，y 为代表音频数据的数组，sr 为采样率
y, sr = librosa.load("./audio/demo.wav")

#显示原始信号波形
plt.figure(figsize = (10, 5))
plt.title("原始信号波形")
librosa.display.waveplot(y, sr = sr)
plt.show()

y = np.roll(y, sr*10)  #音频旋转操作。先进行数据扁平化，然后水平滚动 sr*10 个位置
wavfile.write("./audio/demo_roll.wav", sr, y)      #写入音频

#显示旋转信号波形
plt.figure(figsize = (10, 5))
plt.title("旋转信号波形")
librosa.display.waveplot(y1, sr = sr1)
plt.show()
```

运行上述示例代码，输出音频信号旋转结果，如图 6-7 所示。其中图 6-7（a）为原始信号波形，图 6-7（b）为旋转信号波形。

调音操作一般是指对代表音乐数据的数组按照指定参数进行调整。该操作可以通过 OpenCV 中的 resize()函数来实现，其函数原型如下。

```
cv2.resize(src, dsize, dst = None, fx = None, fy = None, interpolation = None)
```

参数说明如下。

① src：数组类型，表示输入数组。

② dsize：输出数组大小，以元组方式表示。

③ dst：输出数组。

④ fx：沿 x 轴缩放的比例因子。

⑤ fy：沿 y 轴反向缩放的比例因子。

⑥ interpolation：插值方式，有以下 5 种方式——双线性插值（cv2.INTER_LINER）（默认）、最近邻插值（cv2.INTER_NEAREST）、使用像素区域关系进行重采样（cv2.INTER_AREA）、4 像素×4 像素邻域的双 3 次插值（cv2.INTER_CUBIC）、8 像素×8 像素邻域的 Lanczos 插值（cv2.INTER_LANCZOS4）。

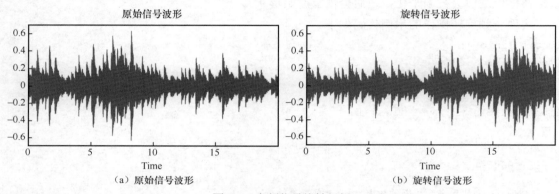

图 6-7 音频信号旋转示例

实现调音操作的示例代码如下。

```python
import librosa
import librosa.display
import cv2
from scipy.io import wavfile
import matplotlib.pyplot as plt

plt.rcParams['font.sans-serif'] = ['SimHei']          #设置中文字体显示
plt.rcParams['axes.unicode_minus'] = False            #设置正常显示负号

y, sr = librosa.load("./poem1.wav")                   #读取示例音频
ly = len(y)


N = 2.5 #调节因子
#代表音乐数据的数组通过resize默认插值方法扩增到原来的2.5倍，实现调音功能
y_tune = cv2.resize(y, (1, int(len(y)*N)))
#通过数据剪裁保持和原音乐一样的时长
lc = len(y_tune) - ly
y_tune = y_tune[int(lc / 2):int(lc / 2) + ly]
```

```python
#显示原始信号波形
plt.figure(figsize = (10, 5))
plt.title("原始信号波形")
librosa.display.waveplot(y, sr = sr)
plt.show()

wavfile.write("./audio/demo_tune.wav", sr, y_tune)    #写入音频

#显示调音信号波形
plt.figure(figsize = (10, 5))
plt.title("调音信号波形")
librosa.display.waveplot(y_tune.T, sr = sr)
plt.show()

plt.show()
```

运行上述示例代码,输出音频信号调音结果,如图 6-8 所示。其中图 6-8(a)为原始信号波形,图 6-8(b)为调音信号波形。播放调音后生成的音乐文件,听起来感觉音调更低、节奏更慢。若将程序中的调节因子 N 更改为小于 1 的数值,则调音后的音乐听起来音调更高、节奏更快。

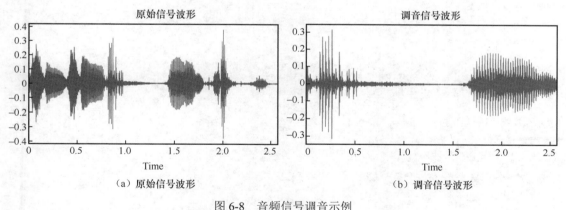

图 6-8  音频信号调音示例

## 6.3.3 音频数据增强

在音频的时域表示中,波形具有诸如音调、响度和音质等特性。数据增强主要是指在原有音频数据的基础上通过时移、时间拉伸、音高变换及添加噪声等操作来获得增强的音频信号。需要注意的是,我们在进行数据增强时,最好只做一些小改动,使增强数据和原数据存在较小的差异即可,切忌改变原有数据的结构,否则将产生"脏数据"。

向音频添加噪声有多种实现方式,其中最容易实现的是通过随机函数生成随机噪声数据,随机函数一般采用 numpy.random.randn(),然后与原始音频数据进行叠加,从而得到加噪后的音频信号。需要注意的是,在添加随机噪声时,要保留原始数据中的 0 值,否则,加噪后的音频听起来会有些刺耳。

判断作为音频数据的数组中元素是否为 0 可通过循环的方式来实现，但更快捷的操作是通过 numpy.where()函数来实现，其函数原型如下。

```
numpy.where(condition, [x, y])
```

参数说明如下。

① condition：必选参数，bool 类型。当值为 True 时，返回 x，否则返回 y。

② x：可选参数。

③ y：可选参数。

当函数只有一个参数时，该参数将作为条件。当条件成立时，numpy.where()函数将以元组的形式返回满足条件的元素在数组中的坐标。

实现音频加噪操作的示例代码如下。

```
import librosa
from scipy.io import wavfile
import numpy as np

y, sr = librosa.load("./test.wav")    #读取示例音频

#显示原始信号波形
plt.figure(figsize = (10, 5))
plt.title("原始信号波形")
librosa.display.waveplot(y, sr = sr)
plt.show()

#生成随机噪声
noise = np.random.randn(len(y))

#显示添加噪声的信号波形
plt.figure(figsize = (10, 5))
plt.title("噪声信号波形")
librosa.display.waveplot(noise, sr = sr)
plt.show()

#将噪声添加至原始音频信号上。当数据为 0 时，不需要添加噪声，即静音位置无须加噪
y = np.where(y! = 0.0, y + 0.02 * noise, 0.0)
wavfile.write("./audio/demo_noise.wav", sr, y)    #保存加噪后的信号

#显示添加噪声的信号波形
plt.figure(figsize = (10, 5))
plt.title("加噪信号波形")
librosa.display.waveplot(y, sr = sr)
plt.show()
```

运行上述示例代码，输出音频信号添加噪声的结果，如图 6-9 所示。其中图 6-9（a）为原始信号波形，图 6-9（b）为噪声信号波形，图 6-9（c）为添加噪声后的信号波形。从图中可以看出原始音频结尾属于静音部分，也就是数值为 0 的位置，按照示例程序中的设定，此部分不需要加噪，因此输出的加噪信号波形结尾依然是静音部分。

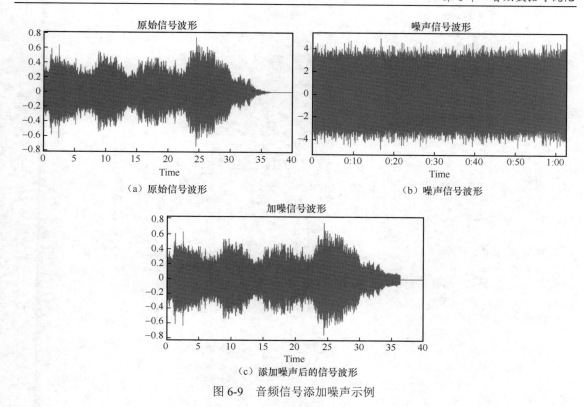

(a) 原始信号波形

(b) 噪声信号波形

(c) 添加噪声后的信号波形

图 6-9　音频信号添加噪声示例

音频的时移操作指的是随机将音频向左或向右移动。若将音频向左移动 $x$ 秒，则前 $x$ 秒将标记为 0（即静音）。如果将音频向右移动 $x$ 秒，最后 $x$ 秒将标记为 0。时移操作示例代码如下。

```
import librosa
import librosa.display
from scipy.io import wavfile
import matplotlib.pyplot as plt
import numpy as np

plt.rcParams['font.sans-serif'] = ['SimHei']    #设置中文字体显示
plt.rcParams['axes.unicode_minus'] = False      #设置正常显示负号

'''
定义一个时移操作函数，参数说明如下。
data: 音频数据。
sampling_rate: 采样率。
shift_max: 最大时移长度。
shift_direction: 时移方向，左或右
'''
def manipulate(data, sampling_rate, shift_max, shift_direction):
    shift = np.random.randint(sampling_rate * shift_max)  #时移长度(秒)
    if shift_direction == 'right':
        shift = -shift
    elif shift_direction == 'both':
        direction = np.random.randint(0, 2)
```

```
        if direction == 1:
            shift = -shift
    augmented_data = np.roll(data, shift)   #数据旋转操作

    #为音频开始或结尾部分设置静音
    if shift > 0:
        augmented_data[:shift] = 0          #音频开始静音
    else:
        augmented_data[shift:] = 0          #音频结尾静音
    return augmented_data

y, sr = librosa.load("./test.wav")          #读取示例音频

#显示原始信号波形
plt.figure(figsize = (10, 5))
plt.title("原始信号波形")
librosa.display.waveplot(y, sr = sr)
plt.show()

y = manipulate(y, sr, 20, "right")   #对音频进行向右时移20秒的操作
wavfile.write("./audio/ demo_time_shift.wav", sr, y)   #保存时移后的信号

#显示时移信号波形
plt.figure(figsize = (10, 5))
plt.title("时移信号波形")
librosa.display.waveplot(y, sr = sr)
plt.show()
```

运行上述示例代码，输出音频信号时移结果，如图 6-10 所示。其中，图 6-10（a）为原始信号波形，图 6-10（b）为时移信号波形。

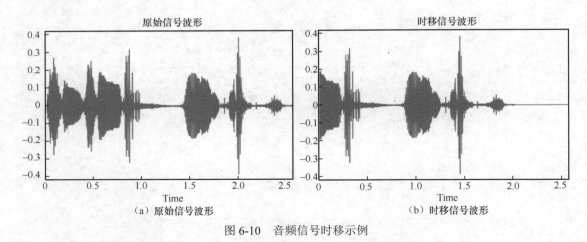

图 6-10　音频信号时移示例

时间拉伸也是常见的信号增强手段，即在不影响音高的情况下改变声音的速度/持续时间。该操作可通过 librosa.effects.time_stretch() 函数来实现。示例代码如下。

```
import numpy as np
```

```python
import librosa
import librosa.display
from scipy.io import wavfile
import matplotlib.pyplot as plt

plt.rcParams['font.sans-serif'] = ['SimHei']         #设置中文字体显示
plt.rcParams['axes.unicode_minus'] = False           #设置正常显示负号

def time_stretch(data, rate):
    '''
    data：音频时间序列
    rate：拉伸因子
    若 rate>1，加快速度
    若 rate<1，放慢速度
    '''
    return librosa.effects.time_stretch(data, rate)

y, sr = librosa.load('./demo.wav') #读取示例音频
#显示原始信号波形
plt.figure(figsize = (10, 5))
plt.title("原始信号波形")
librosa.display.waveplot(y, sr = sr) #绘制原始信号波形

y = time_stretch(y, rate = 2) #对原始信号波形进行时间拉伸

#显示拉伸后的波形
plt.figure(figsize = (10, 5))
plt.title("拉伸信号波形")
librosa.display.waveplot(y, sr = sr) #绘制拉伸后的波形
plt.show()
```

运行上述示例代码，输出波形时间拉伸结果，如图 6-11 所示。其中，图 6-11（a）为原始信号波形，图 6-11（b）为拉伸后的信号波形。我们在该示例中使用的拉伸因子大于 1，可以看出拉伸后的波形总时长明显小于原始信号时长。在音频内容长度一致的情况下，播放出来就是快进的效果，反之亦然。

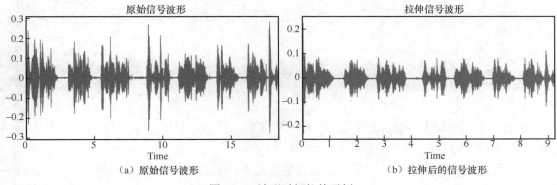

图 6-11 波形时间拉伸示例

音高变换指的是在不影响声音速度的情况下更改音高的过程。该操作可通过 librosa.effects.pitch_shift()函数来实现。示例代码如下。

```python
import numpy as np
import librosa
import librosa.display
from scipy.io import wavfile
import matplotlib.pyplot as plt

plt.rcParams['font.sans-serif'] = ['SimHei']   #设置中文字体显示
plt.rcParams['axes.unicode_minus'] = False     #设置正常显示负号

def pitch_shifting(data, sr, n_steps, bins_per_octave = 12):
    '''
    data: 音频时间序列
    sr: 音频采样率
    n_steps: 移动步数
    bins_per_octave: 每个八度音阶(半音)多少步
    '''
    #返回音高变换后的音频序列
    return librosa.effects.pitch_shift(data, sr, n_steps, bins_per_octave = bins_per_octave)

y, sr = librosa.load('./demo.wav')   #读取示例音频

#显示原始信号波形
plt.figure(figsize = (10, 5))
plt.title("原始信号波形")
librosa.display.waveplot(y, sr = sr)
plt.show()

#向上移三音（如果 bins_per_octave 为 12，则六步）
pitch_shift_data = pitch_shifting(y, sr, n_steps = 6, bins_per_octave = 12)

#显示音高变换后的信号波形
plt.figure(figsize = (10, 5))
plt.title("音高变换后的信号波形")
librosa.display.waveplot(pitch_shift_data, sr = sr)
wavfile.write("./audio/wave_pitch_shift.wav", sr, data_pitch)
plt.show()
```

运行上述示例代码，输出音高变换结果，如图 6-12 所示。其中，图 6-12（a）为原始信号波形，图 6-12（b）为音高变换后的信号波形。

播放移音后的语音文件，听起来会具有变声效果。利用音高变换这个特性可以实现很多有趣的应用。

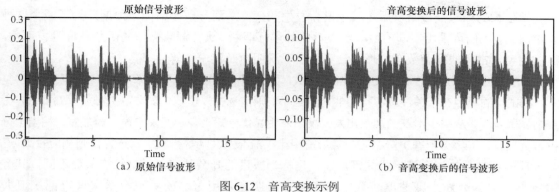

图 6-12 音高变换示例

## 6.3.4 音频信号分帧

音频信号处理经常要达到的一个目标,就是要了解信号中各频率成分的分布情况。傅里叶变换是处理这类任务的常用数学工具,傅里叶变换要求输入信号必须是平稳的。因此,在对音频信号进行处理时,为了减少信号整体的非稳态、时变的影响,我们需要对信号进行分帧处理。

信号分帧过程如图 6-13 所示。信号分帧时一般会涉及一个加窗操作,即将原始信号与一个窗函数相乘。当我们用计算机进行信号处理时,不可能对无限长的信号进行测量和运算,而是取其有限的时间片段进行分析。通常的做法是,从信号中截取一个时间片段,然后用截取的信号时间片段进行周期延拓处理,得到虚拟的无限长的信号,接着就可对信号进行傅里叶变换等相关数学处理。

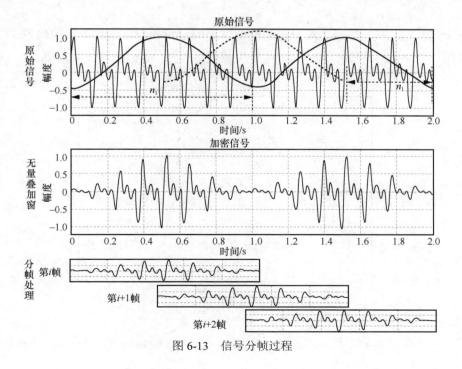

图 6-13 信号分帧过程

无限长的信号被截断以后，其频谱会发生畸变，从而导致频谱能量泄漏。为了减少这种能量泄漏，我们可采用不同的截取函数对信号进行截断。执行截断操作的函数被称为窗函数，简称为窗。常用的窗函数有矩形窗、三角窗、汉明窗及汉宁窗等。

汉宁窗也叫升余弦窗，是很有用的窗函数。如果测试信号有多个频率分量、频谱表现非常复杂、测试目的更多在于关注频率点而非能量大小，则需选择汉宁窗。汉宁窗主瓣加宽并降低，旁瓣则显著减小，从减少泄漏的观点出发，汉宁窗明显优于矩形窗。但汉宁窗主瓣加宽，相当于分析带宽加宽，频率分辨率下降，它与矩形窗相比，泄漏及波动等皆较小，选择性则相应较高。

汉明窗是用加权余弦形成的锥形窗，也称为改进的升余弦窗，只是加权系数不同，其旁瓣更小，但其旁瓣衰减速度较汉宁窗要慢。汉明窗是用著名的美国数学家理查德·卫斯里·汉明的名字来命名的，其定义如下。

$$w(n) = 0.54 - 0.46\cos\left(\frac{2\pi n}{M-1}\right) \quad (0 \leqslant n \leqslant M-1) \quad (6-1)$$

以下示例代码演示了如何利用 Numpy 生成汉明窗和汉宁窗。

```
import matplotlib.pyplot as plt
import numpy as np

hanWin = np.hanning(512)        #定义汉宁窗
hamWin = np.hamming(512)        #定义汉明窗
plt.plot(hanWin, "y-", label = "Hanning")        #绘制汉宁窗
plt.plot(hamWin, "b--", label = "Hamming")       #绘制汉明窗
plt.title("Hamming & Hanning window")
plt.ylabel("Amplitude")         #y轴名称
plt.xlabel("Sample")            #x轴名称
plt.legend()    #显示图例
plt.show()
```

运行上述示例代码，生成的汉宁窗与汉明窗如图 6-14 所示。其中，实线代表汉宁窗，虚线代表汉明窗。

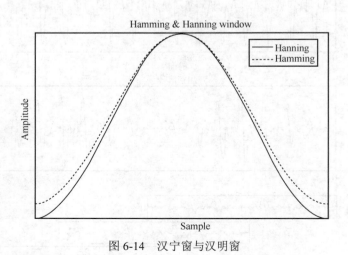

图 6-14　汉宁窗与汉明窗

信号加窗从数学本质上而言就是将原始信号与一个窗函数相乘。进行加窗操作之后，我

们就可以对信号进行傅里叶展开。加窗的代价是一帧信号的两端部分将会被削弱，原信号、窗函数与加窗后信号之间的关系如图 6-15 所示。所以，在进行信号分帧处理时，帧与帧之间需要有部分重叠。相邻两帧重叠后，其起始位置的时间差被称为帧移，即步长。

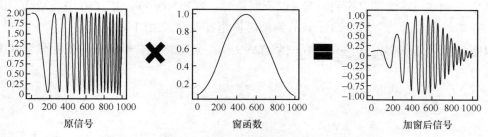

图 6-15　原信号、窗函数与加窗后信号之间的关系

以下代码为一个简单的信号加窗操作示例。

```
import numpy as np
import matplotlib.pyplot as plt    #导入图像处理工具包
import scipy.signal as signal      #导入信号处理工具包
x = np.linspace(0, 10, 1000)       #定义x轴样本分布。样本编号从0开始，总数为1000，间隔为10
originWav = np.sin(x**2)           #定义一个示例原信号 sin(x**2)
win = signal.hamming(1000)         #定义一个窗函数，这里用的是汉明窗
winFrame = originWav*win           #原信号与窗函数相乘得到加窗信号
#加窗操作结果可视化
plt.title("Signal Chunk with Hamming Window")
plt.plot(originWav)
plt.plot(win)
plt.plot(winFrame)
plt.legend()
plt.show()
```

运行上述示例代码，输出信号加窗结果，如图 6-16 所示。其中，蓝色波形为原信号，橙色波形为窗函数，绿色波形为加窗操作后的信号（彩色效果见电子配套资源）。

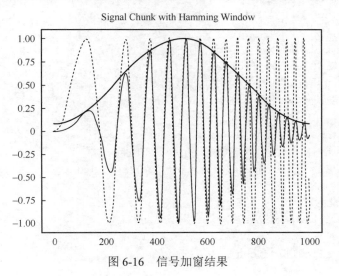

图 6-16　信号加窗结果

假设 $x$ 为语音信号，$w$ 为窗函数，则分帧信号见式（6-2）。

$$y(n) = \sum_{n=-(N/2)+1}^{N/2} x(m)w(n-m) \tag{6-2}$$

其中，$w(n-m)$ 为窗口序列。当 $n$ 取不同值时，窗口 $w(n-m)$ 沿 $x(m)$ 序列滑动。因此，$w(n-m)$ 是一个"滑动"的窗口。$y(n)$ 为短时傅里叶变换（SIFT）。

以下示例代码从指定文件夹读取一个音频文件，然后将该音频信号分帧并显示其中一个分帧信号的波形。

```python
import matplotlib.pyplot as plt
import matplotlib.pyplot as plt
import numpy as np
import wave
import scipy.signal as signal

plt.rcParams['font.sans-serif'] = ['SimHei']        #设置中文字体显示
plt.rcParams['axes.unicode_minus'] = False          #设置正常显示负号

def audioSignalFrame(signal, nw, inc):
    '''
    该函数用于将音频信号分帧，参数说明如下。
    signal: 原始音频信号。
    nw: 每一帧的长度(这里指采样点的长度，即采样频率乘以时间间隔)。
    inc: 相邻帧的间隔
    '''
    #信号总长度
    signal_length = len(signal)
    #若信号长度小于一个帧的长度，则帧数定义为1
    if signal_length<= nw:
        nf = 1
    #否则，计算帧的总长度
    else:
        nf = int(np.ceil((1.0*signal_length-nw+inc)/inc))
    
    #所有帧加起来总的铺平后的长度
    pad_length = int((nf-1)*inc+nw)
    #长度不够时使用0填补，类似于FFT中的扩充数组操作
    zeros = np.zeros((pad_length-signal_length, ))
    #填补后的信号
    pad_signal = np.concatenate((signal, zeros))
    #相当于对所有帧的时间点进行抽取，得到nf*nw长度的矩阵
    indices = np.tile(np.arange(0, nw), (nf, 1))+np.tile(np.arange(0, nf*inc, inc), (nw, 1)).T
    #将indices转化为矩阵
    indices = np.array(indices, dtype = np.int32)
    #得到帧信号
    frames = pad_signal[indices]
```

```python
    return frames

#定义一个函数用于读取音频文件
def readSignalWave(filename):
    f = wave.open(filename, 'rb')#读取本地音频数据
    params = f.getparams() #获取音频数据信息
    #声道数、采样位数、采样频率、采样点数
    nchannels , sampwidth , framerate , nframes = params [:4]
    strData = f.readframes(nframes)

    #将字符串转换为16位整数
    waveData = np.fromstring(strData, dtype = np.int16)
    f.close() #关闭打开的文件

    #数据归一化处理,把数据变成(0, 1)的小数
    waveData = waveData*1.0/(max(abs(waveData)))
    #通过矩阵转置方法,将waveData由一维数组变成二维数组,且表现为一行一组
    waveData = np.reshape(waveData, [nframes, nchannels]).T
    return waveData

def hamming(n): #根据式(6-1)定义汉明窗
    return 0.54 - 0.46 * np.cos(2 * np.pi / n * (np.arange(n) + 0.5))

if __name__ == '__main__':
    #读取示例音频文件
    data = readSignalWave(r"./demo.wav")
    #初始化每帧长度及帧间隔
    nw = 512
    inc = 128
    winfunc = signal.hamming(512)
    #对信号进行分帧
    Frame = audioSignalFrame(data[0], nw, inc)

    #显示原始信号
    plt.figure(figsize = (10, 5))
    plt.plot(data[0])
    plt.title("原始信号")
    plt.show()

    #显示第一分帧信号
    plt.figure(figsize = (10, 5))
    plt.plot(Frame[1])
    plt.title("第一分帧信号")
    plt.show()
```

运行上述示例代码,输出无加窗信号分帧结果,如图6-17所示。其中图6-17(a)为原始信号波形,图6-17(b)为第一分帧信号波形。

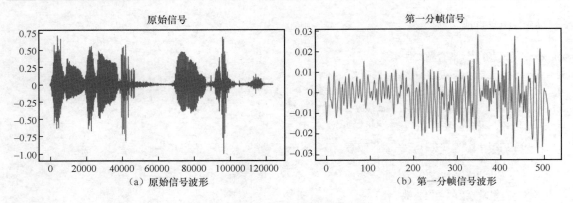

图 6-17 无加窗信号分帧示例

上面的代码中没有对信号进行加窗操作。若要执行信号加窗操作，只需对分帧函数 audioSignalFrame(signal, nw, inc)稍作修改，按照以下示例代码，重新定义。

```python
def audioSignalFrame_Win(signal, nw, inc, winfunc):
    '''
    该函数用于将音频信号分帧，有加窗功能，参数说明如下。
    signal: 原始音频信号。
    nw: 每一帧的长度（这里指采样点的长度，即采样频率乘以时间间隔）。
    inc: 相邻帧的间隔
    '''
    #信号总长度
    signal_length = len(signal)
    #若信号长度小于一个帧的长度，则帧数定义为1
    if signal_length< = nw:
        nf = 1
    #否则，计算帧的总长度
    else:
        nf = int(np.ceil((1.0*signal_length-nw+inc)/inc))
    #所有帧加起来总的铺平后的长度
    pad_length = int((nf-1)*inc+nw)
    #长度不够的使用 0 填补，类似于 FFT 中的扩充数组操作
    zeros = np.zeros((pad_length-signal_length, ))
    #填补后的信号
    pad_signal = np.concatenate((signal, zeros))
    #相当于对所有帧的时间点进行抽取，得到 nf*nw 长度的矩阵
    indices = np.tile(np.arange(0, nw), (nf, 1))+np.tile(np.arange(0, nf*inc, inc), (nw, 1)).T
    #将 indices 转化为矩阵
    indices = np.array(indices, dtype = np.int32)

    #得到帧信号
    frames = pad_signal[indices]
    #窗函数，这里默认取 1
    win = np.tile(winfunc, (nf, 1))
```

```
#返回加窗的帧信号矩阵
return frames*win
```

主程序对 audioSignalFrame_win() 函数的调用，因参数的增加需稍作以下调整，假设我们的窗函数为汉明窗。

```
winfunc = signal.hamming(nw)
Frame = enframe(data[0], nw, inc, winfunc)
```

除了用信号处理工具包提供的 hamming() 来定义窗函数，我们也可根据式（6-1），来自定义汉明窗函数，示例代码如下。

```
def hamming(n):
    return 0.54 - 0.46 * cos(2 * pi / n * (arange(n) + 0.5))
```

运行上述示例代码，输出加窗信号分帧结果，如图6-18所示。其中，图6-18（a）为原始信号波形，图6-18（b）为加窗信号波形，图6-18（c）为第一分帧信号波形。

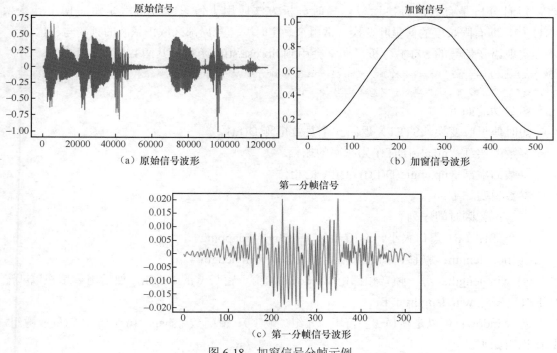

图6-18 加窗信号分帧示例

语音信号在进行分帧之前，一般需要进行一个预加重操作。语音信号的预加重，是为了对语音的高频部分进行加重，使信号变得平坦，保证在低频到高频的整个频带中能用同样的信噪比求频谱。同时，也为了消除发声过程中声带和口唇辐射效应，补偿语音信号受到发音系统所抑制的高频部分，增加语音的高频分辨率。

我们一般通过一阶有限长单位冲激响应（FIR）高通数字滤波器来实现预加重。FIR 滤波器以 $H(z)=1-az^{-1}$ 作为传递函数，其中 $a$ 为预加重系数，$0.9 < a < 1.0$。假设 $t$ 时刻的语音采样值为 $x(t)$，经过预加重处理后的结果为 $y(t) = x(t) - ax(t-1)$。$a$ 一般取默认值 0.95。

信号的预加重处理示例代码如下。

```
def preemphasis(signal, coeff = 0.95):
```

```
'''
对输入信号进行预加重,参数说明如下。
signal:要滤波的输入信号。
coeff:预加重系数,0表示无过滤,默认为0.95。
返回值:滤波信号
'''
return numpy.append(signal[0], signal[1:] - coeff * signal[:-1])
```

## 6.3.5 短时傅里叶分析

语音信号是最为常见的音频信号,然而语音波是一个非平稳过程,因此,适用于周期、瞬变或平稳随机信号的标准傅里叶变换不能用来直接处理语音信号。但是在一个较短的时间段(通常为 10~20 ms)内,可认为语音信号是平稳的,即具有短时平稳性,因此,对语音处理而言,短时分析是有效的解决途径。短时分析方法应用于傅里叶分析就是短时傅里叶变换(STFT),即有限长度的傅里叶变换,常用来确定时变信号局部区域正弦波的频率与相位。

实现语音信号的 STFT 分析,通常会用到 librosa.stft()函数,其函数原型如下。

```
librosa.stft(y, n_fft = 2048, hop_length = None, win_length = None, window = 'hann', center = True, pad_mode = 'reflect')
```

函数功能如下。

短时傅里叶变换(STFT)返回一个复数矩阵 D(f,t)。

复数的实部:np.abs(D(f,t))为频率的振幅。

复数的虚部:np.angle(D(f,t))为频率的相位。

参数说明如下。

① y:音频时间序列。

② n_fft:FFT 窗口大小,n_fft=hop_length+overlapping。

③ hop_length:帧移,如果未指定,则默认 win_length/4。

④ win_length:每一帧音频都由 window()加窗。窗长 win_length,然后用零填充以匹配 N_FFT。默认 win_length=n_fft。

⑤ window:可以是窗口(字符串、元组、数字)、窗函数(shape=(n_fft,))、向量或数组。具体说明如下。

- 窗口(字符串、元组或数字)。
- 窗函数,例如 scipy.signal.hamming。
- 长度为 n_fft 的向量或数组。

⑥ center:bool 值。

如果为 True,则填充信号 y,以使帧 D[:, t]以 y[t * hop_length]为中心。

如果为 False,则 D[:, t]从 y[t * hop_length]开始。

⑦ pad_mode:如果 center = True,则在信号的边缘使用填充模式。默认情况下,STFT 使用 reflection padding。

返回值:STFT 矩阵。

下面这个例子首先读取了 Librosa 自带的示例语音文件，然后对选取的部分语音信号进行短时傅里叶分析，最后显示了语音文件的频谱图。在短时傅里叶变换中，我们用到了 Scipy 中的汉明窗。

```
import numpy as np
import librosa
import matplotlib.pyplot as plt
import scipy.signal as signal

y, sr = librosa.load(librosa.util.example_audio_file())  #载入Librosa自带的示例语音文件
n_fft = 2048  #FFT 窗口大小
#对示例语音信号进行短时傅里叶变换
stft_matrix = np.abs(librosa.stft(y[0:2048], hop_length = n_fft+1, window = signal.hamming))
plt.figure(figsize = (10, 5))
plt.plot(stft_matrix)  #绘制示例语音信号频谱图
plt.show()
```

运行上述示例代码，输出语音信号短时傅里叶分析结果，如图 6-19 所示。

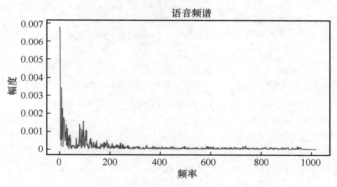

图 6-19　语音信号短时傅里叶分析结果

## 6.3.6　频谱图与声音语谱图

短时傅里叶变换的过程就是先对音频分帧，再分别对每一帧进行傅里叶变换。音频经短时傅里叶变换后，再对音频取幅值，可以得到音频的线性频谱。以下示例演示了对一个信号进行傅里叶变换，然后获取其单边频谱、双边频谱及零频点移动后的频谱。示例代码如下。

```
import numpy as np
from scipy.fftpack import fft, fftshift        #导入傅里叶变换处理相关模块
import matplotlib.pyplot as plt

plt.rcParams['font.sans-serif'] = ['SimHei']   #设置中文字体显示
plt.rcParams['axes.unicode_minus'] = False     #设置正常显示负号

N = 1024                                       #采样点数
sample_freq = 120                              #采样频率120Hz，大于两倍的最高频率
sample_interval = 1/sample_freq                #采样间隔
```

```python
signal_len = N*sample_interval                          #信号长度
t = np.arange(0, signal_len, sample_interval)  #定义时间变量

#示例信号
signal = 5 * np.sin(2 * np.pi * 30 * t) + 4* np.sin(2 * np.pi * 40 * t) + 3 * np.sin(2 * np.pi * 50 * t)
fft_data = fft(signal)  #对信号进行傅里叶变换


'''
在Python的计算方式中，FFT结果的直接取模和真实信号的幅值不一样。
对于非直流量的频率，直接取模幅值会扩大N/2倍，所以需要除以N乘以2。
对于直流量的频率（0Hz），直接取模幅值会扩大N倍，所以需要除以N
'''
double_side_spectrum = np.array(np.abs(fft_data)/N*2)     #计算双边谱
double_side_spectrum[0] = 0.5*double_side_spectrum[0]
N_2 = int(N/2)
single_side_spectrum = double_side_spectrum[0:N_2]        #计算单边谱
#使用fftshift将信号的零频移动到中间
double_side_spectrum_shift = fftshift(double_side_spectrum)

#计算频谱的频率轴
list_double_spec = np.array(range(0, N))
list_single_spec = np.array(range(0, int(N/2)))
list_shift = np.array(range(0, N))
freq_double = sample_freq* list_double_spec / N           #双边谱的频率轴
freq_single = sample_freq* list_single_spec / N           #单边谱的频率轴
freq_shift = sample_freq*list_shift/N-sample_freq/2       #零频移动后的频率轴

#绘制结果
plt.figure()
#原信号
plt.subplot(2,2,1)
plt.plot(t, signal)
plt.title('原始信号')
plt.xlabel('t/s')
plt.ylabel('幅度 ')
#双边谱
plt.subplot(2,2,2)
plt.plot(freq_double, double_side_spectrum)
plt.title('双边频谱')
plt.ylim(0, 6)
plt.xlabel('频率/Hz')
plt.ylabel('幅度')
#单边谱
plt.subplot(2,2,3)
plt.plot(freq_single, single_side_spectrum)
plt.title('单边频谱')
```

```
plt.ylim(0, 6)
plt.xlabel('频率/Hz')
plt.ylabel('幅度 ')
#移动零频后的双边谱
plt.subplot(2,2,4)
plt.plot(freq_shift, double_side_spectrum_shift)
plt.title('零频移动后的频谱')
plt.xlabel('频率/Hz')
plt.ylabel('幅度 ')
plt.ylim(0, 6)
plt.show()
```

运行上述示例代码,输出信号频谱可视化结果,如图 6-20 所示。其中图 6-20(a)为原始信号波形,图 6-20(b)为双边频谱,图 6-20(c)为单边频谱,图 6-20(d)为零频移动后的频谱。

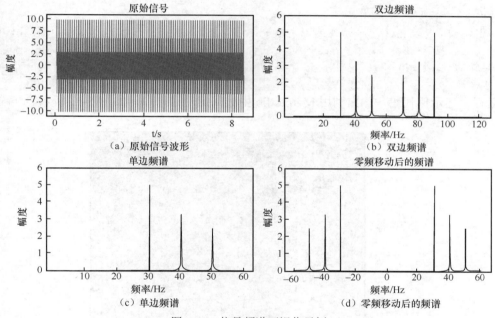

图 6-20 信号频谱可视化示例

获取音频数据的分帧信号之后,将频域变换取幅值,就可以得到语谱图,也叫作声谱图。语谱图的形成过程通常有以下几个步骤:信号预加重,对信号进行加窗分帧,对分帧信号进行短时傅里叶分析得到每帧信号的频谱图,对频谱图进行旋转、映射,将变换后的多帧频谱进行拼接。语谱图是语音频谱分析视图,是声音或其他信号的频率随时间变化时频谱的一种直观表示,是音频信号的"声纹"。每帧语音对应一个频谱,频谱表示频率与能量的关系。

语谱图是三维的,第一维横轴是时间,第二维纵轴是频率,第三维由每点的强度或颜色表示特定时间、特定频率的幅度,这些坐标点值也可看作语音数据的能量。由于采用二维平面表达三维信息,所以能量值的大小是通过颜色来表示的,颜色越深,表示该点的语音能量越强。语谱图这个概念的出现,是为了弥补频谱图丢失的时间维度的信息,故而增加了时间这一维度。

很多现有的 Python 工具包都集成了语谱图生成的功能，以下示例利用 matplotlib.pyplot.specgram()函数来实现语谱图的绘制，示例代码如下。

```python
import wave
import matplotlib.pyplot as plt
import numpy as np
import os

f = wave.open('./data/speech_music_sample.wav', 'rb')#载入示例音频信号
params = f.getparams() #获取信号参数
nchannels, sampwidth, framerate, nframes = params[:4]
strData = f.readframes(nframes)#读取音频,字符串格式
waveData = np.fromstring(strData, dtype = np.int16)#将字符串转化为int
waveData = waveData*1.0/(max(abs(waveData)))#wave 幅值归一化
waveData = np.reshape(waveData, [nframes, nchannels]).T
f.close()

#绘制语谱图
plt.specgram(waveData[0], Fs = framerate, scale_by_freq = True, sides = 'default')
plt.ylabel('频率/Hz')
plt.xlabel('时间/s')
plt.show()
```

运行上述示例代码，输出利用 Matplotlib 生成的信号语谱图，如图 6-21 所示。

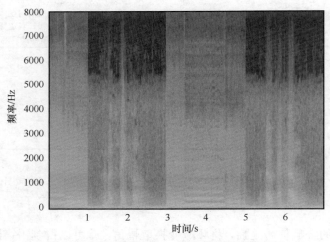

图 6-21　利用 Matplotlib 生成信号语谱图示例

我们也可以利用 librosa.display.specshow()函数来实现语谱图的绘制，示例代码如下。

```python
import librosa
import librosa.display
import matplotlib.pyplot as plt

plt.rcParams['font.sans-serif'] = ['SimHei']      #设置中文字体显示
plt.rcParams['axes.unicode_minus'] = False        #设置正常显示负号

y, sr = librosa.load('test2.wav')
```

```
X = librosa.stft(y)
Xdb = librosa.amplitude_to_db(abs(X))    #将幅度频谱转换为 dB 标度频谱,也就是对 X 取对数
librosa.display.specshow(Xdb, sr = sr)   #生成语谱图
plt.title('音频信号语谱图')
plt.xlabel('时间/s')
plt.ylabel('频率/Hz')
plt.show()
```

运行上述示例代码,输出利用 Librosa 生成的信号语谱图,如图 6-22 所示。

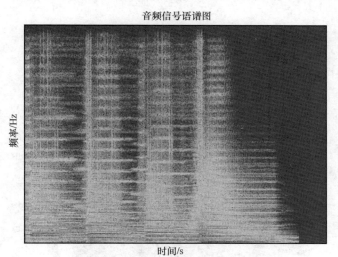

图 6-22　利用 Librosa 生成信号语谱图示例

对线性谱进行梅尔刻度的加权求和,就可得到语音识别和语音合成中常用的梅尔谱图。通常的语谱图频率是线性分布的,但是人耳对频率的感受并不是线性的,而是对低频段的变化更敏感,对高频段的变化相对迟钝,大致与声音频率的对数呈线性关系。因此,线性分布的语谱图无法很好地反映人耳的听觉特性,从而在特征提取上可能不够准确。相比之下,梅尔语谱图考虑了人耳对频率的感受特性,采用对数分布来描述频率,可更好地满足实际应用的需求。梅尔语谱图的纵轴频率和原频率经过以下公式换算。

$$mel(f) = 2595 \lg\left(1 + \frac{f}{700}\right) \qquad (6\text{-}3)$$

其中,$f$ 代表原本的频率,$mel(f)$ 代表转换后的梅尔频率,显然,当 $f$ 很大时,$mel(f)$ 的变化趋于平缓。

以下示例代码利用 librosa.feature.melspectrogram() 函数生成了梅尔语谱图(以梅尔刻度为纵轴),示例代码如下。

```
import numpy as np
import librosa
import librosa.display
import matplotlib.pyplot as plt

plt.rcParams['font.sans-serif'] = ['SimHei']    #设置中文字体显示
```

```
plt.rcParams['axes.unicode_minus'] = False        #设置正常显示负号
y, sr = librosa.load(librosa.util.example_audio_file(), sr = 16000)
mel_spect = librosa.feature.melspectrogram(y = y, sr = sr, n_fft = 2048, 
hop_length = 1024)
mel_spect = librosa.power_to_db(mel_spect, ref = np.max)
librosa.display.specshow(mel_spect);
plt.title("梅尔语谱图")
plt.xlabel('时间/s')
plt.ylabel('频率/Hz')
plt.colorbar(format = '%+2.0f dB');
plt.show()
```

运行上述示例代码,输出梅尔语谱图,如图 6-23 所示。

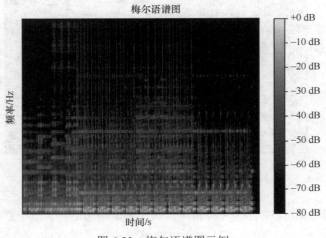

图 6-23　梅尔语谱图示例

## 6.3.7　音频特征值提取

特征值提取在模式识别领域是一种很常见的算法和手段。特征值看上去好像很陌生,但在我们日常生活中无处不在。我们使用的各种身份标志或者网络 ID,都可视为我们在不同系统中的特征值。例如,我们的身份证号码是一个由 18 位数字组成的特征值。正常情况下,通过该特征值,计算机对我们的身份进行识别的成功率是 100%。我们在微信、支付宝或E-mail 等系统登录所用的账号皆为特征值。这些各种类型的特征值组合在一起,构成了识别我们网络身份的一个特征向量。

梅尔倒谱系数(MFCC)在语音识别领域就是这样的一组特征向量,它通过对语音信号(频谱包络与细节)进行编码运算而得到。MFCC 有 39 个系数,其中包含 13 个静态系数、13 个一阶差分系数及 13 个二阶差分系数。这些系数都是通过对梅尔语谱系数进行离散余弦变换(DCT)计算而来的,相当于将频域的信号当成时域信号强行进行频域变换,得到的是频域信号在伪频域的幅频响应。13 个静态系数由 1 个帧能量或对数能量系数和 12 倒谱系数构成。帧能量可以用来区分语音帧和非语音帧。帧能量的值是该帧所有元素平方和的自然对数。差分系数则用来描述动态特征，也就是声学特征在相邻帧间的变化情况。

我们可以利用 librosa.feature.mfcc()函数来计算音频信号的 MFCC 系数，其函数原型如下。

```
librosa.feature.mfcc(y = None, sr = 22050, S = None, n_mfcc = 20, dct_type = 2,
norm = 'ortho')
```

参数说明如下。

① y：音频信号的时间序列。

② sr：采样频率，默认为 22050。

③ S：对数能量梅尔谱（默认为空）。

④ n_mfcc：返回梅尔倒谱系数的数量（默认为 20）。

⑤ dct_type：DCT 类型（默认为类型 2）。

⑥ norm：如果 DCT 的类型为 2 或 3，参数设置为'ortho'，使用正交归一化 DCT 基。归一化并不支持 DCT 类型为 1。

计算音频信号 MFCC 系数的示例代码如下。

```
import numpy as np
import sklearn
import librosa
import librosa.display
import matplotlib.pyplot as plt

plt.rcParams['font.sans-serif'] = ['SimHei']      #设置中文字体显示
plt.rcParams['axes.unicode_minus'] = False        #设置正常显示负号

y, sr = librosa.load(librosa.util.example_audio_file(), sr = 16000)
#获取 MFCC 系数，默认计算 20 个 MFCC
mfccs = librosa.feature.mfcc(y, sr = sr)
print(mfccs.shape)
#显示 MFCC 系数，每一行代表一个系数
librosa.display.specshow(mfccs, sr = sr, x_axis = 'time') #显示 MFCC 语谱图
plt.show()
```

运行上述示例代码，显示音频信号 MFCC 部分参数，如图 6-24 所示，而且在控制台显示（20, 1921），这意味着示例音频总共有 1921 帧，每帧计算出了 20 维特征。

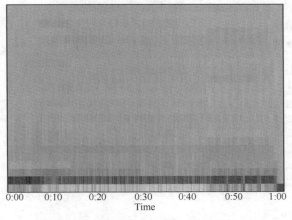

图 6-24　音频信号 MFCC 部分参数

我们还可以执行特征缩放，使每个系数维度具有零均值和单位方差。在上个示例基础上增加以下代码，运行代码，MFCC 特征缩放如图 6-25 所示。

```
mfccs = sklearn.preprocessing.scale(mfccs, axis = 1)        #系数维度缩放
librosa.display.specshow(mfccs, sr = sr, x_axis = 'time')   #显示MFCC语谱图
```

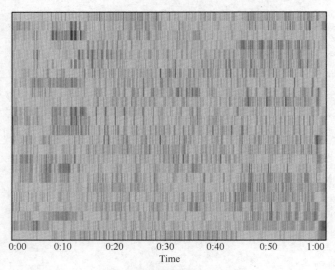

图 6-25　MFCC 特征缩放

音频信号除了 MFCC，还有过零率（ZCR）、频谱质心、频谱滚降点等特征值。

过零率用于描述声音的明亮程度，声音越明亮，过零率越高。因为声音信号是波形，所以过零率越高，频率则越高。该特征在语音识别和音乐信息检索中都被大量使用。对于音频信号中过零率的计算，可以采用 Librosa 工具包中的 zero_crossing_rate()函数来实现。其函数原型如下。

```
librosa.feature.zero_crossing_rate(y, frame_length = 2048, hop_length = 512,
center = True)
```

参数说明如下。

① y：音频时间序列。

② frame_length：帧长，int 类型，即过零率所在帧的长度。

③ hop_length：帧移，int 类型，即每帧向前移动的采样点数。

④ center：bool 类型，如果为 True，则通过填充 y 的边缘来将帧居中。

返回值：zcr[0, i]，指的是第 $i$ 帧中的过零率。

计算音频信号的过零率并显示过零率曲线的示例代码如下。

```
import numpy as np
import librosa
import matplotlib.pyplot as plt

plt.rcParams['font.sans-serif'] = ['SimHei']       #设置中文字体显示
plt.rcParams['axes.unicode_minus'] = False         #设置正常显示负号

y, sr = librosa.load('demo.wav')  #读取示例音频文件
```

```
zcrs_init = librosa.feature.zero_crossing_rate(y)  #计算音频每帧的过零率
plt.figure(figsize = (15, 5))
#将帧计数转换为时间
zcrs_times = librosa.frames_to_time(np.arange(len(zcrs_init[0])), sr = sr, hop_
length = 512)
#绘制原始信号波形
librosa.display.waveplot(y, sr = sr, alpha = 0.7)
#绘制过零率曲线
plt.plot(zcrs_times, zcrs_init[0], label = '过零率', lw = 3, color = 'orange', ls = '--')
plt.legend()
plt.show()
```

运行上述示例代码，显示音频波形与过零率曲线，如图 6-26 所示。其中，虚线为过零率曲线，其波峰对应音频信号的高频部分，波谷对应音频信号低频部分。

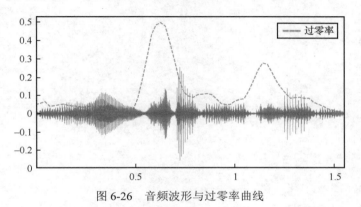

图 6-26　音频波形与过零率曲线

频谱质心表示音频的质心位于何处，为音频中存在的频率的加权平均值，又称为频谱一阶矩。频谱质心值越小，表明越多的频谱能量集中在低频范围内。假设有两首歌曲，一首属于蓝调类型，另一首是金属类型。与同等长度的蓝调歌曲相比，金属类型歌曲在接近尾声的位置频率更高。因此，蓝调歌曲的频谱质心位于频谱中间位置附近，而金属歌曲的频谱质心则靠近频谱末端。

频谱质心的计算可采用 librosa.feature.spectral_centroid()函数来实现，其函数原型如下。

```
librosa.feature.spectral_centroid(y, sr = 22050, S = None, n_fft = 2048, hop_length = 512,
freq = None, win_length = None, window = 'hann', center = True, pad_mode = 'constant')
```

常用参数说明如下。

① y：音频时间序列。

② sr：采样率（默认为 22050）。

③ S：谱图幅度（可选）。

④ n_fft：FFT 窗口大小（默认 2048）。

⑤ hop_length：相邻 STFT 列之间的音频样本数（默认 512）。

⑥ freq：语谱图的中心频率。

⑦ window：加窗函数（默认使用汉宁窗）。

⑧ center：bool 值。若为 True，则填充信号 y，使帧 t 以 y[t*hop_length]为中心。若为 False，则帧 t 从 y[t*hop_length]开始。

⑨ pad_mode：若 center=True，则在信号边缘使用填充模式。默认情况下，STFT 使用零填充。返回值为质心频率。

计算频谱质心并沿原信号波形绘制出频谱质心曲线的示例代码如下。

```python
import numpy as np
import sklearn
import librosa
import librosa.display
import matplotlib.pyplot as plt

plt.rcParams['font.sans-serif'] = ['SimHei']    #设置中文字体显示
plt.rcParams['axes.unicode_minus'] = False      #设置正常显示负号

#导入示例音频数据
y, sr = librosa.load('./scifiopen.wav')

#计算频谱质心
spectral_centroids = librosa.feature.spectral_centroid(y, sr = sr)[0]

#计算可视化的时间变量
frames = range(len(spectral_centroids))
t = librosa.frames_to_time(frames, sr = sr)

#定义一个数据归一化函数，使数据可视化效果更好
def normalize(x, axis = 0):
    return sklearn.preprocessing.minmax_scale(x, axis = axis)

#沿着原始波形绘制频谱质心
librosa.display.waveplot(y, sr = sr)
plt.plot(t, normalize(spectral_centroids), color = 'r', ls = '--')
plt.show()
```

运行上述示例代码，输出信号波形与频谱质心曲线，如图 6-27 所示。从图中可以看出，唢呐与笛子的频谱质心较高，而钢琴与管风琴的频谱质心则较低，这与我们的主观听觉基本一致，即唢呐和笛子的音色较为明亮。四者的时域波形看上去也有较大差别。

频谱滚降点也称为频谱能量值或频谱衰减值，是指频谱总能量达到规定百分值（例如 85%）时对应的截止频率，或者说是总频谱能量的特定百分比所在的频率。频谱滚降点是描述频谱波形的一种方式，这一特征值目前被广泛用于区分语音和音乐。

频谱滚降点的计算可采用 librosa.feature.spectral_rolloff()函数来实现，其函数原型如下。

```
librosa.feature.spectral_rolloff(y = None, sr = 22050, S = None, n_fft = 2048, hop_length = 512, win_length = None, window = 'hann', center = True, pad_mode = 'constant', freq = None, roll_percent = 0.85)
```

参数说明如下。

① y：音频时间序列。

② sr：采样率（默认为 22050）。
③ S：语谱图幅度（可选）。
④ n_fft：FFT 窗口大小（默认 2048）。
⑤ hop_length：相邻 STFT 列之间的音频样本数（默认 512）。
⑥ win_length：窗口的长度。如果未指定，则默认为 win_length=n_fft。音频每帧都由指定的窗口函数进行加窗操作。
⑦ window：加窗函数（默认使用汉宁窗）。
⑧ center：bool 值。若为 True，则填充信号 y，使帧 t 以 y[t*hop_length]为中心。若为 False，则帧 t 从 y[t*hop_length]开始。
⑨ pad_mode：若 center=True，则在信号边缘使用填充模式。默认情况下，STFT 使用零填充。
⑩ freq：语谱图的中心频率。
⑪ roll_percent：滚降百分比（默认 0.85）。返回值为每帧的滚降频率。

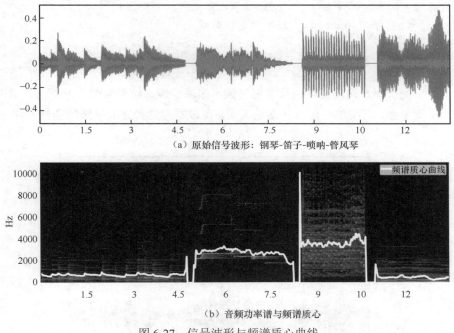

(a) 原始信号波形：钢琴-笛子-唢呐-管风琴

(b) 音频功率谱与频谱质心

图 6-27 信号波形与频谱质心曲线

计算滚降点并沿原信号波形绘制出频谱滚降曲线的示例代码如下。需要注意的是，在这个例子中，示例音频文件是通过采集一段钢琴曲及一段人声混合剪辑而成的，二者有一定间隔。

```
import numpy as np
import sklearn
import librosa
import librosa.display
import matplotlib.pyplot as plt

plt.rcParams['font.sans-serif'] = ['SimHei']   #设置中文字体显示
```

```
plt.rcParams['axes.unicode_minus'] = False         #设置正常显示负号

#定义一个数据归一化函数，使数据可视化效果更好
def normalize(x, axis = 0):
    return sklearn.preprocessing.minmax_scale(x, axis = axis)

y, sr = librosa.load('./mix_music_voice.wav')  #读取音频数据

#计算频谱滚降矢量
spectral_rolloff = librosa.feature.spectral_rolloff(y, sr = sr)[0]

#计算可视化的时间变量
frames = range(len(spectral_rolloff))
t = librosa.frames_to_time(frames)

#沿着原始信号波形绘制频谱滚降曲线
plt.figure(figsize = (16, 6))
librosa.display.waveplot(y, sr = sr)
plt.plot(t, normalize(spectral_rolloff), ls = '--')
plt.legend(["原始波形", "滚降曲线"])
plt.title("频谱滚降示例", fontsize = 10)
plt.show()
```

运行上述示例代码，输出音频信号波形与频谱滚降曲线，结果如图6-28所示。图中前半部分信号波形是钢琴曲，后半部分信号波形是人声，可以看出二者之间的滚降曲线有明显的区别。

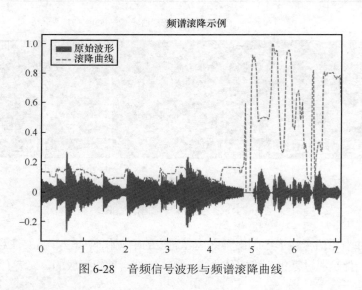

图6-28　音频信号波形与频谱滚降曲线

## 6.4　音乐数据动态可视化

音乐是一种最常见的音频，它是按照时间组织起来的一种有规律的声波。音乐的基本要素包括强弱、音调、时长、音色等。音乐的可视化就是要将其优美动听的旋律所对应的声波

特性展示出来。我们下面讨论如何将音乐数据通过一定的技术手段进行动态展示。

## 6.4.1 音乐波形动态可视化

音乐是一种声波，其波形是连续的，而且整体上是起伏的，这些波形起伏正说明了音乐所代表的音量变化。此外，波形的频率也是变化的，表现在波形随着时间变化所呈现出来的疏密分布。

下面，我们将通过一个简单的例子来演示如何动态显示一个给定音乐文件的波形特征。其基本原理：首先从音乐文件中读取数据，接着通过循环按照所设定的步长获取一系列音乐片段，然后对这些数据片段进行快速傅里叶变换以获取其对应的频率数据，最后将这些频率分布数据通过 Matplotlib 绘制成一系列图像，并按照设定的文件名保存在指定目录下。示例代码如下。

```python
import sys, os
import matplotlib.pyplot as plt
from numpy import *
from tqdm import tqdm
from scipy.io import wavfile

wavefile = 'demo.wav'  #示例音乐文件
sample_rate, sig = wavfile.read(wavefile)  #读取音乐数据

step_length = sample_rate//10              #设置步长为采样率的1/10
overlap_length = step_length//10           #设置重叠区域宽度为步长的1/10

save_path = './GIF'                        #指定一个存放波形数据图片的目录
if not os.path.isdir(save_path):           #如果不存在就创建一个
    os.makedirs(save_path)
pic_files = os.listdir(save_path)          #获取目录中的文件列表

#删除目录中已有的文件
for f in pic_files:
    fn = os.path.join(save_path, f)
    if os.path.isfile(fn):
        os.remove(fn)

pic_number = 300 #设置生成图像的个数

#通过循环取样来获取音乐数据片段并进行后续处理
for id, i in tqdm(enumerate(range(pic_number))):
    startid = i * overlap_length          #采样点起始位置
    endid = startid + step_length         #采样点结束位置
    musicdata = sig[startid:endid, 0] #选取第一个声道中起始点和结束点中间的音乐数据

    plt.clf() #清除当前图像
    plt.figure(figsize = (10, 5)) #设置画布宽高比
    plt.plot(musicdata, label = 'Start:%d'%startid)  #设置图例，显示每幅图像的起始采样点位置
```

```
    plt.xlabel("采样点")    #设置 x 轴标题信息
    plt.ylabel("幅度")      #设置 y 轴标题信息
    plt.axis([0, step_length, -15000, 15000]) #设置 y 轴坐标范围
    plt.grid(True)  #显示网格线
    plt.legend(loc = 'upper right') #图例显示在右上角
    plt.tight_layout()  #自动调整子图参数,使之填充整个图像区域
    savefile = os.path.join(save_path, '%03d.jpg'%id) #生成文件名 001.jpg、002.jpg……
    plt.savefig(savefile)  #将文件保存至指定目录
    plt.close()
```

运行上述代码,将在程序当前目录下生成一个名为 GIF 的子目录及一系列(本例中总数为 240)以数字序列命令的文件——000.jpg、001.jpg、002.jpg……239.jpg。

利用强大的 FFmpeg 工具对上述代码所生成的一系列图片进行合成,命令如下。

```
ffmpeg -y -framerate 24 -i GIF\%03d.jpg -c:v libx264 -r 24 -pix_fmt yuv420p "wave Demo.mp4"
```

ffmpeg 命令中的参数-y 表示对输出文件进行覆盖,-framerate 指定了图片的帧率,-i 指定了输入图片的文件名(示例中的图片文件名按照顺序命名为 001.jpg、002.jpg 等),-c:v libx264 指定了视频的编码格式(该参数也可用 vcodec 代替),-r 指定了视频的帧率,-pix_fmt yuv420p 则指定了视频的格式。

执行上述命令,即可在当前目录下生成一个名为"waveDemo.mp4"的视频文件,动态显示音乐波形示例如图 6-29 所示。该视频可参见本书配套的电子资源。

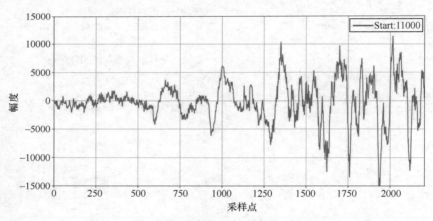

图 6-29  动态显示音乐波形示例

在循环选取音乐片段数据生成图片的过程中,我们设置了相邻片段之间的数据重叠,这样一来,它们之间的画面变换就不会显得过于突兀,生成的视频看起来也会更为平滑。合成视频时选取的帧率是 24 帧/s,这也是流畅视频(电影、电视等)通常采用的标准。

## 6.4.2  音乐频谱动态可视化

频谱是频率谱密度的简称,是频率的分布曲线。音乐频谱就是声音的频率数据。声音频率就是声音每秒振动的次数,用赫兹(Hz)表示,频率越高,音高越高。

以下示例将动态呈现给定音乐文件的频谱特征。其基本原理是先从音乐文件中读取数据，接着通过循环按照所设定的步长获取一系列音乐片段，然后对这些数据片段进行快速傅里叶变换以获取其对应的频率数据，最后将这些频率分布数据通过 Matplotlib 绘制成一系列图像，并按照设定的文件名保存在指定目录下。示例代码如下。

```python
import sys, os
import matplotlib.pyplot as plt
from numpy import *
from tqdm import tqdm
from scipy.io import wavfile

wavefile = 'demo.wav' #示例音乐文件
sample_rate, sig = wavfile.read(wavefile) #读取音乐数据

save_path = './Animation' #指定一个存放波形数据图片的目录
if not os.path.isdir(save_path): #如果不存在就创建一个
    os.makedirs(save_path)
pic_files = os.listdir(save_path) #获取目录中文件列表

#删除目录中已有的文件
for f in pic_files:
    fn = os.path.join(save_path, f)
    if os.path.isfile(fn):
        os.remove(fn)

step_length = sample_rate//10      #设置步长
overlap_length = step_length//10 #设置重叠区域宽度
pic_number = 240 #设置生成图片的数量
startf = 20       #设置 x 轴频率分布起始值
endf = 250       #设置 x 轴频率分布终止值

#通过循环取样来获取音乐数据片段并进行后续处理
for id, i in tqdm(enumerate(range(pic_number))):
    startid = i * overlap_length    #采样点起始位置
    endid = startid + step_length #采样点结束位置
    
    #选取第 2 个声道中起始点和结束点中间的音乐数据
    musicdata = list(sig[startid:endid, 1])
    #通过快速傅里叶变换获取音乐频谱数据，并根据步长进行量化
    signal_fft = abs(np.fft.fft(musicdata))/step_length
    fft_x = linspace(startf, endf, endfid-startfid) #生成信号的 x 轴，以频率为维度
    
    plt.clf() #清除当前图像
    plt.figure(figsize = (10, 6)) #设置画布宽高比
    #按照设定参数显示的幅频特征图
    plt.plot(fft_x, signal_fft[startfid:endfid], linewidth = 3, label = 'Start:%d'%startid)
    plt.xlabel("频率/Hz") #设置 x 轴标题信息
    plt.ylabel("幅度") #设置 y 轴标题信息
```

```
    plt.axis([startf, endf, 0, 1500])  #设置y轴显示范围
    plt.grid(True)  #显示网格
    plt.legend(loc = 'upper right')  #在右上位置显示图例
    plt.tight_layout()  #自动调整子图参数，使之填充整个图像区域
    savefile = os.path.join(save_path, '%03d.jpg'%id)  #生成文件名001.jpg、002.jpg……
    plt.savefig(savefile)  #保存文件至指定目录
    plt.close()
```

运行上述代码，将在程序当前目录下生成一个名为 Animation 的子目录及一系列（本例中总数为240）以数字序列命令的文件——000.jpg、001.jpg、002.jpg……239.jpg。

同样，我们利用 FFmpeg 工具对上述代码所生成的一系列图片进行合成，命令如下。

```
ffmpeg -y -framerate 24 -i Animation\%03d.jpg -c:v libx264 -r 24 -pix_fmt yuv420p "FreqDist.mp4"
```

执行命令，即可在当前目录下生成一个名为"FreqDist.mp4"的视频文件，动态显示音乐频谱特征示例如图 6-30 所示。该视频可参见本书配套的电子资源。

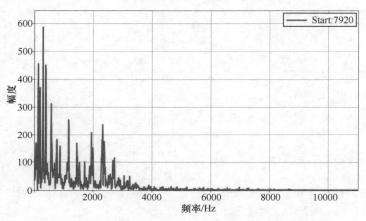

图 6-30　动态显示音乐频谱特征示例

除了用上述方法间接生成音频信号的动态频谱，我们还可以利用 Pygame 模块用更直接的方式来实现。Pygame 是一个跨平台的 Python 库，通常用于创建 2D 游戏。它具有许多重要功能，例如碰撞检测、音频处理（包括声音处理和音乐处理）、图像渲染以及事件处理等。打开 Anaconda 控制台，在命令行中执行以下命令即可实现 Pygame 的在线安装。

```
pip install pygame -i 镜像源地址
```

以下示例也是通过傅里叶变换获取音频文件的频谱数据，不同的是它不生成一系列图片然后合成，而是直接通过循环的方式在读取音频数据流的同时，利用 pygame.draw.rect() 函数绘制不同形状的矩形，其中，矩形高度代表频率的大小，以实现动态绘制频谱的效果。示例代码如下。

```
import warnings
warnings.simplefilter("ignore", DeprecationWarning)  #防止出现警告
import pyaudio
import wave

import numpy as np
```

```python
import pygame, random
from pygame.locals import *

CHUNK = 1024 #设置缓冲流大小

wf = wave.open("test1.wav", 'rb')#以只读的方式打开文件

#创建播放器
p = pyaudio.PyAudio()
#打开数据流, output = True 表示音频输出
stream = p.open(format = p.get_format_from_width(wf.getsampwidth()),
                channels = wf.getnchannels(), #设置声道数
                rate = wf.getframerate(), #设置流的频率
                output = True)

data = wf.readframes(CHUNK)#音频数据初始化

pygame.init()#pygame 初始化
screen = pygame.display.set_mode((640, 480))#窗口大小
pygame.display.set_caption('动态音乐频域显示')#设置窗口标题
pygame_icon = pygame.image.load(r'icon.png') #设置默认 icon
pygame.display.set_icon(pygame_icon)

#循环直到音频流播放完
while data ! = '':
    stream.write(data)  #播放缓冲流的音频
    data = wf.readframes(CHUNK) #更新 data
    #把 data 由字符串以十六进制的方式转变为数组
    numpydata = np.fromstring(data, dtype = np.int16)
    transforamed = np.real(np.fft.fft(numpydata)) #使用傅里叶变换获取实数部分

    screen.fill((0, 0, 0))#清空屏幕

    #定义循环中的退出机制
    for event in pygame.event.get():
        if event.type == QUIT: #单击右上角的"×",终止主循环
            pygame.quit()
            sys.exit()
        elif event.type == KEYDOWN:
            if event.key == K_ESCAPE: #按下"Esc"键,终止主循环
                pygame.quit()
                sys.exit()

    count = 25 #设置间隔区
    width = 15 #设置矩形显示宽度

    #从频域中的 2048 个数据中每隔 count 个数据选取一条
    for n in range(0, transforamed.size, count):
```

```
                height = abs(int(transforamed[n]/10000))  #取整和绝对值
                pitch = 10*height  #设置频率条柱高度,以达到更佳的显示效果
                left = (width+5)*n/count  #定义频率条柱左边位置

                if(left>640):  #若频率条柱超出画面范围则将其限定在画面以内
                    left = left-640

                freq_rect = (left, 0, width, pitch)  #定义频率条柱,包括起始位置、宽度、高度等参数
                pygame.draw.rect(screen, (0, 255, 0), freq_rect)   #绘制频率条柱
                pygame.display.flip()     #更新屏幕

stream.stop_stream()
stream.close()
#关闭流
p.terminate()
```

运行上述示例代码,弹出一个窗口,即可看到其中随着音乐旋律动态显示的频谱条柱,如图 6-31 所示。动态演示效果可参见本书配套的电子资源。

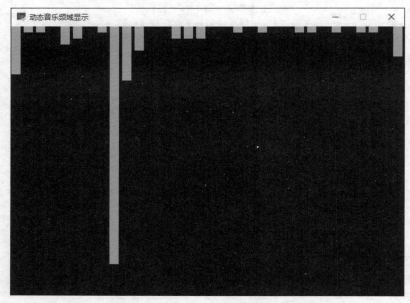

图 6-31　动态显示音乐频谱特征示例

# 第 7 章 财经数据可视化

人类对视觉数据信息的响应和处理速度是最快的，远超其他信息类型。通过以图形方式直观、动态地显示数据，可以用简单的视觉效果快速传递相关数据信息。金融领域存在着大量多维度的各种复杂数据，直接查看这些数据往往难以理解，那些动态变化的实时数据更为复杂。但是，通过使用图表、动画等数据可视化手段展示这些数据，将会获得出乎意料的良好效果。

Python 工具在财经数据分析与可视化方面有着广泛的应用，例如常用的图表绘制模块 Matplotlib、pandas 等。此外，还有许多专门用于财经数据分析的工具，例如 Mplfinance 等。

## 7.1 常用的财经数据接口

工欲善其事，必先利其器。在进行数据分析之前，我们通常需要准备好数据集及相关工具。数据的来源有多种方式，例如，从专业网站下载或直接联机获取。在财经数据特别是证券交易数据的在线提取方面，pandas-datareader、AKShare 等几个 Python 模块使用起来非常方便。

### 7.1.1 pandas-datareader

pandas-datareader 是一款开源的第三方 Python 工具库，主要用于从世界各地不同的组织机构在线获取数据。在 Anaconda 控制台执行以下命令即可实现 pandas-datareader 的在线安装。

```
pip install pandas-datareader -i 镜像源地址
```

安装完成后，我们通过几个简单的例子来演示其远程数据获取功能。首先，我们通过它提供的 get_nasdaq_symbols() 函数从纳斯达克获取上市公司的股票代码、公司名称等相关信息。示例代码如下。

```
import pandas_datareader as pdr
nasdaq = pdr.nasdaq_trader.get_nasdaq_symbols()
print(nasdaq)
```

运行上述示例代码，返回一个 pandas DataFrame 格式的数据，Nasdaq API 返回数据如图 7-1 所示。

| | Nasdaq Traded | Security Name | Listing Exchange | Market Category | ETF | Round Lot Size | Test Issue |
|---|---|---|---|---|---|---|---|
| Symbol | | | | | | | |
| A | True | Agilent Technologies, Inc. Common Stock | N | | False | 100.0 | False |
| AA | True | Alcoa Corporation Common Stock | N | | False | 100.0 | False |
| AAA | True | Investment Managers Series Trust II AXS First …… | P | | True | 100.0 | False |
| AAAU | True | Goldman Sachs Physical Gold ETF Shares | Z | | True | 100.0 | False |
| AAC | True | Ares Acquisition Corporation Class A Ordinary …… | N | | False | 100.0 | False |
| …… | …… | …… | …… | …… | …… | …… | …… |
| ZXYZ.A | True | Nasdaq Symbology Test Common Stock | Q | Q | False | 100.0 | True |
| ZXZZT | True | NASDAQ TEST STOCK | Q | G | False | 100.0 | True |
| ZYME | True | Zymeworks Inc. - Common Stock | Q | Q | False | 100.0 | False |
| ZYNE | True | Zynerba Pharmaceuticals, Inc. - Common Stock | Q | G | False | 100.0 | False |
| ZYXI | True | Zynex, Inc. - Common Stock | Q | Q | False | 100.0 | False |

11626 rows × 11 columns

图 7-1 Nasdaq API 返回数据

以下示例基于 pandas_datareader 的 get_data_fred()函数，通过两行代码显示了美国政府债券的 10 年期固定收益率。

```
import pandas_datareader as pdr
pdr.get_data_fred('GS10')
```

运行上述示例代码，结果如下。

```
            GS10
DATE
2018-04-01  2.87
2018-05-01  2.98
2018-06-01  2.91
2018-07-01  2.89
……
2022-10-01  3.98
2022-11-01  3.89
2022-12-01  3.62
2023-01-01  3.53
2023-02-01  3.75
```

pandas_datareader 中的 data()函数用于从互联网远程在线提取各种数据到 pandas DataFrame 中。目前支持的数据源包括 World Bank、OECD、Eurostat、Nasdaq Trader symbol definition、MOEX、Stooq、Naver Finance、Enigma 等。

以下示例代码用于在线获取特斯拉 2017 年 1 月 1 日至今的股票数据。示例代码如下。

```
import pandas_datareader.data as web
import datetime
#获取数据的时间段-起始时间
start = datetime.datetime(2017, 1, 1)
#获取数据的时间段-结束时间
end = datetime.date.today()
#获取特斯拉 2017 年 1 月 1 日至今的股票数据
stock = web.DataReader('TSLA', 'stooq', start, end)
```

```
#查看股票信息，包括时间、开盘价、最高价、最低价、收盘价、交易量等
print(stock)
```

运行上述示例代码，结果如下。显示的股票数据信息包括时间（Date）、开盘价（Open）、最高价（High）、最低价（Low）、收盘价（Close）、交易量（Volume）等。

```
Date          Open        High        Low         Close       Volume
2023-03-14    177.3100    183.8000    177.1401    183.2600    143717897
2023-03-13    167.4550    177.3500    163.9100    174.4800    167790256
2023-03-10    175.1300    178.2900    168.4400    173.4400    191488872
2023-03-09    180.2500    185.1800    172.5124    172.9200    170023794
2023-03-08    185.0400    186.5000    180.0000    182.0000    151897763
...           ...         ...         ...         ...         ...
2017-01-09    15.2647     15.4613     15.2000     15.4187     58693575
2017-01-06    15.1287     15.3540     15.0300     15.2673     81965850
2017-01-05    15.0947     15.1653     14.7967     15.1167     87832155
2017-01-04    14.3167     15.2000     14.2873     15.1327     166881135
2017-01-03    14.3240     14.6887     14.0640     14.4660     82936545
```

## 7.1.2 AKShare

AKShare 是一个免费的、开源的 Python 财经数据接口包，主要实现对股票、期货、期权、基金、外汇、债券、指数、加密货币等金融产品的基本面数据、实时和历史行情数据、衍生数据从数据采集、清洗加工到数据存储的过程。它能够为金融分析人员提供快速、整洁和多样的便于分析的数据，为他们在数据获取方面极大地减轻工作量，使他们更加专注于策略和模型的研究与实现工作。

AKShare 的特点是获取的是相对权威的财经数据网站公布的原始数据，通过利用原始数据进行各数据源之间的交叉验证，再进行加工，从而得出科学的结论。

在 Anaconda 控制台执行以下命令，即可实现 AKShare 的在线安装。

```
pip install akshare -i 镜像源地址
```

安装完成后，打开 Python 解释器，用以下命令查看其当前版本。

```
>>> import akshare
>>> print(akshare.__version__)
1.9.10
```

AKShare 提供了非常丰富的数据获取 API，下面我们将用几个简单的示例来演示如何通过这些 API 获取我们感兴趣的数据。

首先，我们来看一下财富世界 500 强公司近两年的排名状况，示例代码如下。

```
import akshare as aks        #导入 AKShare
aks.fortune_rank()  #获取财富世界 500 强公司历年排名
```

运行上述示例代码，显示财富世界 500 强公司排名，如图 7-2 所示。

查看上海证券交易所-每日股票情况，示例代码如下。

```
import akshare as aks            #导入 AKShare
aks.stock_sse_deal_daily()   #上海证券交易所-每日股票情况
```

| | 排名 | 上年排名 | 公司名称/中文 | 营业收入/百万美元 | 利润/百万美元 | 国家 |
|---|---|---|---|---|---|---|
| 0 | 1 | 1 | 沃尔玛 (WAL-MART STORES) | 485651.0 | 16363 | 美国 |
| 1 | 2 | 3 | 中国石油化工集团公司 (SINOPEC GROUP) | 446811.0 | 5177 | 中国 |
| 2 | 3 | 2 | 荷兰皇家壳牌石油公司 (ROYAL DUTCH SHELL) | 431344.0 | 14874 | 荷兰 |
| 3 | 4 | 4 | 中国石油天然气集团公司 (CHINA NATIONAL PETROLEUM) | 428620.0 | 16359.5 | 中国 |
| 4 | 5 | 5 | 埃克森美孚 (EXXON MOBIL) | 382597.0 | 32520 | 美国 |
| ... | ... | ... | ... | ... | ... | ... |
| 495 | 496 | 492 | 第一资本金融公司 (Capital One Financial) | 23877.0 | 4428 | 美国 |
| 496 | 497 | 488 | AntarChile公司 (AntarChile) | 23846.5 | 509.2 | 智利 |
| 497 | 498 | 489 | 罗尔斯·罗伊斯公司 (Rolls-Royce Holdings) | 23785.3 | 113.6 | 英国 |
| 498 | 499 | 400 | 科斯莫石油 (COSMO OIL) | 23734.6 | -707 | 日本 |
| 499 | 500 | 310 | 武汉钢铁(集团)公司 (WUHAN IRON & STEEL) | 23720.9 | 54.5 | 中国 |

500 rows × 6 columns

图 7-2　财富世界 500 强公司排名

运行上述示例代码，显示上海证券交易所–每日股票情况，如图 7-3 所示。

| | 单日情况 | 股票 | 主板A | 主板B | 科创板 | 股票回购 |
|---|---|---|---|---|---|---|
| 0 | 市价总值 | 4.673899e+05 | 4.195312e+05 | 8.197700e+02 | 4.703896e+04 | NaN |
| 1 | 平均市盈率 | 1.613000e+01 | 1.503000e+01 | 1.318000e+01 | 5.663000e+01 | NaN |
| 2 | 成交量 | 3.986900e+02 | 3.908600e+02 | 3.200000e-01 | 7.510000e+00 | NaN |
| 3 | 成交金额 | 4.286150e+03 | 3.945420e+03 | 1.750000e+00 | 3.389800e+02 | NaN |
| 4 | 报告日期 | 2.022033e+07 | 2.022033e+07 | 2.022033e+07 | 2.022033e+07 | NaN |
| 5 | 挂牌数 | 2.115000e+03 | 1.665000e+03 | 4.600000e+01 | 4.040000e+02 | NaN |
| 6 | 换手率 | 9.170000e-01 | 9.404000e-01 | 2.136000e-01 | 7.206000e-01 | NaN |
| 7 | 流通市值 | 3.979793e+05 | 3.783818e+05 | 6.851200e+02 | 1.891239e+04 | NaN |
| 8 | 流通换手率 | 1.077000e+00 | 1.042700e+00 | 2.556000e-01 | 1.792400e+00 | NaN |

图 7-3　上海证券交易所–每日股票情况

查看中国独角兽公司名单，示例代码如下。

```
import akshare as aks      #导入AKShare
aks.nicorn_company() ()    #获取独角兽公司名单
```

运行上述示例代码，显示中国独角兽公司名单，如图 7-4 所示。

| | 序号 | 公司 | 地区 | 行业 | 子行业 |
|---|---|---|---|---|---|
| 0 | 1 | 蚂蚁金服 | 浙江 | 金融 | 金融综合服务 |
| 1 | 2 | 字节跳动 | 北京 | 文娱传媒 | 媒体及阅读 |
| 2 | 3 | 阿里云 | 浙江 | 企业服务 | IT基础设施 |
| 3 | 4 | 滴滴 | 北京 | 汽车交通 | 交通出行 |
| 4 | 5 | 陆金所 | 上海 | 金融 | 理财 |
| ... | ... | ... | ... | ... | ... |
| 225 | 226 | 返利网 | 上海 | 电子商务 | 电商解决方案 |
| 226 | 227 | 一起教育科技 | 上海 | 教育 | K12 |
| 227 | 228 | 微鲸科技 | 上海 | 硬件 | 消费电子 |
| 228 | 229 | Momenta | 北京 | 汽车交通 | 自动/无人驾驶 |
| 229 | 230 | 云鸟配送 | 北京 | 物流 | 同城物流 |

230 rows × 5 columns

图 7-4　中国独角兽公司名单

查看中国海关进出口增减情况，示例代码如下。

```
import akshare as aks     #导入 AKShare
aks.macro_china_hgjck() #获取中国海关进出口数据
```

运行上述示例代码，显示中国海关进出口增减情况，如图 7-5 所示。

| | 月份 | 当月出口额-金额 | 当月出口额-同比增长 | 当月出口额-环比增长 | 当月进口额-金额 | 当月进口额-同比增长 | 当月进口额-环比增长 | 累计出口额-金额 | 累计出口额-同比增长 | 累计进口额-金额 | 累计进口额-同比增长 |
|---|---|---|---|---|---|---|---|---|---|---|---|
| 0 | 2023年02月份 | NaN | NaN | NaN | NaN | NaN | NaN | 5.063014e+08 | -6.8 | 3.894161e+08 | -10.2 |
| 1 | 2022年12月份 | 306078765.7 | -9.9 | 3.684756 | 228066170.4 | -7.5 | 0.849239 | 3.593601e+09 | 7.0 | 2.715999e+09 | 1.1 |
| 2 | 2022年11月份 | 295201318.5 | -9.0 | -0.985795 | 226145653.4 | -10.6 | 6.072128 | 3.287523e+09 | 8.9 | 2.487933e+09 | 2.0 |
| 3 | 2022年10月份 | 298140370.0 | -0.3 | -7.314667 | 213199884.0 | -0.7 | -10.277123 | 2.992321e+09 | 11.1 | 2.261787e+09 | 3.4 |
| 4 | 2022年09月份 | 321669416.1 | 5.6 | 2.129263 | 237620427.4 | 0.2 | 1.246670 | 2.694181e+09 | 12.5 | 2.048587e+09 | 3.9 |
| …… | …… | …… | …… | …… | …… | …… | …… | …… | …… | …… | …… |
| 176 | 2008年05月份 | 120496491.0 | 28.1 | 1.507754 | 100286062.0 | 40.0 | -1.708603 | 5.450551e+08 | 22.9 | 4.670271e+08 | 30.4 |
| 177 | 2008年04月份 | 118706686.0 | 21.8 | 8.942306 | 102029338.0 | 26.4 | 6.774233 | 4.245707e+08 | 21.5 | 3.665725e+08 | 27.9 |
| 178 | 2008年03月份 | 108962891.0 | 30.6 | 24.717454 | 95556142.0 | 24.6 | 21.243933 | 3.058969e+08 | 21.4 | 2.644787e+08 | 28.6 |
| 179 | 2008年02月份 | 87367796.0 | 6.5 | -20.313962 | 78813133.0 | 35.1 | -12.599261 | 1.969908e+08 | 16.8 | 1.689377e+08 | 30.9 |
| 180 | 2008年01月份 | 109640030.0 | 26.6 | -4.174203 | 90174447.0 | 27.6 | -1.694703 | 1.096400e+08 | 26.6 | 9.017445e+07 | 27.6 |

181 rows × 11 columns

图 7-5　中国海关进出口增减情况

查看国内院线实时票房情况，示例代码如下。

```
import akshare as aks   #导入 AKShare
aks. movie_boxoffice_realtime () #获取院线票房实时数据
```

运行上述示例代码，显示实时票房数据，如图 7-6 所示。

| | 排序 | 影片名称 | 实时票房 | 票房占比 | 上映天数 | 累计票房 |
|---|---|---|---|---|---|---|
| 0 | 1 | 保你平安 | 844.39 | 55.99 | 6 | 19323.95 |
| 1 | 2 | 回廊亭 | 315.00 | 20.89 | 6 | 9856.68 |
| 2 | 3 | 流浪地球2 | 78.35 | 5.20 | 53 | 400497.05 |
| 3 | 4 | 毒舌律师 | 74.97 | 4.97 | 20 | 16372.49 |
| 4 | 5 | 满江红 | 53.44 | 3.54 | 53 | 453510.82 |
| 5 | 6 | 深海 | 31.98 | 2.12 | 53 | 90768.61 |
| 6 | 7 | 蚁人与黄蜂女：量子狂潮 | 31.98 | 2.12 | 27 | 27145.59 |
| 7 | 8 | 无名 | 23.19 | 1.54 | 53 | 92688.34 |
| 8 | 9 | 断网 | 18.90 | 1.25 | 13 | 6304.63 |
| 9 | 10 | 中国乒乓之绝地反击 | 10.24 | 0.68 | 27 | 9938.63 |
| 10 | 11 | 其他 | 25.61 | 1.00 | 0 | 0.00 |

图 7-6　实时票房数据

AKShare 提供的 API 几乎涵盖了社会经济生活的方方面面，我们可按照自己研究和探索的目标去提取所需数据，然后加以分析和可视化，以期获得满意的结果。

## 7.2　GDP 数据分析与可视化

国内生产总值（GDP）是指在一定时期内（例如 1 个季度或 1 年），一个国家（或地区）

的经济中所生产出的全部最终产品和劳务的价值，常被公认为衡量国家（或地区）经济状况的最佳指标。GDP 是核算体系中一个重要的综合性统计指标，也是国民经济核算体系中的核心指标。它反映了一个国家（或地区）的经济实力和市场规模。GDP 数据的可视化可让我们从诸多看似纷繁无序的数字中获取很多有意义的信息。

### 7.2.1 数据来源

本书示例中用到的 GDP 相关数据都来自世界银行的公开数据。因不同表格的数据侧重点有所差异，我们根据关键数据列对其中部分表格进行了整理、合并。例如，图 7-7 显示的是经整理后的 2021 年世界各国（或地区）GDP 数据。其中，表格中的"CountryCode"指的是 ISO 3166-1 标准的三字母国家（或地区）代码，"CountryName_en"指的是国家（或地区）的英文名称，"IncomeGroup"指的是国家（或地区）整体收入水平，"CountryName_zh"指的是国家（或地区）的中文名称，"GDP"指的是国家（或地区）的 GDP 总额，"Proportion"指的是一个国家（或地区）的 GDP 在全球总额中的占比，"Region"指的是一个国家（或地区）所在的区域。

如果读者对其他年份或类别的 GDP 数据感兴趣，可自行在世界银行官方网站搜索下载。

| CountryCode | CountryName_en | IncomeGroup | CountryName_zh | GDP | Proportion | Region |
|---|---|---|---|---|---|---|
| ABW | Aruba | High income | 阿鲁巴 | 30.00亿 (3,000,000,000) | 0.0021 | 美洲 |
| AFG | Afghanistan | Low income | 阿富汗 | 198.07亿 (19,807,100,000) | 0.0175 | 亚洲 |
| AGO | Angola | Lower middle income | 安哥拉 | 745.00亿 (74,500,000,000) | 0.0681 | 非洲 |
| ALB | Albania | Upper middle income | 阿尔巴尼亚 | 183.00亿 (18,300,000,000) | 0.0163 | 欧洲 |
| AND | Andorra | High income | 安道尔 | 33.00亿 (3,300,000,000) | 0.0021 | 欧洲 |
| ARE | United Arab Emira | High income | 阿联酋 | 4100.00亿 (410,000,000,000) | 0.4286 | 亚洲 |
| ARG | Argentina | Upper middle income | 阿根廷 | 4886.00亿 (488,600,000,000) | 0.4274 | 美洲 |
| ARM | Armenia | Upper middle income | 亚美尼亚 | 138.60亿 (13,860,000,000) | 0.0129 | 亚洲 |
| ATG | Antigua and Barbu | High income | 安提瓜和巴布达 | 15.00亿 (1,500,000,000) | 0.0021 | 美洲 |
| AUS | Australia | High income | 澳大利亚 | 16338.70亿 (1,633,870,000,000) | 1.5712 | 大洋洲 |
| AUT | Austria | High income | 奥地利 | 4774.00亿 (477,400,000,000) | 0.5103 | 欧洲 |
| AZE | Azerbaijan | Upper middle income | 阿塞拜疆 | 546.22亿 (54,622,000,000) | 0.0441 | 亚洲 |
| BDI | Burundi | Low income | 布隆迪 | 33.00亿 (3,300,000,000) | 0.0028 | 非洲 |
| BEL | Belgium | High income | 比利时 | 5995.91亿 (599,591,000,000) | 0.5924 | 欧洲 |
| BEN | Benin | Lower middle income | 贝宁 | 175.00亿 (17,500,000,000) | 0.0162 | 非洲 |
| BFA | Burkina Faso | Low income | 布基纳法索 | 191.00亿 (19,100,000,000) | 0.0185 | 非洲 |
| BGR | Bulgaria | Upper middle income | 保加利亚 | 803.00亿 (80,300,000,000) | 0.0737 | 欧洲 |
| BHR | Bahrain | | 巴林 | 389.00亿 (38,900,000,000) | 0.0198 | 亚洲 |

图 7-7 2021 年世界各国（或地区）GDP 数据

### 7.2.2 GDP 数据可视化示例

基于前面我们所整合的数据，下面通过几个简单的例子来进行 GDP 数据的分析与展示。首先，我们来了解一下世界众多国家（或地区）的整体收入水平，示例代码如下。

```
import pandas as pd #导入pandas数据处理工具库
import numpy as np

import matplotlib.pyplot as plt
```

```python
#读取 GDP 数据
df = pd.read_csv('world_gdp_2021.csv')

#获取各收入水平中国家(或地区)的数量
low_income = df['CountryName_zh'].loc[df['IncomeGroup'] == 'Low income']
high_income = df['CountryName_zh'].loc[df['IncomeGroup'] == 'High income']
upper_middle_income = df['CountryName_zh'].loc[df['IncomeGroup'] == 'Upper middle income']
lower_middle_income = df['CountryName_zh'].loc[df['IncomeGroup'] == 'Lower middle income']

#计算所有国家(或地区)总数
total = low_income.shape[0] + high_income.shape[0] \
                            + upper_middle_income.shape[0] \
                            + lower_middle_income.shape[0]
#计算各收入水平所占比例
high_percent = high_income.shape[0]/total
low_percent = low_income.shape[0]/total
upper_middle_percent = upper_middle_income.shape[0]/total
lower_middle_percent = lower_middle_income.shape[0]/total

plt.rcParams['font.sans-serif'] = ['SimHei'] #用来正常显示中文标签
#定义标签
labels = ['高收入国家(或地区)', '中上等收入国家(或地区)', '中下等收入国家(或地区)', '低收入国家(或地区)']
#绘图数据,注意要和标签一一对应
percentage = [high_percent, upper_middle_percent, lower_middle_percent, low_percent]
explode = [0.05, 0.05, 0.05, 0.05] #离开中心的距离
plt.pie(percentage, explode = explode, labels = labels, autopct = '%1.2f%%',
shadow = False, startangle = 150)
plt.title('世界各国(或地区)整体收入水平总览')
plt.show()
```

在上述代码中,需要注意的是,pandas 读写数据时,将表格名称作为数据字段,大小写是敏感的。运行上述示例代码,显示世界各国(或地区)整体收入水平总览,如图 7-8 所示。

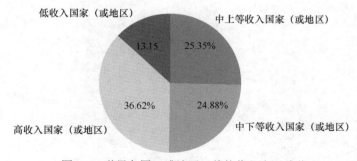

图 7-8　世界各国(或地区)整体收入水平总览

从图 7-8 中可以看出,这种整体与部分之间的关系映射用饼状图进行数据可视化非常合适。

我们可以通过下面的示例来观察高收入水平国家（或地区）与低收入水平国家（或地区）在地域上的分布。示例代码如下。

```python
import pandas as pd
import numpy as np
import matplotlib.pyplot as plt
plt.rcParams['font.sans-serif'] = ['SimHei']  #用来正常显示中文标签

#定义一个函数用于数据可视化
def income_level_visulization(income_level_country, plot_title):
    asia = 0        #亚洲
    africa = 0      #非洲
    europe = 0      #欧洲
    america = 0     #美洲
    oceania = 0     #大洋洲
    for item in income_level_country:
            region = df['Region'].loc[df['CountryName_zh'] = = item]
            
            if (region.values[0] = = "亚洲"):
                asia = asia + 1
            if (region.values[0] = = "非洲"):
                africa = africa + 1
            if (region.values[0] = = "欧洲"):
                europe = europe + 1
            if (region.values[0] = = "美洲"):
                america = america + 1
            if (region.values[0] = = "大洋洲"):
                oceania = oceania + 1
    
    label_x = ['亚洲', '非洲', '欧洲', '美洲', '大洋洲']
    country_num = [asia, africa, europe, america, oceania]
    plt.bar(label_x, country_num, label = "所属区域国家(或地区)数量")
    
    plt.xlabel("地理区域")
    plt.ylabel("数量/个")
    plt.title(plot_title)  #设置标题
    
    plt.legend()
    plt.show()

if (__name__ = = "__main__"):
    #读取数据并设置解码器，否则可能显示乱码
    df = pd.read_csv('world_gdp_2021.csv', encoding = 'GB18030')
    low_income = df['CountryName_zh'].loc[df['IncomeGroup'] = = 'Low income']
    high_income = df['CountryName_zh'].loc[df['IncomeGroup'] = = 'High income']
    
    #从数据中获取高收入国家(或地区)名称列表
    high_income_country_list = high_income.values
```

```
#从数据中获取低收入国家(或地区)名称列表
low_income_country_list = low_income.values

#可视化
income_level_visulization(low_income_country_list, '世界低收入水平国家(或地区)与地域分布')
income_level_visulization(high_income_country_list, '世界高收入水平国家(或地区)与地域分布')
```

运行上述示例代码，显示世界各国（或地区）高、低收入水平与区域分布，如图7-9所示。从结果中可以看出，绝大部分低收入水平国家分布在非洲，如图7-9（a）所示。高收入水平国家（或地区）主要分布在欧美及亚洲的一些区域，如图7-9（b）所示。

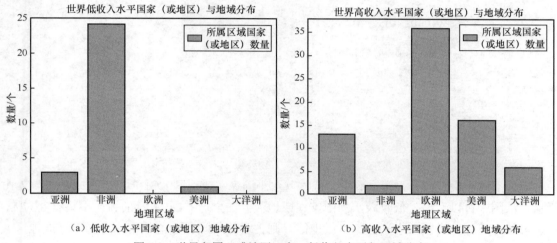

（a）低收入水平国家（或地区）地域分布　　（b）高收入水平国家（或地区）地域分布

图7-9　世界各国（或地区）高、低收入水平与区域分布

从图7-9可以看出，对这种离散的数值进行可视化，用条形图比较合适。

下面，我们再来观察一下高收入水平国家（或地区）和低收入水平国家（或地区）的GDP占比。示例代码如下。

```
import pandas as pd
import numpy as np
import matplotlib.pyplot as plt
plt.rcParams['font.sans-serif'] = ['SimHei'] #用来正常显示中文标签

#读取示例GDP数据文件
df = pd.read_csv('world_gdp_2021.csv', encoding = 'GB18030')

#分别计算高、低收入国家(或地区)的GDP占比总和
low_income = df['Proportion'].loc[df['IncomeGroup'] == 'Low income']
high_income = df['Proportion'].loc[df['IncomeGroup'] == 'High income']

#防止数据中有空值导致意外
sum_low_income = np.sum([item for item in low_income.values if (not np.isnan(item))])
sum_high_income = np.sum([item for item in high_income.values if (not np.isnan(item))])
sum_middle_income = 100-sum_low_income-sum_high_income
```

```
#设置百分比显示标签
lbl_high = str(round(sum_high_income, 2)) + "%"
lbl_low = str(round(sum_low_income, 2)) + "%"
lbl_middle = str(round(sum_middle_income, 2)) + "%"


#[sum_high_income, sum_low_income, sum_middle_income]
#圆环图可视化
fig, ax = plt.subplots(figsize = (6, 6))
ax.pie([36, 67, 0.3],
       wedgeprops = {'width':0.3},
       startangle = 90,
       colors = ['#0504aa', '#650021', '#01ff07'])

plt.title('高、低收入水平国家(或地区)GDP占比', fontsize = 20, loc = 'center')
plt.text(0, 0, lbl_high, ha = 'center', va = 'center', fontsize = 42,
color = '#650021')
plt.text(-0.12, 1.1, lbl_low, ha = 'left', va = 'center', fontsize = 20,
color = '#01ff07')
plt.text(-1, 0.3, lbl_middle, ha = 'right', va = 'center', fontsize = 20,
color = '#0504aa')
plt.show()
```

运行上述示例代码，显示高、中、低收入水平国家（或地区）GDP总量占比，如图7-10所示。从图中可以看出，低收入水平国家（或地区）在全球GDP总量的占比中只有0.37%，几乎可忽略不计，高收入水平国家（或地区）则占了约62%，中等收入水平国家（或地区）则占了38%左右。由此可见，世界经济发展的不均衡性非常严重。

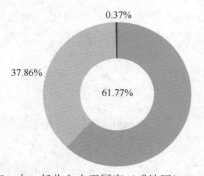

图7-10　高、中、低收入水平国家（或地区）GDP总量占比

GDP增长率通常指的是GDP的年度增长率，需用按可比价格计算的国内生产总值来计算。GDP增长率是宏观经济的重要观测指标之一。判断宏观经济运行状况主要有3个重要经济指标——经济增长率、通货膨胀率、失业率，这3个指标都与GDP有密切关系。其中，经济增长率就是指GDP增长率，通货膨胀率就是GDP紧缩指数，失业率中的奥肯定律表明当GDP增长大于2.25个百分点时，每增加一个百分单位的国内生产总值，失业率就降低0.5个百分点。

下面，我们用一个简单示例来对联合国五大常任理事国近 30 年的 GDP 增长率曲线进行可视化。数据源中俄罗斯自 1990 年开始才有数据，因此，为保持一致，其他几个国家（或地区）也选取 1990 年后的数据。示例代码如下。

```python
import pandas as pd
import numpy as np
import matplotlib.pyplot as plt
plt.rcParams['font.sans-serif'] = ['SimHei']        #正常显示中文标签
plt.rcParams['axes.unicode_minus'] = False          #设置正常显示负号

#载入 GDP 数据
df = pd.read_csv('世界各国(或地区)历年GDP总汇.csv', encoding = 'GB18030')

#获取联合国 5 个常任理事国的 GDP 增长率数值序列
China = df['中国'].values
Russia = df['俄罗斯'].values
America = df['美国'].values
England = df['英国'].values
France = df['法国'].values

#定义一个字符串转数值的函数
def str2float(source):
    t = []
    n = source.shape[0]
    for i in range(n):
        if len(source)! = 0:
            item = source[i].split("%")
            t.append(float(item[0]))
    return t

#定义横坐标，自 1990 年开始的 30 年
year = list(range(1990, 2020, 1))

#因俄罗斯数据自 1990 年才有，故其他国家(或地区)都选取了 1990 年之后的数据
gdp_china = str2float(China[0:30])
gdp_russia = str2float(Russia[0:30])
gdp_america = str2float(America[0:30])
gdp_england = str2float(England[0:30])
gdp_france = str2float(France[0:30])

#绘制联合国 5 个常任理事国的 GDP 增长率曲线
plt.plot(year, gdp_china, 'r-*', label = "China")
plt.plot(year, gdp_russia, 'b-o', label = "Russia")
plt.plot(year, gdp_america, 'g-8', label = "America")
plt.plot(year, gdp_england, 'm-x', label = "England")
plt.plot(year, gdp_france, 'c-4', label = "France")
plt.xlabel("年份")
plt.ylabel("增长率")
```

```
plt.legend()
plt.title('联合国常任理事国GDP增长率曲线')
plt.show()
```

运行上述示例代码，显示联合国5个常任理事国的GDP增长率曲线，如图7-11所示。

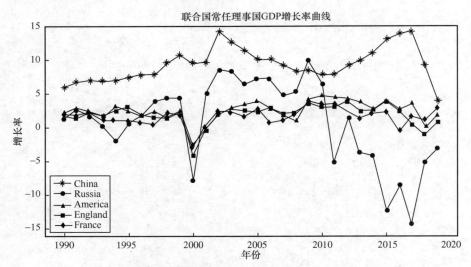

图7-11　联合国5个常任理事国的GDP增长率曲线（1990—2020年）

对于这种时间序列类数据，用折线图进行可视化比较合适。从图7-11中可看出，中国自1990年以来，GDP增长率一直比美、英、法等国家（或地区）要快。俄罗斯自2000年左右开始整顿"金融寡头"，其GDP增长稍有起色，随后几年一直表现尚可。2008年俄罗斯GDP增速急剧下降，至今仍无起色。我们从图中亦可看出，美、英、法3个国家（或地区）因经济发展机制具有高度相似性，它们的GDP增速变化几乎一致。

## 7.3　证券交易数据可视化

《孙子兵法》有云："知彼知己者，百战不殆；不知彼而知己，一胜一负；不知彼不知己，每战必殆。"证券投资与交易就是一场无形的战争，投资者需要具备高度的综合态势感知能力，以便在转瞬即逝的市场机遇中做出精准的决策。在此过程中，交易数据整理与分析的重要性绝不亚于上战场"杀敌"。当我们对这些重要的综合信息进行可视化时，就类似于将战场态势等信息投射到战区综合指挥中心超大显示屏供作战指挥员进行战情研判。

证券交易数据的来源我们在本章前文已有论述，而可视化的工具通常用到的是Matplotlib。此外，我们还将用到Mplfinance这个专门用于金融数据分析的模块。它原本是Matplotlib的Finance子模块，现已剥离出来成为一个独立的库。在安装该模块之前，需要先安装Matplotlib和pandas。在Anaconda控制台执行以下命令即可实现Mplfinance的在线安装。

```
pip install mplfinance -i 镜像源地址
```

## 7.3.1 K线图

K线图通常简称为K线,由于它的形状像蜡烛,又称为蜡烛图,也叫蜡烛曲线图。K线图分析是各种股市技术分析中最流行的一种,像日本线、红黑线、阴阳线等也都是指的K线。

18世纪50年代,日本米商就开始利用阴阳烛来分析大米期货,K线理论便应运而生。可以说K线理论起源于日本,是最古老的技术分析方法,后来被逐渐普及,成为交易者在期货交易中经常使用且非常重要的一种技术分析方式。通过K线,我们可以对后市行情进行技术研判。

K线图中一条标准的K线形态,诠释了很多价格信息,K线中的阳线与阴线如图7-12所示。K线是一条柱状的线条,由影线和实体组成。影线在实体上方的部分叫上影线,在实体下方的部分叫下影线。影线表明当天交易的最高价和最低价。如图7-12左半部分所示,实体部分为K线图中的阳线,即当日收盘价高于开盘价,开盘价在下部,收盘价在上部,实体为黑色的空心。如图7-12右半部分所示,实体部分为K线图中的阴线,即当日收盘价低于开盘价,开盘价在上部,收盘价在下部,实体为黑色的实心。

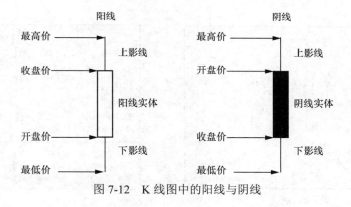

图7-12 K线图中的阳线与阴线

K线除了有阳线和阴线之分,还有一种特殊的形态,即"十字线",一般用"十"或者"T"来表示。K线图中的十字线如图7-13所示,即无实体部分,当日收盘价等于开盘价,在K线中的形态为开盘价、收盘价、实体三者重合。

图7-13 K线图中的十字线

需要注意的是,十字线可分为以下两种情况:当最高价等于开盘价时,没有上影线;当最低价等于收盘价时,没有下影线。

通过 K 线图，可将某一小时、某日或者某个周期的期货或股票的价格走势情况完全显示出来。

我们通常所见的 K 线图是有颜色的，多以红色、绿色区分，在概念上，两者则分别代表阳线和阴线。当开盘价高于收盘价时，表明当天市场行情是下跌的，体现在 K 线中就是阴线，通常用绿色来表示。当开盘价低于收盘价时，表明市场行情是上涨的，体现在 K 线中就是阳线，用红色来表示。当开盘价格和收盘价格相等时，实体是一条短横线。

下面，我们利用 Mplfinance 的绘图功能来生成一个简单的 K 线图，示例代码如下。

```
import pandas_datareader.data as web
import mplfinance as mpf
import datetime
#获取苹果公司的股票数据
stock = web.DataReader('AAPL', 'stooq',
                      datetime.datetime(2022, 1, 1), datetime.datetime(2023, 1, 1))
mpf.plot(stock)
```

运行上述示例代码，显示苹果公司股票简单 K 线图，如图 7-14（a）所示。图中所展示的数据是苹果公司 2 年的历史数据。在本示例中，因绘图参数未做任何设置，故只显示非常朴素的 K 线图，它将一定时间周期内的收盘价连接在一起，没有可视化信息或交易区间，也就是没有高低点，没有开盘价。

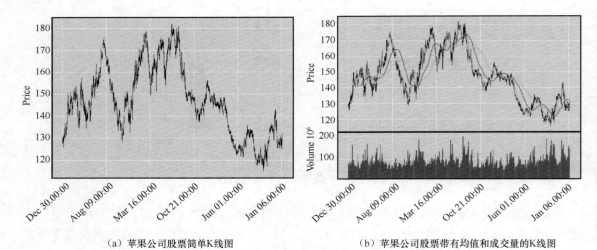

（a）苹果公司股票简单K线图　　　　　　（b）苹果公司股票带有均值和成交量的K线图

图 7-14　苹果公司股票数据 K 线图

为了展示更多的信息，我们可通过对 plot()函数的参数进行设置来决定数据可视化效果。例如，我们将均线类型参数 mav 设置为（7, 30, 60），即设置 7、30、60 日线，将成交量参数 volume 设置为 True，这意味着在 K 线图中显示成交量。示例代码如下。

```
mpf.plot(stock, mav = (7, 30, 60), volume = True)
```

运行上述示例代码，显示苹果公司股票带有均值和成交量的 K 线图，如图 7-14（b）所示，图中上半部分的三条曲线为均线，图中下半部分为成交量数据。这看上去和我们常见的 K 线图有很大区别。下面我们通过对诸多绘图参数的精细设置和各种颜色搭配来达到比较好的数据可视化效果。示例代码如下。

```
import mplfinance as mpf        #用于绘制K线图
```

```python
import matplotlib as mpl          #用于设置曲线参数
from cycler import cycler         #用于定制线条颜色
import pandas as pd               #用于导入 DataFrame 数据

#定义一个用于读取股票历史数据的函数
def import_csv(stock_code):
    #导入股票数据
    df = pd.read_csv(stock_code + '.csv')
    #格式化列名,用于之后的绘制
    df.rename(
            columns = {'date': 'Date', 'open': 'Open',
                       'high': 'High', 'low': 'Low',
                       'close': 'Close', 'volume': 'Volume'},
                       inplace = True)
    #转换为日期格式
    df['Date'] = pd.to_datetime(df['Date'])
    #将日期列作为行索引
    df.set_index(['Date'], inplace = True)
    return df

#从文件中导入数据
symbol = 'AAPL'
df = import_csv(symbol)[-100:]

'''
设置基本参数,具体说明如下。
type:绘制图形的类型,有 candle、renko、ohlc、line 等,此处选择 candle,即 K 线图。
mav(moving average):均线类型,此处设置 7、30、60 日线。
volume:布尔类型,设置是否显示成交量,默认 False。
title:设置标题。
y_label_lower:设置成交量图一栏的标题。
figratio:设置图形纵横比。
figscale:设置图形尺寸(数值越大,图像质量越高)
'''
kwargs = dict(
    type = 'candle',
    mav = (7, 30, 60),
    volume = True,
    title = 'APPLE Stock Candle Curves',
    ylabel = 'OHLC Candles',
    ylabel_lower = 'Shares\nTraded Volume',
    figratio = (15, 10),
    figscale = 5)
'''
设置 marketcolors,参数说明如下。
up:设置阳线颜色。
down:设置阴线颜色。
```

```
edge：K线线柱边缘颜色(i 代表继承自 up 和 down 的颜色)，下同。详见官方文档。
wick：灯芯(上下影线)颜色。
volume：成交量直方图的颜色。
inherit：是否继承，选填
'''
mc = mpf.make_marketcolors(
    up = 'red',
    down = 'green',
    edge = 'i',
    wick = 'i',
    volume = 'in',
    inherit = True)

'''
设置图形风格，参数说明如下。
gridaxis：设置网格线位置。
gridstyle：设置网格线线型。
y_on_right：设置 y 轴位置是否在右
'''
s = mpf.make_mpf_style(
    gridaxis = 'both',
    gridstyle = '-.',
    y_on_right = False,
    marketcolors = mc)

'''
设置均线颜色。建议设置较深的颜色且与红色、绿色形成对比。
此处设置 7 条均线的颜色，也可应用默认设置
'''

mpl.rcParams['axes.prop_cycle'] = cycler(
                                color = ['dodgerblue', 'deeppink',
                                         'navy', 'teal', 'maroon',
                                         'darkorange', 'indigo'])

#设置线宽
mpl.rcParams['lines.linewidth'] = 0.5
'''
图形绘制，参数说明如下。
show_nontrading：是否显示非交易日，默认 False。
savefig：导出图片
'''
mpf.plot(df, **kwargs, style = s, show_nontrading = False, savefig = 'candle_demo.jpg')
```

运行上述示例代码，显示带有均线及成交量的苹果公司股票历史数据 K 线图，如图 7-15 所示。其中，垂直线条代表交易期间的价格区间，而 K 线的实体用不同的颜色代表该期间内市场的变化。图中下半部分代表成交量数据。

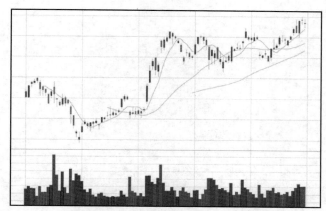

图 7-15 显示带有均线及成交量的苹果公司股票历史数据 K 线图

在股市 K 线图中，通常会在图表的顶部区域显示开盘价、收盘价、成交量、成交额、均价、昨收等相关指标。下面这个例子将演示如何在 K 线图中添加这些数据信息。为了解决 Mplfinance 中文显示乱码等问题，我们在程序中自定义几种字体，分别用于显示标题（黑色大字）、开盘价/收盘价（大字体数字）和普通字体等，每种字体都有红色和绿色两个版本。示例代码如下。

```
import mplfinance as mpf
import pandas as pd
import numpy as np

'''
设置marketcolors，参数说明如下。
up: 设置阳线颜色。
down: 设置阴线颜色。
edge: K线线柱边缘颜色(i代表继承自up和down的颜色)，下同，详见官方文档)。
wick: 灯芯(上下影线)颜色。
volume: 成交量直方图的颜色。
inherit: 是否继承，选填
'''
mc = mpf.make_marketcolors(up = 'red',
                           down = 'green',
                           edge = 'inherit',
                           wick = 'inherit',
                           volume = 'inherit',
                           inherit = True)
'''
设置图形风格，参数说明如下。
figcolor: 图像外周边填充色。
gridcolor: 网格线颜色。
gridaxis: 设置网格线位置。
gridstyle: 设置网格线线型。
y_on_right: 设置y轴位置是否在右
'''
s = mpf.make_mpf_style(marketcolors = mc,
```

```python
                            figcolor = '(0.82, 0.83, 0.85)',
                            gridcolor = '(0.82, 0.83, 0.85)',
                            gridaxis = 'both',
                            gridstyle = '-.',
                            y_on_right = False, )

#读取测试数据
data = pd.read_csv('test_data.csv', index_col = 0)

#读取的测试数据索引为字符串类型，需要将其转化为时间日期类型
data.index = pd.to_datetime(data.index)


#标题格式，字体为中文字体，颜色为黑色，粗体，水平中心对齐
title_font = {'fontname': 'Microsoft YaHei',
              'size':     '16',
              'color':    'black',
              'weight':   'bold',
              'va':       'bottom',
              'ha':       'center'}
#红色数字格式（显示开盘价/收盘价）粗体红色24号字
large_red_font = {'fontname': 'Arial',
                  'size':     '24',
                  'color':    'red',
                  'weight':   'bold',
                  'va':       'bottom'}
#绿色数字格式（显示开盘价/收盘价）粗体绿色24号字
large_green_font = {'fontname': 'Arial',
                    'size':     '24',
                    'color':    'green',
                    'weight':   'bold',
                    'va':       'bottom'}
#小数字格式（显示其他价格信息）粗体红色12号字
small_red_font = {'fontname': 'Arial',
                  'size':     '12',
                  'color':    'red',
                  'weight':   'bold',
                  'va':       'bottom'}
#小数字格式（显示其他价格信息）粗体绿色12号字
small_green_font = {'fontname': 'Arial',
                    'size':     '12',
                    'color':    'green',
                    'weight':   'bold',
                    'va':       'bottom'}
#标签格式，可以显示中文，普通黑色12号字
normal_label_font = {'fontname': 'Microsoft YaHei',
                     'size':     '12',
                     'color':    'black',
```

```
                          'va':          'bottom',
                          'ha':          'right'}
#普通文本格式，普通黑色12号字
normal_font = {'fontname': 'Arial',
               'size':     '12',
               'color':    'black',
               'va':       'bottom',
               'ha':       'left'}

#为了更好地体现可视化效果，只显示其中100个交易日的数据
plot_data = data.iloc[1: 100]

#读取显示区间最后一个交易日的数据
last_data = plot_data.iloc[-1]

#使用mpf.figure()函数可以返回一个figure对象，进入External Axes Mode，从而实现对Axes
#对象和figure对象的自由控制
fig = mpf.figure(style = s, figsize = (12, 8), facecolor = (0.82, 0.83, 0.85))
#添加3个图表，4个数字分别代表图表左下角在figure中的坐标，以及图表的宽（0.88）、高（0.60）
ax1 = fig.add_axes([0.06, 0.25, 0.88, 0.60])
#添加第2、3张图表时，使用sharex关键字指明与ax1在x轴上对齐，且共用x轴
ax2 = fig.add_axes([0.06, 0.15, 0.88, 0.10], sharex = ax1)

#设置3张图表的y轴标签
ax1.set_ylabel('Price')
ax2.set_ylabel('Volume')

#设置显示文本的时候，返回文本对象。对不同的文本采用不同的格式
t1 = fig.text(0.50, 0.94, '上交所股市行情', **title_font)
t2 = fig.text(0.12, 0.90, '开盘/收盘: ', **normal_label_font)
t3 = fig.text(0.14, 0.89, f'{np.round(last_data["open"], 3)} / {np.round(last_data["close"], 3)}', **large_red_font)
t4 = fig.text(0.14, 0.86, f'{last_data["change"]}', **small_red_font)
t5 = fig.text(0.22, 0.86, f'[{np.round(last_data["pct_change"], 2)}%]', **small_red_font)
t6 = fig.text(0.12, 0.86, f'{last_data.name.date()}', **normal_label_font)
t7 = fig.text(0.40, 0.90, '高: ', **normal_label_font)
t8 = fig.text(0.40, 0.90, f'{last_data["high"]}', **small_red_font)
t9 = fig.text(0.40, 0.86, '低: ', **normal_label_font)
t10 = fig.text(0.40, 0.86, f'{last_data["low"]}', **small_green_font)
t11 = fig.text(0.55, 0.90, '量(万手): ', **normal_label_font)
t12 = fig.text(0.55, 0.90, f'{np.round(last_data["volume"] / 10000, 3)}', **normal_font)
t13 = fig.text(0.55, 0.86, '额(亿元): ', **normal_label_font)
t14 = fig.text(0.55, 0.86, f'{last_data["value"]}', **normal_font)
t15 = fig.text(0.70, 0.90, '涨停: ', **normal_label_font)
t16 = fig.text(0.70, 0.90, f'{last_data["upper_lim"]}', **small_red_font)
t17 = fig.text(0.70, 0.86, '跌停: ', **normal_label_font)
```

```
t18 = fig.text(0.70, 0.86, f'{last_data["lower_lim"]}', **small_green_font)
t19 = fig.text(0.85, 0.90, '均价: ', **normal_label_font)
t20 = fig.text(0.85, 0.90, f'{np.round(last_data["average"], 3)}', **normal_font)
t21 = fig.text(0.85, 0.86, '昨收: ', **normal_label_font)
t22 = fig.text(0.85, 0.86, f'{last_data["last_close"]}', **normal_font)

#通过 ax = ax1 参数指定把新的线条添加到ax1中，与K线图重叠
ap = mpf.make_addplot(plot_data[['MA5', 'MA10', 'MA20', 'MA60']], ax = ax1)

#数据可视化。通过 addplot = ap 参数来添加均线
mpf.plot(plot_data,
         ax = ax1,
         volume = ax2,
         addplot = ap,
         type = 'candle',
         style = s,
         )
mpf.show()
```

运行上述示例代码，显示带有交易数据信息、均线、成交量的 K 线图，如图 7-16 所示。

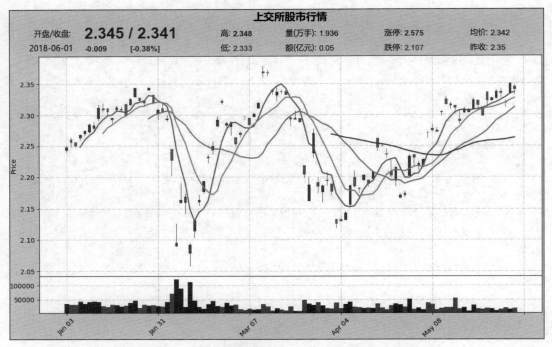

图 7-16  带有交易数据信息、均线、成交量的 K 线图

## 7.3.2 其他类别图

除了 K 线图，还有其他类别图也可用于证券投资的辅助数据分析。例如，我们可用折线

图来展示一个公司的股价走势。示例代码如下。

```
import pandas_datareader.data as web
import mplfinance as mpf
import datetime

#获取数据的时间段-起始时间
start = datetime.datetime(2019, 3, 1)
#获取数据的时间段-结束时间
end = datetime.date.today()

#获取特斯拉2019年3月1日至2023年5月的股票数据
stock_tsla = web.DataReader('TSLA', 'stooq', start, end)

#直接用pandas_datareader的plot()函数可视化
stock_tsla['High'].plot()
```

运行上述示例代码,显示特斯拉股票将近4年的股价走势(至2023年5月),如图7-17所示。

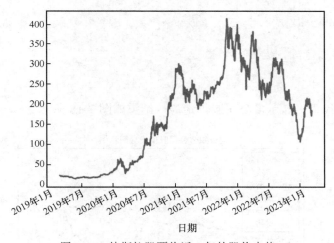

图 7-17 特斯拉股票将近4年的股价走势

在这个例子中,我们对股价走势数据进行可视化用的是 pandas_datareader 的 plot()函数,也可用 Mplfinance 和 Matplotlib 来实现,效果基本一致,示例代码如下。

```
#利用Mplfinance进行可视化
mpf.plot(stock_tsla, type = 'line')
#利用Matplotlib进行可视化
import matplotlib.pyplot as plt
plt.plot(stock_tsla['High'])
plt.show()
```

我们也可将多个同类型公司的股票走势绘制在一个图中,示例代码如下。

```
import pandas_datareader.data as web
import mplfinance as mpf
import datetime
import matplotlib.pyplot as plt
```

```
plt.rcParams['axes.unicode_minus'] = False          #设置正常显示负号
plt.rcParams['font.sans-serif'] = 'Microsoft YaHei' #用来正常显示中文标签

start = datetime.datetime(2019, 8, 1)   #获取数据的时间段-起始时间
end =   datetime.datetime(2020, 9, 1)   #获取数据的时间段-结束时间

#获取指定时间段的股票数据
stock_tsla = web.DataReader('TSLA', 'stooq', start, end)
stock_aapl = web.DataReader('AAPL', 'stooq', start, end)
stock_amzn = web.DataReader('AMZN', 'stooq', start, end)
stock_msft = web.DataReader('MSFT', 'stooq', start, end)
stock_intc = web.DataReader('INTC', 'stooq', start, end)
stock_nvda = web.DataReader('NVDA', 'stooq', start, end)

plt.plot(stock_intc['High'], 'm-', label = '英特尔')
plt.plot(stock_msft['High'], 'c-', label = '微软')
plt.plot(stock_tsla['High'], 'b-.', label = '特斯拉')
plt.plot(stock_aapl['High'], 'g-.', label = '苹果')
plt.plot(stock_amzn['High'], 'r--', label = '亚马逊')
plt.plot(stock_nvda['High'], 'k-', label = '英伟达')

plt.title("美股知名公司股价走势图示例")
plt.legend()
plt.show()
```

运行上述示例代码，显示多公司股价走势，结果如图 7-18 所示。

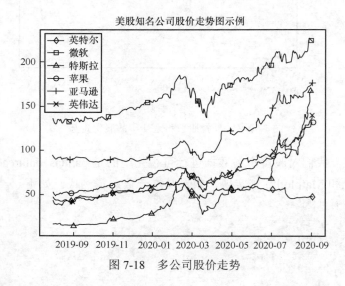

图 7-18　多公司股价走势

我们再来看一下以上美股著名公司在指定时间段的平均股价。这种类型的数据用折线图已经不合适，我们可用条形图来进行可视化，示例代码如下。

```
import pandas_datareader.data as web
import mplfinance as mpf
import datetime
```

```python
import numpy as np
import matplotlib.pyplot as plt

plt.rcParams['axes.unicode_minus'] = False            #设置正常显示负号
plt.rcParams['font.sans-serif'] = 'Microsoft YaHei'   #用来正常显示中文标签

start = datetime.datetime(2020, 8, 1)  #获取数据的时间段-起始时间
end =   datetime.datetime(2023, 1, 1)  #获取数据的时间段-结束时间

#获取指定时间段的股票数据
stock_tsla = web.DataReader('TSLA', 'stooq', start, end) #特斯拉
stock_aapl = web.DataReader('AAPL', 'stooq', start, end) #苹果
stock_amzn = web.DataReader('AMZN', 'stooq', start, end) #亚马逊
stock_msft = web.DataReader('MSFT', 'stooq', start, end) #微软
stock_intc = web.DataReader('INTC', 'stooq', start, end) #英特尔
stock_nvda = web.DataReader('NVDA', 'stooq', start, end) #英伟达

#计算股票均价(以开盘价为准)
avg_tsla = round(np.sum(stock_tsla['Open'])/len(stock_tsla['Open']), 2)
avg_aapl = round(np.sum(stock_aapl['Open'])/len(stock_aapl['Open']), 2)
avg_amzn = round(np.sum(stock_amzn['Open'])/len(stock_amzn['Open']), 2)
avg_msft = round(np.sum(stock_msft['Open'])/len(stock_msft['Open']), 2)
avg_intc = round(np.sum(stock_intc['Open'])/len(stock_intc['Open']), 2)
avg_nvda = round(np.sum(stock_nvda['Open'])/len(stock_nvda['Open']), 2)

plt.style.use("ggplot")
stock_average_price = [avg_msft, avg_nvda, avg_amzn, avg_tsla, avg_aapl, avg_intc]

fig, ax = plt.subplots(figsize = (15, 5), dpi = 80)

x = range(len(stock_average_price))

#添加刻度标签
labels = np.array(['微软', '英伟达', '亚马逊', '特斯拉', '苹果', '英特尔'])
#在子图对象上画条形图,并添加x轴标签,图形的主标题
ax.barh(x, stock_average_price, tick_label = labels, alpha = 0.6, color = 'b')

ax.set_xlabel('平均股价/美元')
ax.set_title('美股知名公司指定时间段股票均价对比图')

#设置y轴的刻度范围
ax.set_xlim([np.min(stock_average_price)-2, np.max(stock_average_price)+2])

#为每个条形图添加数值标签
for x, y in enumerate(stock_average_price):
    ax.text(y+0.2, x, y, va = 'center', fontsize = 14)

#可视化
plt.show()
```

运行上述示例代码，显示美国知名公司指定时间平均股价，如图7-19所示。

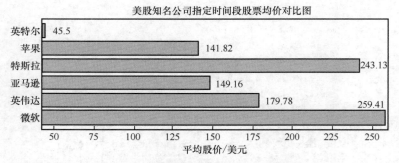

图7-19　美股知名公司指定时间平均股价

如果我们想对这些公司的整体表现进行评估，可以考虑用箱形图来对其股价数据进行可视化。我们以公司的股票最高价为观察值来绘制，示例代码如下。

```
import pandas as pd
import pandas_datareader.data as web
import mplfinance as mpf
import datetime
import matplotlib.pyplot as plt
plt.rcParams['axes.unicode_minus'] = False      #设置正常显示负号
plt.rcParams['font.sans-serif'] = 'Microsoft YaHei' #用来正常显示中文标签

start = datetime.datetime(2012, 1, 1) #获取数据的时间段-起始时间
end =  datetime.datetime(2023, 1, 1)  #获取数据的时间段-结束时间

#获取指定时间段的股票数据
stock_tsla = web.DataReader('TSLA', 'stooq', start, end) #特斯拉
stock_aapl = web.DataReader('AAPL', 'stooq', start, end) #苹果
stock_amzn = web.DataReader('AMZN', 'stooq', start, end) #亚马逊
stock_msft = web.DataReader('MSFT', 'stooq', start, end) #微软
stock_intc = web.DataReader('INTC', 'stooq', start, end) #英特尔
stock_nvda = web.DataReader('NVDA', 'stooq', start, end) #英伟达

box_1, box_2, box_3, box_4, box_5, box_6 = stock_tsla['High'], stock_aapl['High'],
                                           stock_amzn['High'], stock_msft['High'],
                                           stock_intc['High'], stock_nvda['High']


plt.figure(figsize = (10, 5)) #设置画布的尺寸
plt.title('箱形图示例', fontsize = 20) #标题，并设定字号大小
labels = 'Tesla', 'Apple', 'Amazon', 'Microsoft', 'Intel', 'Nvidia' #图例

#vert = False:水平箱形图。showmeans = True:显示均值
plt.boxplot([box_1, box_2, box_3, box_4, box_5, box_6],
            labels = labels,
            vert = False, showmeans = True )
```

```
plt.show()
```

运行上述示例代码，显示美股知名企业股价箱形图，如图 7-20 所示。从中可以看出，从股票最高价位来看，微软数据表现不俗，特斯拉的表现也可圈可点，英特尔则表现得不如人意，英伟达在最高股价方面有部分异常值，可能是市场震荡或其他原因导致其股票价格出现超常态的增长。

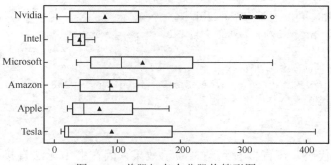

图 7-20　美股知名企业股价箱形图

## 7.4　数据动态可视化

在 Mplfinance 的基础用法里，我们无法精确控制每个图表的位置，但 Mplfinance 提供了一种被称为外部轴的模式，允许用户创建和管理自己的图形和轴（或子图），并将这些自定义的 Matplotlib 风格的轴回传到 Mplfinance。在这种模式下，我们可利用 Matplotlib 所有的功能和灵活性，直接控制画布上的每个图标元素和文字元素，以获得更大的操作自由。示例代码如下。

```
import pandas as pd
import mplfinance as mpf
import matplotlib.animation as animation #用于动画演示

#导入示例数据文件
idf = pd.read_csv('datasets/SPY_20110701_20120630_Bollinger.csv',
                  index_col = 0, parse_dates = True)
df = idf.loc['2011-07-01':'2011-12-30', :]

'''
Mplfinance 利用一个包装函数来创建一个绘图对象 Figure，该函数的行为与 matplotlib.pyplot 的等效
函数完全相同。同时，它添加了一个特性，即它接受 style = kwarg，并将 Mplfinance 样式信息嵌入它创
建的 Figure。
'''
fig = mpf.figure(style = 'charles', figsize = (7, 8))
#创建两个轴(或子图)
ax1 = fig.add_subplot(2, 1, 1)
ax2 = fig.add_subplot(3, 1, 3)

#定义一个动画绘制函数，根据指定时间间隔不断更新图像
```

```
def animate(ival):
    if (ival) > len(df):  #若动画循环次数超过数据长度则退出
        exit()
    data = df.iloc[0:(10+ival)]  #每次多读一份数据
    ax1.clear()    #清除 ax1 轴中的图形
    ax2.clear()    #清除 ax2 轴中的图形

    #Mplfinance 外轴模式
    #将两个轴进行叠加，其中一个轴显示 K 线图，另一个轴显示交易量
    mpf.plot(data, ax = ax1, volume = ax2, type = 'candle')

#在 Figure 中以指定时间间隔绘制动画
ani = animation.FuncAnimation(fig, animate, interval = 250)
#在当前目录下将动画保存为 MP4 格式的视频
ani.save('candle_curve.mp4')
mpf.show()
```

运行上述示例代码，可直接看到动画演示效果，因在书中无法直接展示动画，故用如图 7-21 所示的 Mplfinance 外轴模式动画示例来代替显示。程序运行时还在当前目录下生成了一个名为"candle_curve.mp4"的视频文件，双击鼠标打开也可看到一个蜡烛图与成交量叠加图像横向移动的动画。动画演示效果可参见本书配套的电子资源。

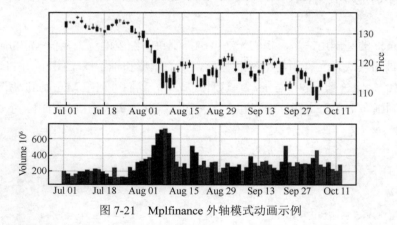

图 7-21　Mplfinance 外轴模式动画示例

在这个示例中，我们首先用包装函数 mplfinance.figure()定义了具有 matplotlib.pyplot 全部功能和属性的两个轴（或子图），其中一个轴用于显示 K 线图，另一个轴用于显示交易量。然后，这两个外轴作为参数回传到 Mplfinance 的绘图函数 plot()进行可视化。我们通过 matplotlib.animation 模块中的 FuncAnimation()函数来实现动画效果。该函数根据其参数中设置的时间间隔（毫秒）来执行自定义的动画函数，每执行一次，读取交易数据的一部分，以此实现交易数据的动态可视化。

下面这个例子不再是在 Mplfinance 外部创建图形和轴，而是通过 Mplfinance 使用其"面板方法（Panel Method）"来创建。通过设置参数 returnfig = True，以便 Mplfinance 能返回图形和轴，这也是一种外部轴模式。示例代码如下：

```
import pandas as pd
import mplfinance as mpf
```

```python
import matplotlib.animation as animation
#读取示例交易数据
idf = pd.read_csv('datasets/SPY_20110701_20120630_Bollinger.csv',
                  index_col = 0, parse_dates = True)
#获取其中指定时间段的交易数据
df = idf.loc['2011-07-01':'2011-12-30', :]

#参数设置字典。显示10、20日均线及K线图
pkwargs = dict(type = 'candle', mav = (10, 20))

#通过参数returnfig = True的设置,返回图形和轴
fig, axes = mpf.plot(df.iloc[0:20], returnfig = True, volume = True,
                     figsize = (11, 8), panel_ratios = (2, 1),
                     title = '\n\nS&P 500 ETF', **pkwargs)

#读取返回的轴并保存为两个参数,它们将作为外轴回传至Mplfinance
ax1 = axes[0]
ax2 = axes[2]

#动画函数
def animate(ival):
    if (20+ival) > len(df):
        exit()
    data = df.iloc[0:(20+ival)]  #每次多读取一份数据
    ax1.clear()   #清除ax1轴中的图形
    ax2.clear()   #清除ax2轴中的图形
    #外轴回传到Mplfinance
    mpf.plot(data, ax = ax1, volume = ax2, **pkwargs)

#创建动画并显示
ani = animation.FuncAnimation(fig, animate, interval = 200)
mpf.show()
```

运行上述示例代码,可直接看到动画演示效果,因在书中无法直接展示动画,故用图7-22所示的Mplfinance外轴模式动画示例来代替显示。动画演示效果可参见本书配套的电子资源。

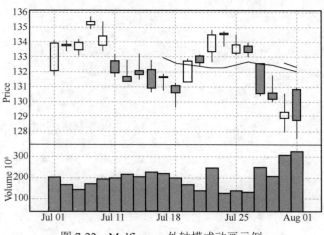

图7-22　Mplfinance外轴模式动画示例

以下是一个稍复杂的例子，通过 Mplfinance 对数据进行重新采样，并重新显示最近的部分重新采样的蜡烛，也就是 K 线图中的阴阳线，以此实现数据动态加载的动画效果。

一个典型的应用场景是，用户获取来自 API 的实时数据，频率可能是每秒或每分钟一次，但希望每支蜡烛聚合 15 分钟或更长时间的数据。与此同时，在这 15 分钟的时间内，用户希望看到最新的蜡烛形状随着实时数据的不断输入而变化和扩展。在实际情形中，如果我们每秒获取一次数据，并且希望每支蜡烛聚合 15 分钟的数据，建议将动画间隔设置为 5000 毫秒（即每 5 秒一次），否则，较频繁的可视化操作可能导致结果无法观看。

示例代码如下。

```python
import pandas as pd
import mplfinance as mpf
import matplotlib.animation as animation  #用于动画效果展示

#定义一个类，用于模拟从 API 获取更多数据
class RealTimeAPI():
    def __init__(self):  #类初始化
        self.data_pointer = 0
        #读取标准普尔 2019 年 11 月份的每分钟日数据
        self.data_frame = pd.read_csv('datasets/SP500_NOV2019_IDay.csv',
                                        index_col = 0, parse_dates = True)
        
        #数据长度
        self.df_len = len(self.data_frame)
    
    def fetch_next(self):  #获取下一份数据
        r1 = self.data_pointer
        self.data_pointer += 1
        if self.data_pointer >= self.df_len:
            return None
        return self.data_frame.iloc[r1:self.data_pointer, :]
    
    def initial_fetch(self):  #初始化数据获取
        if self.data_pointer > 0:
            return
        r1 = self.data_pointer
        self.data_pointer += int(0.2*self.df_len)
        return self.data_frame.iloc[r1:self.data_pointer, :]

rtapi = RealTimeAPI()  #实例化一个 RealTimeAPI 对象

#数据聚合函数字典参数
resample_map  = {'Open' :'first',  #开盘价数据通过 first()函数选取第一条
                 'High' :'max'  ,  #最高价数据通过 max()函数选取最大值
                 'Low'  :'min'  ,  #最低价数据通过 min()函数选取最小值
                 'Close':'last' }  #收盘价数据通过 last()函数选取最后一条

#将采样周期设置为 15 分钟
resample_period = '15T'
```

```
df = rtapi.initial_fetch()  #数据获取初始化
#resample()执行数据重采样操作,agg()执行数据聚合操作,dropna()用于删除包含缺失值的行或列
rs = df.resample(resample_period).agg(resample_map).dropna()

#通过参数returnfig = True的设置,返回图形和轴
fig, axes = mpf.plot(rs, returnfig = True, figsize = (11, 8),
                     type = 'candle', title = '\n\nGrowing Candle')

#读取返回的轴并将它将作为外轴回传至Mplfinance
ax = axes[0]

#动画函数定义
def animate(ival):
    global df
    global rs
    nxt = rtapi.fetch_next()  #获取下一份重新采样数据
    if nxt is None:  #若没有更多数据则退出
        exit()

    #将数据附加到缓存的重新采样数据中
    df = df.append(nxt)
    #数据重新采样并聚合
    rs = df.resample(resample_period).agg(resample_map).dropna()
    ax.clear()  #清除ax轴图像
    #通过外轴回传到Mplfinance,绘制重新采样数据的K线图
    mpf.plot(rs, ax = ax, type = 'candle')

#绘制动画并显示
ani = animation.FuncAnimation(fig, animate, interval = 250)
mpf.show()
```

运行上述示例代码,可直接看到动画演示效果,因在书中无法直接展示动画,故用图7-23所示的Mplfinance外轴模式动画示例来代替显示。动画演示效果可参见本书配套的电子资源。

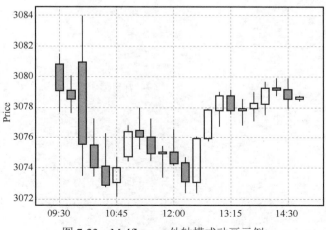

图 7-23　Mplfinance 外轴模式动画示例

在本示例中，数据为每分钟获取一次，每支蜡烛的聚合时间为 15 分钟。但是，对于这个模拟，我们将动画速率设置为 250 毫秒，这意味着我们每 1/4 秒从 API 中获得 1 分钟的数据。因此，该模拟的运行速度是实时的 240 倍。

需要注意的是，在本示例中，我们对每个动画周期的整个数据集进行了重新采样。这个操作是很低效的，但对于少于 5000 个的数据点来说效果尚可。对于较大的数据集，一个可行的方法是，将重新采样的数据缓存到最后一个"完整"蜡烛，并且只对有助于最终蜡烛的数据进行重新采样（并将其附加到缓存的重新采样的数据中）。

# 第 8 章　程序运行信息动态展示与 Python 可视化编程

程序运行信息动态展示是一种将程序运行时产生的数据以图形化方式展现出来的可视化技术，它为软件开发和调试提供了非常重要的帮助。通过动态可视化技术，技术人员可以看到程序运行时的各种信息，包括内存使用情况、CPU 占用率、线程状态等，这些信息对于调试和优化程序非常重要。动态可视化技术还可以帮助程序员快速定位程序中的问题，例如内存泄漏、死锁等，从而更快地解决问题，提高开发效率。此外，通过动态可视化技术，程序员可以更好地优化程序，提高程序的性能和稳定性，从而提升用户的使用体验。

在本章，我们将介绍几种常见的用于对 Python 程序运行信息进行可视化的工具，以及一款实用的可视化编程工具。

## 8.1　Heartrate 程序运行可视化监测

### 8.1.1　Heartrate 简介

Heartrate 是一个第三方 Python 工具库，可以像监测心率一样实时可视化监测 Python 程序的执行过程，并以高亮显示被执行的代码，Heartrate 程序监测示例如图 8-1 所示。其中，左侧第一列数字表示代码所在的行数，第二列数字代表每行代码在程序运行的整个过程中被触发的次数。从图 8-1 中可知，长方框表示最近被触发的代码行。方框越长，表示其所涵盖的代码被触发的次数越多；颜色越浅，表示所在范围的代码最近被触发次数越多。Heartrate 的代码高亮显示部分主要依赖于 executing 库，关于该库的更多信息请参阅本书电子资源提供的官方网址。

在 Anaconda 命令行中执行以下命令，即可完成 Heartrate 工具库的在线安装。

```
pip install heartrate -i 镜像源地址
```

除了可视化显示程序代码被触发的次数，Heartrate 还提供了实时堆栈追踪（Stack Trace）的功能，用于跟踪显示程序运行过程中对其他库文件中各种方法、函数的调用情况。Heartrate 的堆栈追踪功能示例如图 8-2 所示。

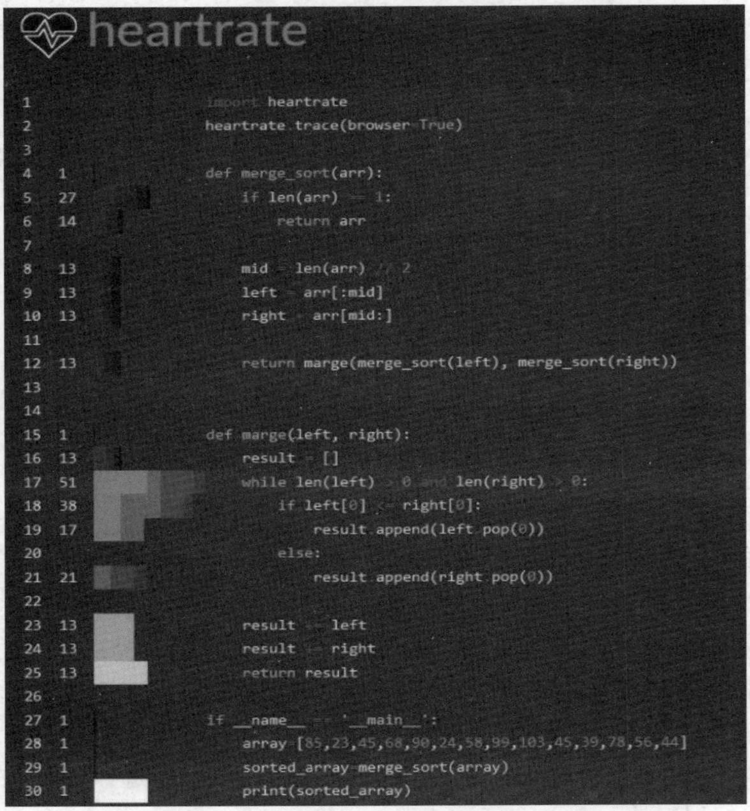

图 8-1 Heartrate 程序监测示例

图 8-2 Heartrate 的堆栈追踪功能示例

## 8.1.2　Heartrate 应用示例

若要启动 Heartrate 进行程序运行状态监测，需要在代码中启动程序追踪，并在线程中启动服务器打开显示 trace()被调用的文件可视化图的浏览器窗口。用法如下。

```
import heartrate  #导入 Heartrate 可视化工具库
heartrate.trace(browser = True)  #启动在浏览器中的可视化程序运行跟踪工具
```

在被监测程序中添加上述代码，程序运行时则会打开一个浏览器窗口，显示该文件的可视化位置。单击 Heartrate 的心形 Logo，则会显示其文件视图。堆栈追踪位于文件视图底部，追踪时只追踪调用它的线程。若要追踪多线程，用户必须对每个线程都予以调用，并且每次的端口也会不同。

此外，Heartrate 还提供了文件跟踪功能，该功能主要通过 trace()函数的 files 参数实现，示例代码如下。

```
from heartrate import trace, files                    #导入 trace、files
trace(files = files.path_contains('demo','foo'))  #跟踪文件路径中包含指定字符串的所有文件
```

files 参数用于指定除当前调用 trace()函数之外其他需要跟踪的文件。files 有以下用法。

① files.all：跟踪所有文件。

② files.path_contains(substrings)：跟踪路径中包含任何给定子字符串的所有文件。

③ files.contains_regex(pattern)：跟踪文件自身包含给定正则表达式 "pattern" 规则所对应的所有文件。因此，用户可以在源代码中标记所跟踪的文件，例如添加注释。默认情况下跟踪包含注释 "# Heartrate" 的文件（空格可选）。

如果用户要跟踪多个文件，则可通过以下两种方式得到它们的可视化页面。

① 堆栈追踪中，用户单击正在跟踪的堆栈条目，则可打开页面并跳转至堆栈条目。

② 跳转至 http://localhost:9999/网站的索引页，从而查看跟踪文件列表（可以单击浏览器左上角 Heartrate 的心形 Logo）。

除了 files 参数，trace()函数还有其他几个可选参数，说明如下。

① host：服务器的 HTTP 主机。若要运行可从任何地方访问的远程服务器，使用'0.0.0.0'。默认为'127.0.0.1'。

② port：服务器的 HTTP 端口，默认为 9999。

③ browser：若设置为 True，则自动打开显示文件（trace()函数被调用）可视化图的浏览器标签，默认为 False。

④ daemon：设置包含服务器的线程是否为守护线程。若将其设置为 True，可以在程序其余部分完成后关闭服务器。

以下示例代码用于跟踪单个文件，并将程序运行过程动态显示出来。

```
import heartrate  #导入 Heartrate 可视化工具库
heartrate.trace(browser = True)  #启动在浏览器中的可视化程序运行跟踪工具

def merge_sort(arr):  #归并排序定义
    if len(arr) == 1:
        return arr
```

```python
    mid = len(arr) // 2
    left = arr[:mid]
    right = arr[mid:]
    return merge(merge_sort(left), merge_sort(right)) #递归方式的归并排序定义

def merge(left, right): #归并方法实现
    result = []
    while len(left) > 0 and len(right) > 0:
        if left[0] < = right[0]:
            result.append(left.pop(0))
        else:
            result.append(right.pop(0))

    result + = left
    result + = right
    return result

if __name__ == '__main__':
    #初始化一个示例数组
    array = [85, 23, 45, 68, 90, 24, 58, 99, 103, 45, 39, 78, 56, 44]
    sorted_array = merge_sort(array) #归并排序
    print(sorted_array) #输出结果
```

运行上述示例代码，代码触发运行情况的可视化结果如图 8-1 所示，实时堆栈追踪运行情况如图 8-2 所示。

## 8.2 PySnooper 与程序运行状态监控

### 8.2.1 PySnooper

PySnooper 是一款简单易用的 Python 程序调试器。当我们试图找出程序代码没有按照自己想法运行的原因，或希望使用一个功能齐全的带有断点和监视点的调试器时，PySnooper 是一个非常不错的选择。

当需要知道哪些代码行正在运行，哪些没有运行，以及本地变量的值是什么时，大多数人会在关键位置使用 print 等语句，用于显示相关信息。利用 PySnooper，用户只需在感兴趣的函数前添加一行代码（例如，"@pysnooper.snoop()"），为该函数添加一个装饰器，就会得到一个函数的逐点日志，包括哪些代码行在运行、何时运行，以及局部变量更改的确切时间等信息。

在 Anaconda 控制台中执行以下命令，即可完成 PySnooper 的在线安装。

```
pip install pysnooper -i 镜像源地址
```

下面，我们编写一个将十进制数转化为二进制数的函数，然后为其添加一个装饰器来实现对程序运行情况的"窥探"，示例代码如下。

```
import pysnooper
```

```
@pysnooper.snoop()  #添加 PySnooper 函数装饰器
def number_to_bits(number):  #函数定义：十进制转二进制
    if number:
        bits = []
        while number:
            number, remainder = divmod(number, 2)
            bits.insert(0, remainder)
        return bits
    else:
        return [0]  #返回转换后的二进制列表

number_to_bits(6)  #调用函数
```

运行 PySnooper 示例代码，在 Anaconda 终端的输出如图 8-3 所示。该结果显示了目标程序的路径和名称、变量初始化的值、每行代码调用的时间、函数返回值及整个程序运行所耗时间等诸多程序运行状态的相关信息。

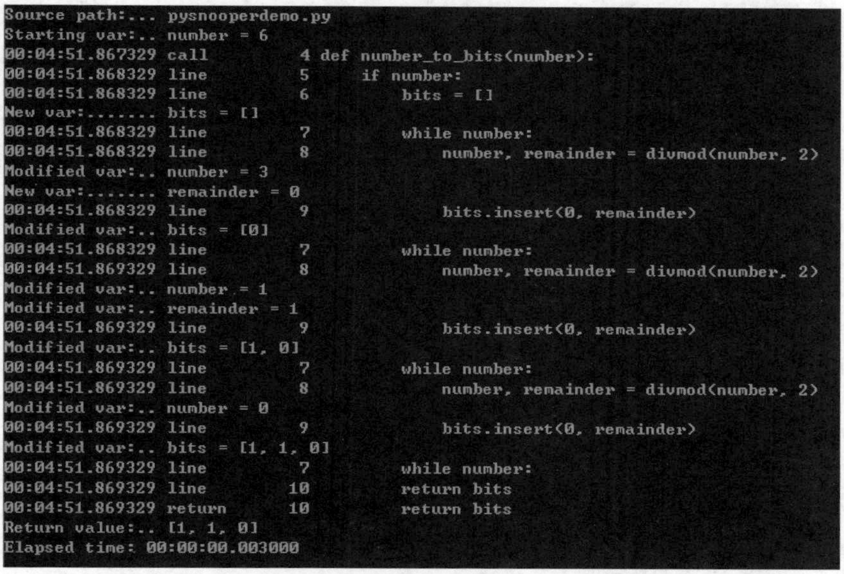

图 8-3　运行 PySnooper 示例代码在 Anaconda 终端的输出

若需将屏幕终端输出结果重定向到指定的日志文件，可将上述示例代码中的函数装饰器语句@pysnooper.snoop()替换为@pysnooper.snoop('/path-to-log/log.txt')即可。打开日志文件 log.txt 可得知内容与上述屏幕终端输出并无区别。

如果我们不想跟踪整个函数的运行情况，而只想关注其中某部分的情况，则可将相关部分代码包含在一个"with"块中即可。示例代码如下。

```
import pysnooper  #导入 PySnooper 库
import random     #用于处理随机数

def demo_func():  #定义一个示例函数
    numer_list = []
    for i in range(10):
```

```
            #获取1～1000中的任意10个数组成1个数列
            numer_list.append(random.randrange(1, 1000))

print(numer_list)

    with pysnooper.snoop('log.txt'):    #只"窥探"with代码块部分的函数代码运行情况
        lower = min(numer_list)         #数列的最小值
        upper = max(numer_list)         #数列的最大值
        mid = (lower + upper) / 2       #数列的中间值
        print(lower, mid, upper)

if __name__ == '__main__':
    demo_func()
```

运行上述示例代码，输出到日志文件中的结果如下。

```
Source path:... demo.py
New var:....... numer_list = [305, 999, 940, 365, 238, 619, 329, 239, 817, 698]
New var:....... i = 9
00:31:35.607058 line        11          lower = min(numer_list)
New var:....... lower = 238
00:31:35.608058 line        12          upper = max(numer_list)
New var:....... upper = 999
00:31:35.609058 line        13          mid = (lower + upper) / 2
New var:....... mid = 618.5
00:31:35.609058 line        14          print(lower, mid, upper)
Elapsed time: 00:00:00.003000
```

### 8.2.2 Snoop

Snoop 是一个功能强大的 Python 调试工具，是一个更具特色和更精致版本的 PySnooper。在 Anaconda 控制台中执行以下命令，即可完成 Snoop 的在线安装。其使用方式与 PySnooper 基本类似。

```
pip install snoop -i 镜像源地址
```

例如，上一节中的十进制数转化为二进制数函数，程序调用运行信息可视化的 Snoop 版本示例代码如下。

```
import snoop #导入Snoop工具

@snoop()  #添加snoop函数装饰器
def number_to_bits(number):  #定义十进制数转二进制数函数
    if number:
        bits = []
        while number:
            number, remainder = divmod(number, 2)
            bits.insert(0, remainder)
        return bits
    else:
```

```
        return [0]

if __name__ == '__main__':
    number_to_bits(8)
```

运行上述示例代码，输出函数调用信息结果如下。

```
11:48:54.95 >>> Call to number_to_bits in File "snoopdemo.py", line 4
11:48:54.95 ...... number = 8
11:48:54.95    4 | def number_to_bits(number):
11:48:54.95    5 |     if number:
11:48:54.95    6 |         bits = []
11:48:54.95    7 |         while number:
11:48:54.95    8 |             number, remainder = divmod(number, 2)
11:48:54.95 .................. number = 4
11:48:54.95 .................. remainder = 0
11:48:54.95    9 |             bits.insert(0, remainder)
11:48:54.95 .................. bits = [0]
11:48:54.95 .................. len(bits) = 1
11:48:54.95    7 |         while number:
11:48:54.95    8 |             number, remainder = divmod(number, 2)
11:48:54.95 .................. number = 2
11:48:54.95    9 |             bits.insert(0, remainder)
11:48:54.95 .................. bits = [0, 0]
11:48:54.95 .................. len(bits) = 2
11:48:54.95    7 |         while number:
11:48:54.95    8 |             number, remainder = divmod(number, 2)
11:48:54.95 .................. number = 1
11:48:54.95    9 |             bits.insert(0, remainder)
11:48:54.95 .................. bits = [0, 0, 0]
11:48:54.95 .................. len(bits) = 3
11:48:54.95    7 |         while number:
11:48:54.95    8 |             number, remainder = divmod(number, 2)
11:48:54.95 .................. number = 0
11:48:54.95 .................. remainder = 1
11:48:54.95    9 |             bits.insert(0, remainder)
11:48:54.95 .................. bits = [1, 0, 0, 0]
11:48:54.95 .................. len(bits) = 4
11:48:54.95    7 |         while number:
11:48:54.95   10 |         return bits
11:48:54.95 <<< Return value from number_to_bits: [1, 0, 0, 0]
```

下面我们尝试编写更复杂的代码，例如一个记忆函数装饰器，它将函数参数和返回值存储在缓存中，以免重新计算，示例代码如下。

```
import snoop

def cache(func):    #缓存函数定义
    d = {}
    def wrapper(*args):    #封装函数定义
        try:
```

```
                return d[args]  #返回缓存的函数参数
        except KeyError:
            result = d[args] = func(*args)
            return result  #返回缓存的函数值
    return wrapper

@snoop(depth = 2)
@cache
def add(x, y):
    return x + y

add(1, 2)
add(1, 2)
```

在该示例中,我们指定 depth=2,这意味着我们还应该向下一级进入内部函数调用。我们调用了两次函数以查看缓存的运行情况。depth 默认值为 1,表示没有内部调用。

运行上述示例代码,输出结果如下。

```
11:30:26.88 >>> Call to cache.<locals>.wrapper in File "snoopexample.py", line 6
11:30:26.88 .......... args = (1, 2)
11:30:26.88 .......... len(args) = 2
11:30:26.88 .......... d = {}
11:30:26.88 .......... func = <function add at 0x000000000C9C2950>
11:30:26.88     6 |    def wrapper(*args):
11:30:26.88     7 |        try:
11:30:26.88     8 |            return d[args]
11:30:26.92 !!! KeyError: (1, 2)
11:30:26.92 !!! When subscripting: d[args]
11:30:26.92     9 |        except KeyError:
11:30:26.92    10 |            result = d[args] = func(*args)
    11:30:26.92 >>> Call to add in File "snoopexample.py", line 17
    11:30:26.92 ...... x = 1
    11:30:26.92 ...... y = 2
    11:30:26.92    17 | def add(x, y):
    11:30:26.92    18 |     return x + y
    11:30:26.92 <<< Return value from add: 3
11:30:26.92    10 |            result = d[args] = func(*args)
11:30:26.92 .................. result = 3
11:30:26.92 .................. d = {(1, 2): 3}
11:30:26.92 .................. len(d) = 1
11:30:26.92    11 |        return result
11:30:26.92 <<< Return value from cache.<locals>.wrapper: 3
11:30:26.92 >>> Call to cache.<locals>.wrapper in File "snoopexample.py", line 6
11:30:26.92 .......... args = (1, 2)
11:30:26.92 .......... len(args) = 2
11:30:26.92 .......... d = {(1, 2): 3}
11:30:26.92 .......... len(d) = 1
11:30:26.92 .......... func = <function add at 0x000000000C9C2950>
11:30:26.92     6 |    def wrapper(*args):
```

```
11:30:26.92      7 |              try:
11:30:26.92      8 |                  return d[args]
11:30:26.92 <<< Return value from cache.<locals>.wrapper: 3
```

从上述结果中可以看出，在第一次调用函数时，缓存查找失败，并出现 KeyError 错误信息，因为调用了原来的 add 函数。而在第二次调用时，先前缓存的结果立即返回。

关于 Snoop 更详细的用法，读者可访问本书电子资源提供的相关网址进行更深入的学习和研究。

## 8.3 Birdseye 与函数调用信息可视化

Birdseye 是一个 Python 调试器，它会记录函数调用中表达式的值，并允许用户在函数退出后对它们进行查看。

在 Anaconda 控制台执行以下命令，即可完成 Birdseye 工具库的在线安装。

```
pip install birdseye -i 镜像源地址
```

安装完成后，利用 Birdseye 可以很便捷地对程序中的函数进行调试，其调用方式如下。

```
from birdseye import eye
@eye
def foo():
    function codes…
```

其中，第 1 行代码导入 Birdseye 工具包，第 2 行代码为 Birdseye 函数装饰器，第 3 行及后续省略的代码为一个简单的函数定义。需要注意的是，若代码中有多个函数装饰器，@eye 装饰器必须在其他任何装饰器之前应用，即位于装饰器列表的底部。

下面，我们用一个简单的例子来演示如何应用 Birdseye 来对程序中的函数调用及表达式的值等运行情况进行观察，示例代码如下。

```
from birdseye import eye #导入Birdseye工具库
@eye #birdseye函数装饰器
def bubb_sort(a): #定义一个冒泡排序函数，输入为一个list
    if not isinstance(a, (list, set)):
        return '输入为非序列'
    for k in range(len(a)):
        if not isinstance(a[k], (int, float, complex)):
            return '序列中包含非数字字符'
    for j in range(len(a)-1):
        for i in range(len(a)-1):
            if a[i]>a[i+1]:
                l = a[i+1]
                a[i+1] = a[i]
                a[i] = l
    return a #返回排序后的list

if __name__ == '__main__':
    sortedList = bubb_sort([20, 18, 1, 2, 14, 4, 3, 9]) #示例数字序列
```

```
            print(sortedList)  #输出结果
```

运行上述示例代码,在终端输出排序后的数字序列。为了调试查看程序中的函数调用和表达式的值,在程序运行结束后,我们需在 Anaconda 终端运行 Birdseye 程序,或通过 python–m birdseye 命令来启动一个 UI 服务器。服务器启动之后,打开浏览器输入 http://localhost:7777 即可打开程序运行情况的可视化界面,基于 Birdseye 的程序运行监控可视化示例如图 8-4 所示。

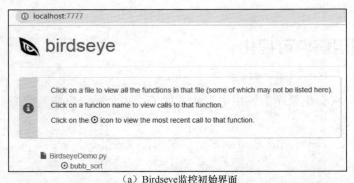
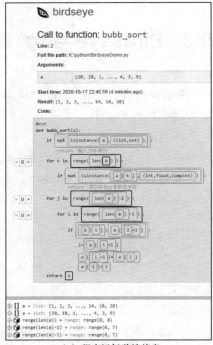

图 8-4  基于 Birdseye 的程序运行监控可视化示例

其中,图 8-4(a)为打开浏览器时显示的 Birdseye 监控初始界面,显示了当前被监控的程序及其所包含的函数名称。单击函数名称左边的三角形箭头小图标就会打开图 8-4(b)所示的界面,显示函数运行时间、输入参数及运行结果等相关信息。单击列表里的内容即可打开图 8-4(c)所示的界面,显示程序所在位置、函数定义代码及程序运行时间、输入参数、运行结果等相关信息。用户可以通过以下方式对函数调用情况进行查看。

① 将鼠标光标悬停在表达式上,可在屏幕底部查看其值。

② 单击表达式将其选中,使其保留在"检查"面板中,从而允许同时查看多个值并展开对象和数据结构。再次单击可取消选择。

③ 将鼠标光标悬停在"检查"面板中的项目上,它将在代码中突出显示。

④ 拖动检查面板顶部的栏,可以垂直调整其大小。

⑤ 单击"循环"旁边的箭头,可在迭代中来回执行。单击中间的数字进行下拉,可直接跳转到特定的迭代。

## 8.4　Pycallgraph 与函数关系可视化

Pycallgraph 是一个为 Python 应用程序创建可视化函数调用图的 Python 模块。在 Anaconda 命令行终端执行 pip install pycallgraph，即可完成该库的在线安装。用户可以使用命令行界面快速可视化 Python 脚本，也可以在程序代码中使用 Pycallgraph 模块进行更细粒度的可视化设置。

例如，在命令行界面执行以下命令，实现对指定 Python 脚本程序的 Pycallgraph 可视化，并指定 Graphviz 作为输出终端。该命令执行完成后，会在当前目录生成一个名为"pycallgraph.png"的图像文件，其中包含函数关系可视化的相关信息。

```
pycallgraph graphviz -- ./myprogram.py
```

Graphviz 是一款由 AT&T Research 和 Lucent Bell 实验室开源的可视化图形工具，可以很方便地绘制结构化的图形网络，支持多种格式输出。因此，在使用上述命令之前，我们需要从本书配套的电子资源提供的 Graphviz 官方网址下载相应版本的安装文件进行安装。

通过 Pycallgraph API 对 Python 程序进行可视化的基本用法如下。

```
from pycallgraph import PyCallGraph #导入PyCallGraph库
from pycallgraph.output import GraphvizOutput #用于重定向输出
with PyCallGraph(output = GraphvizOutput()):    #开始跟踪以下程序代码块
    code_to_profile() #此处为省略需要跟踪的代码
```

下面示例定义几个不同的类，并在类中定义一些函数和方法。然后通过 Pycallgraph 对代码进行跟踪，并将类和函数关系图保存在一个指定的文件中。示例代码如下。

```
from pycallgraph import PyCallGraph #导入PyCallGraph库
from pycallgraph.output import GraphvizOutput #用于重定向输出

class Banana: #定义Banana类

    def eat(self): #定义eat方法
        pass #省略实现代码

class Person: #定义Person类

    def __init__(self): #类的初始化方法
        self.no_bananas()

    def no_bananas(self): #定义no_bananas方法
        self.bananas = []

    def add_banana(self, banana): #定义add_banana方法
        self.bananas.append(banana)

    def eat_bananas(self): #定义eat_bananas方法
```

```
        [banana.eat() for banana in self.bananas]
        self.no_bananas()

def main():  #定义主函数
    graphviz = GraphvizOutput()
    graphviz.output_file = 'basic.png'  #输出结果保存至指定图像文件

    with PyCallGraph(output = graphviz):  #开始程序代码跟踪
        person = Person()  #类的实例化
        for a in range(10):
            person.add_banana(Banana())
        person.eat_bananas()

if __name__ == '__main__':
    main()
```

运行上述示例代码，输出图 8-5 所示的以不同颜色进行标记的类、函数关系。

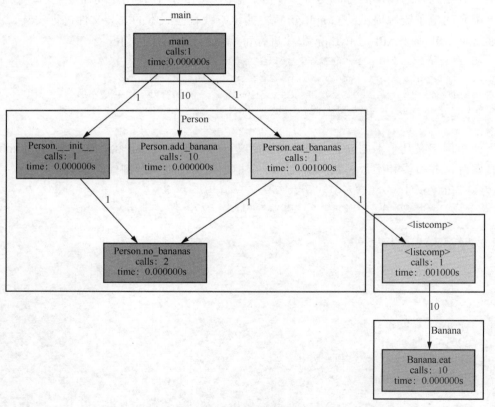

图 8-5　函数调用关系示例

当我们不太关注全局函数调用，而只想观察程序中部分类和函数的调用关系时，需要用到 Pycallgraph 的过滤机制。

下面，我们对上个示例中的 Banana 类进行重新定义，并添加部分函数、方法。

```
class Banana:
```

```python
    def __init__(self):
        pass

    def eat(self):
        self.secret_function()
        self.chew()
        self.swallow()

    def secret_function(self):
        time.sleep(0.2)

    def chew(self):
        pass

    def swallow(self):
        pass
```

除了指定输出文件，不需要进行任何其他配置，即可实现程序跟踪的示例代码如下。

```python
from pycallgraph import PyCallGraph
from pycallgraph.output import GraphvizOutput
from banana import Banana #将前面的Banana类保存为独立的Python文件后作为模块引入

graphviz = GraphvizOutput(output_file = 'filter_none.png')  #指定输出文件

with PyCallGraph(output = graphviz):
    banana = Banana()
    banana.eat()
```

运行上述代码，输出无过滤机制下的类与函数关系，如图8-6所示。

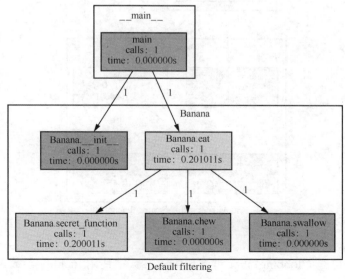

图8-6　无过滤机制下的类与函数关系

假设我们可能需要隐藏类中的部分函数和方法，例如隐藏secret_function()，则需要创建一个 GlobbingFilter 过滤器，利用它将 secret_fucntion()和 PyCallGraph 一起排除在外，并将该过滤器添加到名为 trace_filter 的配置选项中，这样我们就看不到其内部调用信息了，示例代码如下。

```
from pycallgraph import PyCallGraph
from pycallgraph import Config #用于处理过滤器参数配置
from pycallgraph import GlobbingFilter #用于过滤器相关操作
from pycallgraph.output import GraphvizOutput
from banana import Banana

config = Config() #初始化过滤器配置
config.trace_filter = GlobbingFilter(exclude = [
    'pycallgraph.*',
    '*.secret_function',
]) #配置过滤器，将指定的函数或方法排除在跟踪目标外

graphviz = GraphvizOutput(output_file = 'filter_exclude.png') #指定输出文件

with PyCallGraph(output = graphviz, config = config): #开始跟踪函数调用关系
    banana = Banana()
    banana.eat()
```

运行上述代码，输出使用过滤器后的类与函数关系，如图 8-7 所示。我们可以发现 Banana 类的 secret_fucntion()函数已经被排除在函数调用关系外了。

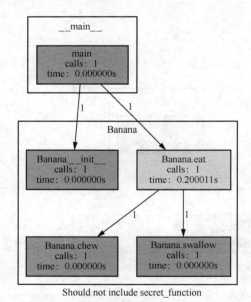

图 8-7　使用过滤器后的类与函数关系

当然，我们也可在 GlobbingFilter 过滤器配置参数中使用 include 参数来包含需要跟踪的函数。

若我们只对第一级函数调用关系感兴趣，则可将 config.max_depth 参数值设置为 1 即可，示例代码如下。

```python
from pycallgraph import PyCallGraph
from pycallgraph import Config
from pycallgraph.output import GraphvizOutput
from banana import Banana

config = Config(max_depth = 1)  #指定只需跟踪1级函数调用关系
graphviz = GraphvizOutput(output_file = 'filter_max_depth.png')

with PyCallGraph(output = graphviz, config = config):
    banana = Banana()
    banana.eat()
```

运行上述代码，输出使用 max_depth 参数进行过滤后的类与函数关系，如图 8-8 所示。从中我们可以发现，Banana 类中的 eat()方法下的 chew()和 swallow()没有出现在函数调用关系中。

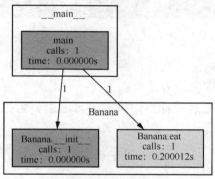

图 8-8　使用 max_depth 参数进行过滤后的类与函数关系

## 8.5　Ryven 与 Python 可视化编程

### 8.5.1　Ryven 简介

Ryven 是一款基于动态运行时流模型的 Python 可视化编程工具，具有简单易用、高度可扩展和高效的自动化能力。它适用于各种任务领域，例如自动化测试、数据处理、机器学习和人工智能等。Ryven 使用直观的流程图形式表达任务流程，支持 Python 代码的嵌入和执行，因此可以轻松地与 Python 生态系统中的其他工具和库集成。此外，Ryven 还提供了强大的调试工具，可帮助用户轻松诊断和修复问题，从而提高开发效率。

"运行时"则意味着用户不需要导出任何代码，所有操作都可以在编辑器中执行。节点是编辑器中的基本单元，用户可以将任何 Python 代码放到节点中，不同的节点对应不同的功能。而创建节点非常简单。启动 Ryven 编辑器后，用户可以通过可视化的方式进行编程，不需要枯燥地敲代码。Ryven 可视化编程示例如图 8-9 所示，用户可以通过输入矩阵并使用不同的功能节点，如转置、共轭和乘方等，得到及时的可视化结果反馈。

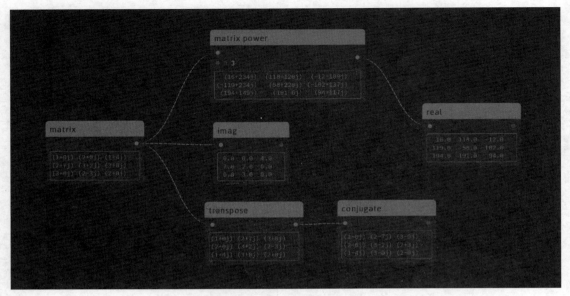

图 8-9　Ryven 可视化编程示例

Ryven 的算法模式有数据流和执行流两种。大多数流行的可视化编程编辑器都采用纯数据流（无执行连接）或执行流的方法。在 Ryven 中，这两种算法有很大的不同。数据流适用于任何类型的线性数据处理或计算，执行流可用于使用控制结构（例如循环）的算法结构。

数据流：在数据流中，每次数据更改（这意味着节点的数据输出已更改）都会向前传播，并在所有连接的节点中触发事件更新。

执行流：在执行流中，数据永远不会在更改时向前传播，而是在请求时（向后）生成，仅在某个地方（通过 self.input()，请参阅 API）请求输出数据时，才在受影响的节点触发事件更新。但是，如果活动节点请求此数据，则将执行整个表达式。

控制项：支持触控笔，放大功能（Ctrl+鼠标轮），放置节点（鼠标单击右键）。

### 8.5.2　Ryven 的安装与启动

在使用 Ryven 之前，我们需要将其项目源代码下载到本地机器中（项目的 Github 网址参见本书配套的电子资源），然后通过几个简单的安装步骤，即可使用。安装过程如下。

① 源代码打包下载完成后，解压至本机的示例目录中（例如 D:\Ryven）。

② 打开 Anaconda 控制台界面，进入 D:\Ryven。

③ 执行命令 python –m venv myenv 创建一个虚拟 Python 运行环境 myenv，以避免和现有的本机其他项目中的第三方 Python 库版本冲突。

④ 执行命令 cd D:\Ryven\myenv\Scripts。

⑤ 执行命令 activate，启动刚创建的 Python 虚拟环境。

⑥ 返回 D:\Ryven 目录，并执行以下命令安装 Ryven 项目所需的第三方 Python 库。

```
pip install -r requirements.txt -i 镜像源地址
```

安装结束后，进入 D:\Ryven\Ryven 目录，执行以下命令即可启动 Ryven，Ryven 启动界面如图 8-10 所示，其中"create new plain project"按钮用于创建一个新的可视化工程项目，而"load project"则用于打开一个已有的项目。

```
python ryven.py
```

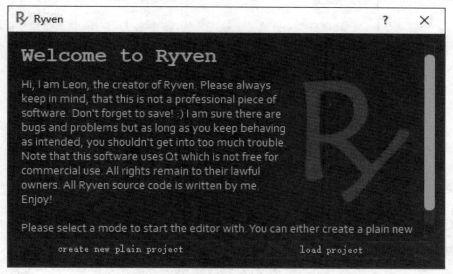

图 8-10　Ryven 启动界面

### 8.5.3　Ryven 应用示例

在 Ryven 环境中，每个 Python 脚本都由变量、流（或图）及日志等可视化元素构成，在可视化编程界面中右键单击就可以轻松地添加或删除各种功能节点。Ryven 中的节点文件包含在 packages 目录中，如图 8-11（a）所示，当前版本共有包括 email、geometry、linalg、math、matplotlib、OpenCV、OpenWeatherMap、Perceptron、random、raspberry pi、std 类别。

利用 Ryven 进行可视化编程之前，用户需要导入节点软件包，才能使用各种可视化节点编程元素。具体操作为：在 Ryven 新项目界面依次单击菜单"File"→"Import Nodes"，然后选择相应的节点软件包文件。

下面，我们以一个 OpenCV 图像处理相关的编程为例，简要说明如何在 Ryven 环境中利用各种相关节点来进行可视化编程，具体步骤如下。

#### 1. 创建新项目

打开 Ryven，并选择"create new plain project"，开始创建一个新项目。

#### 2. 导入节点软件包

单击"File"→"Import Nodes"，导入与我们创建的项目相关的节点软件包。

在该例子中，我们用到的是图像与视频处理相关的可视化编程节点，因此需要导入 OpenCV 目录下的"OpenCV.rpc"软件包，如图 8-11（b）所示。

（a）Ryven的packages文件目录

（b）OpenCV软件包内容

图 8-11　Ryven Packages 中的不同类型节点

### 3. 创建可视化编程功能节点

在本示例中，我们用到的节点包括图像读取、图像显示、尺寸调整、双边滤波、RGB 图像转换为灰度图、亮度调节、基于 Canny 算子的边缘检测等。创建这些节点只需右键单击 Ryven 编程界面空白处，然后从弹出菜单中选择相应的功能节点即可。例如，单个节点创建示例如图 8-12（a）所示。用同样的方法，将我们所要用到的 7 个功能节点创建出来，多个节点创建示例如图 8-12（b）所示。

可视化节点创建和连接、初始化设置、程序运行等整个过程演示可参见本书配套的电子资源。

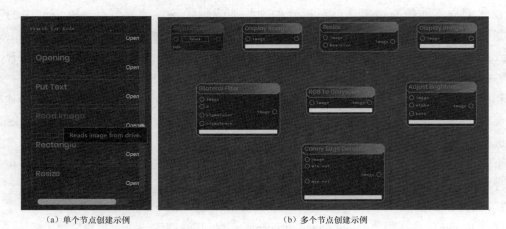

（a）单个节点创建示例　　　　　　　　（b）多个节点创建示例

图 8-12　在 Ryven 界面创建功能节点

### 4. 选择算法模式并连接各功能节点

创建完所需功能节点后，我们需要通过按住鼠标左键依次将这些节点连接起来，Algorithm 选择 Data Flow，Viewport Update Mode 则选择 Sync。节点连接与设置如图 8-13 所示。

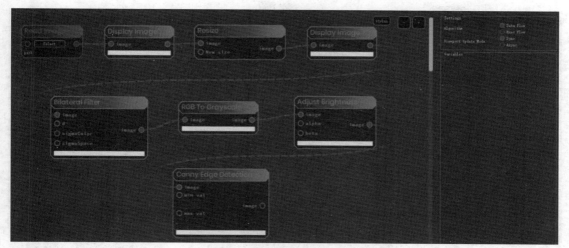

图 8-13　节点连接与设置

算法和更新模式的选择很重要，例如，在本示例中，我们想要看到其他节点对于输入变化的及时可视化反馈，则需要选择数据流算法同步模式。连接完成之后，需要在有参数设置的功能节点设置好相关参数，例如，"Resize"节点的"New size"设置为"640,480"；"Bilateral Filter"节点的 d 参数设置为 30，"sigmaColor"设置为 150，"sigmaSpace"设置为 200，"Adjust Brightness"节点中的"alpha"参数设置为 1，"beta"参数设置为 2；"Canny Edge Detection"节点的"min val"参数设置为 10，"max val"参数设置为 160。当然，我们也可以对这些参数进行其他设置。

连接并设置好所有功能节点后，单击"Read Image"节点的"Select"按钮，并在弹出对话框中选择一幅测试图像，则会显示如图 8-14（a）所示的可视化编程运行结果。改变节点的参数设置，结果的变化也会即时反馈在可视化界面上。

我们也可以通过"View"菜单的"Flow Theme"来设置界面风格，本示例用到的是"dark tron"风格。保存可视化界面可通过菜单"View"→"Save Picture"来完成。如果要保存该示例项目，则通过"File"→"Save Project"来实现。

用户可以通过鼠标拖动调节的方式将日志窗口"Log"和源代码窗口"Source Code"显示出来，可视化结果与调试信息显示如图 8-14（b）所示。其中，日志窗口包含全局信息日志子窗口"Global Messages"及出错信息日志子窗口"Error Log"。源代码窗口则显示可视化节点对应的 Python 代码，鼠标单击哪个节点，就会显示哪个节点的源代码信息。

下面，我们再通过一个稍微复杂些的例子来演示基于 Ryven 的 Python 可视化编程。因前文对节点创建、参数设置、风格设置等诸多要点进行了详细的说明，在此例中我们不再赘述。

这是一个基于 Matplotlib 来进行函数图像可视化的例子，因此我们需要导入"matplotlib.rpc"节点软件包，此外，因为要用到"Slider"等其他相关功能节点，我们还需导入"std.rpc"软件包。

在本示例中，被可视化的函数包括以下 3 个。

① $y = x^2 \sin(x^2) + 1$。

② $y = x^2$。

③ $y = -x^2$。

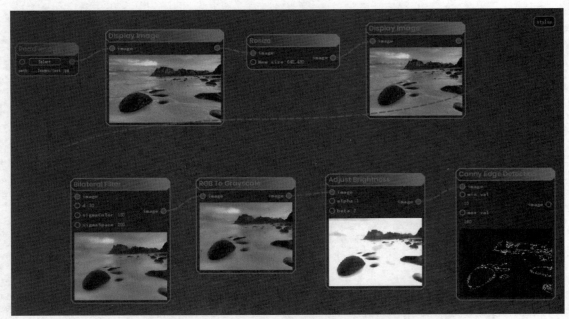

(a) 可视化编程运行结果示例

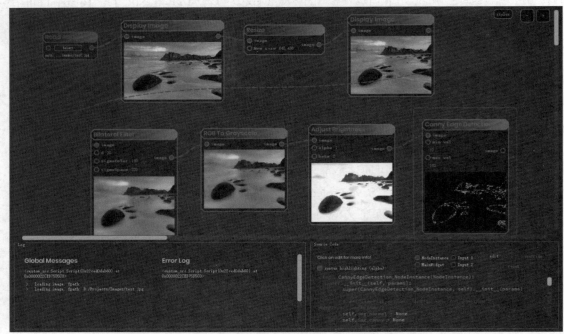

(b) 可视化结果与调试信息显示

图 8-14　图像处理可视化编程示例

函数可视化要用到的是 Matplotlib 中的 "func" 功能节点，我们在该节点的 "f" 参数中分三行分别输入如下代码。

```
(x**2)*np.sin(x**2)+1
x**2
-x**2
```

Ryven 可视化编程示例如图 8-15 所示。用鼠标拖动"Slider"节点中的滑块，对应的函数图像会随之改变，其中上方绿色曲线为 $y = x^2$，下方黄色曲线为 $y = -x^2$，而中间的黄色曲线则为函数 $y = x^2 \sin(x^2) + 1$。

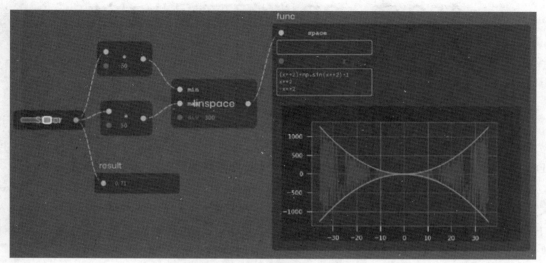

图 8-15　Ryven 可视化编程示例

因在书中无法直接展示动画，程序的动态交互效果可参见本书配套的电子资源。

# 第 9 章 3D 数据可视化方法

3D 数据可视化,又称为 3D 数据分析。它利用计算机处理从不同角度观察到的数据,并以视觉化的方式呈现出来。通过 3D 可视化,人们可以在显示屏上漫游、平移、缩放、旋转 3D 图形,更好地理解和分析复杂的 3D 数据,从而为决策提供更准确的依据。

虽然 3D 数据可视化的研究历史非常悠久,但其应用主要集中在军事领域。20 世纪 60 年代末至 70 年代初,随着计算机图形学、数字图像学的发展,3D 显示技术得到了广泛应用。人们逐渐认识到,3D 显示不仅能使人们更加形象地观察现实世界中的物体,还能增强人与计算机间的交互能力。

近年来,随着计算机技术和计算机图形学的不断发展和成熟,基于 3D 数据可视化的开发软件得到了快速发展。它不仅在 3D 可视化领域中发挥着重要作用,例如虚拟现实、数字仿真等,而且还被广泛应用于汽车制造、医疗卫生、地理环境监测等多个领域。

3D 数据可视化涉及技术繁多且应用范围广泛,本章着重介绍几款常用的基于 Python 语言的 3D 数据分析处理工具,以及如何利用这些工具对数据进行 3D 数据可视化展示。

## 9.1 Mpl_toolkits 与 3D 数据可视化

### 1. Mpl_toolkits 简介

Mpl_toolkits 是 Matplotlib 自带的绘图工具包,不需要独立安装。若在导入的过程中出现错误,可考虑在 Anaconda 控制台执行以下语句来在线升级 Matplotlib 以解决问题。

```
pip install -upgrade matplotlib
```

Mpl_toolkits.mplot3d 工具包专门用于绘制 3D 图形,在 Matplotlib 3.2.0 版本之前,需要显式导入 mpl_toolkits.mplot3d 模块,以实现 3D 投影。对于最新版本,三维坐标系通过将关键字 projection='3d' 传递给 Figure.add_subplot 来创建,不必导入 mpl_toolkits.mplot3d 即可实现 3D 图形的绘制。

### 2. Mpl_toolkits.mplot3d 数据可视化示例

下面,我们通过几个简单的例子来展示 Mpl_toolkits.mplot3d 出色的 3D 数据可视化效果。首先,我们演示如何利用 mplot3d 在三维坐标系中绘制点、线、面,示例代码如下。

```
import numpy as np
import matplotlib.pyplot as plt
```

```python
plt.rcParams['font.sans-serif'] = ['SimHei']        #设置中文显示字体
plt.rcParams['axes.unicode_minus'] = False          #设置正常显示负号

fig = plt.figure() #创建绘图对象

'''
以下部分代码用来在三维坐标系中生成散点图
'''
ax1 = fig.add_subplot(1,3,1, projection = '3d')#创建位于第一行第一列的三维坐标子图
ax1.set_title('三维散点图')

#构建三维数据
z = np.linspace(0, 1, 100)
x = z * np.sin(20 * z)
y = z * np.cos(20 * z)
c = x + y
ax1.scatter3D(x, y, z, c = c) #调用 ax.scatter3D 创建三维点图

'''
以下部分代码用来在三维坐标系中生成曲线图
'''
ax2 = fig.add_subplot(1,3,2, projection = '3d')#创建位于第一行第二列的三维坐标子图
ax2.set_title('参数曲线图')

#构建曲线三个维度的数据
theta = np.linspace(-4 * np.pi, 4 * np.pi, 100)
z = np.linspace(-2, 2, 100)
r = z**2 + 1
x = r * np.sin(theta)
y = r * np.cos(theta)
ax2.plot3D(x, y, z, 'gray') #调用 ax.plot3D 绘制 3D 线图

'''
以下部分代码利用三角形网格在三维坐标系中生成曲面图
'''
ax3 = fig.add_subplot(1,3,3, projection = '3d')  #创建位于第一行第三列的三维坐标子图
ax3.set_title('三维曲面图')

n_radii = 8      #曲面半径
n_angles = 36    #角度

#创建半径和角度空间（省略半径 r = 0 以消除重复）
radii = np.linspace(0.125, 1.0, n_radii)
angles = np.linspace(0, 2*np.pi, n_angles, endpoint = False)[..., np.newaxis]

'''
将极坐标(半径,角度)转换为笛卡儿坐标(x,y)。(0,0)为手动添加，因此(x,y)平面中不会有重复点
'''
```

```
x = np.append(0, (radii*np.cos(angles)).flatten())
y = np.append(0, (radii*np.sin(angles)).flatten())

#计算z来生成3D曲面
z = np.sin(-x*y)
#调用ax.plot_trisurf绘制三维面图
ax3.plot_trisurf(x, y, z, linewidth = 0.2, antialiased = True)

plt.show()
```

运行上述示例代码,输出基于 mplot3d 的三维图像,如图 9-1 所示。

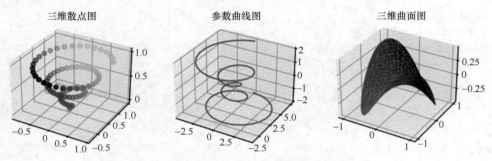

图 9-1 基于 mplot3d 的三维图像

以下示例将演示如何利用 mplot3d 在三维坐标系中生成动画效果。示例代码如下。

```
import matplotlib.pyplot as plt
import numpy as np
import time

fig = plt.figure() #创建绘图对象
ax = fig.add_subplot(projection = '3d')

'''
X, Y = np.meshgrid(x, y) 指的是将x中每一个数据和y中每一个数据组合生成很多点,
然后将这些点的x坐标放入X中,y坐标放入Y中,并且相应位置是对应的
'''
xs = np.linspace(-1, 1, 50)
ys = np.linspace(-1, 1, 50)
X, Y = np.meshgrid(xs, ys) #生成网格数据

#设置z轴限制,这样它们就不会在每一帧开始时进行重新计算并绘制,以免影响动画效果
ax.set_zlim(-1, 1)

#循环绘制图像
wframe = None
tstart = time.time()
for phi in np.linspace(0, 180. / np.pi, 100):
    #若已有线框图,则在绘制前删除。若没有这个操作,则所有画面都会叠加在一起
    if wframe:
        wframe.remove()
```

```
#生成曲面
Z = np.cos(1.5 * np.pi * X + phi) * (0.8 - np.hypot(X, Y))
#绘制新的线框图并短时间暂停,然后继续
wframe = ax.plot_wireframe(X, Y, Z, rstride = 2, cstride = 2)
plt.pause(0.1)  #暂停 0.1 秒,这是实现动画的关键。数值越小,动画速度越快

print('Average FPS: %f' % (100 / (time.time() - tstart)))  #输出平均帧速率
```

运行上述示例代码,会在三维坐标系中显示出一个类似"飘动的飞毯"的动画效果。因在书中无法直接展示动画,故用图 9-2 所示的三维坐标系曲面动画演示效果来代替显示。动画演示效果可参见本书配套的电子资源。

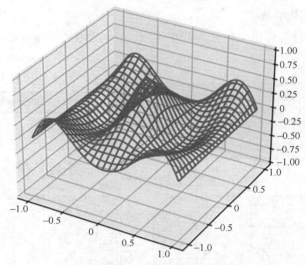

图 9-2　三维坐标系曲面动画演示效果

上述动画实现的原理比较简单:通过循环遍历数据生成一幅幅的线框图,但在绘制每幅新图时删除以前的旧图,并在其中做很短时间的暂停。正是这个绘图过程中的暂停操作导致了动画效果的产生,时间越短,动画越快。但需要注意的是,暂停时间不能过长(最好不要大于 0.1 秒),否则动画看上去会卡顿且效果大打折扣。在本示例中,我们利用 matplotlib.pyplot.pause()函数来实现时间暂停功能。

## 9.2　基于 VTK 的 3D 数据展示

### 9.2.1　VTK 简介

VTK 是一个开源、跨平台、支持并行计算的软件系统,主要用于三维计算机图形学、图像处理和数据可视化。VTK 是在 OpenGL 的基础上,采用面向对象的设计方法发展起来的,它的内核基于 C++语言构建,包含大约 25 万行代码、2000 多个类,还包含多个转换界面,因此我们也可以自由地通过 Java、Tcl/Tk 和 Python 等语言来使用 VTK。

在 Anaconda 控制台,输入以下命令即可实现 VTK 的在线安装。其中,镜像源地址可以在本书配套的电子资源中找到。

```
pip install vtk -i 镜像源地址
```

安装完成后,在 Python 解释器中执行以下语句,若无出错信息,则表明安装正确。

```
>>> import vtk  #导入VTK
>>> print(vtk.__version__)  #显示VTK当前版本号
9.1.0
```

### 9.2.2 VTK 与 3D 数据可视化

#### 1. VTK 数据可视化流程

VTK 数据可视化流程可以大致分为两个阶段:一个是数据准备阶段,另一个是渲染阶段,如图 9-3 所示。

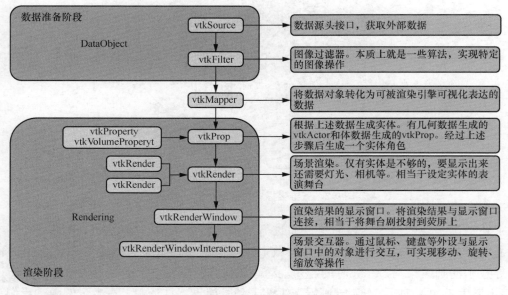

图 9-3  VTK 数据可视化流程

数据准备阶段主要是读取数据、数据处理(过滤)。渲染阶段就是将处理后的数据生成对应实体,在设定的渲染场景展示,并能够实现交互。而各部分实现的功能简单明了,目的明确,完成上述流程后,就可以得到一个能展示的模型。各部分之间有着承上启下的关系,数据准备阶段其实就是数据传递、处理的过程。因此用数据流来描述更加精确,而整个过程可看作数据流在管道中朝着一个方向流动的过程。整个流水线也被叫作 VTK 的可视化管线。可将上述数据流动过程简化为 VTK 术语描述如下。

Source→Filter→Mapper→Actor→Render→RenderWindow→Interactor

以下是这些名词术语的解释。

Source(数据源):通过读取文件或重构数据对象产生各种类型的图像数据。

Filter(过滤器):通过一些算法对原始数据进行操作,例如三角化、提取轮廓等。

Mapper（映射器）：把不同类型的数据转成图形数据。
Actor（角色）：执行渲染的对象。
Render（渲染器）：用于渲染图像。
RenderWindow（窗口）：可以理解成用于成像的一个平面。
Interactor（交互）：用于获取渲染窗口上发生的鼠标、键盘事件，提供了独立于平台的、与渲染窗口进行交互的机制。

VTK 程序的运行与一个舞台剧演出非常类似。观看舞台剧时，观众坐在台下，展现在观众面前的是一个舞台，舞台上有各式的灯光和各样的演员。演员出场时肯定会先化妆，观众和演员有时会有一定的互动。剧院舞台类似于 VTK 程序的渲染窗口（vtkRenderWindow），渲染器（vtkRender）就相当于对演员（vtkActor）进行化妆并布置舞台场景，映射器（vtkMapper）则类似于舞台剧本，演员根据剧本来演出时，会与台下的观众互动交互（vtkRenderWindowInteractor）。对于舞台上的演员，观众可以轻松分辨出来，因为他们的穿着打扮不同，这就相当于程序中 vtkActor 的不同属性（vtkProperty），台下观众的眼睛可以看作 vtkCamera。vtkCamera 用于定义观察者的位置、焦点以及其他相关的属性，它负责把三维场景投影到二维平面，如屏幕、图像等。

下面，我们就用一个简单的例子来演示 VTK 数据可视化的基本流程。示例代码如下：

```python
import vtk      #导入VTK工具包

cone_a = vtk.vtkConeSource()     #定义数据源
coneMapper = vtk.vtkPolyDataMapper()   #实例化一个映射器

#建立管道连接。映射器的输入来自数据源的输出
coneMapper.SetInputConnection(cone_a.GetOutputPort())

coneActor = vtk.vtkActor()   #实例化一个角色对象，类似于舞台剧的演员
coneActor.SetMapper(coneMapper)    #添加映射器，为演员指定剧本

ren1 =  vtk.vtkRenderer()    #实例化一个渲染器对象，相当于设置舞台的灯光、拍摄机位等
ren1.AddActor(coneActor)     #在渲染器中添加角色，相当于演员登上舞台准备演出
ren1.SetBackground(0.1, 0.2, 0.4)    #设置渲染器背景颜色

renWin = vtk.vtkRenderWindow()    #实例化一个渲染窗口对象，类似于演员的舞台
renWin.AddRenderer(ren1)     #添加渲染器，在舞台进行布景
renWin.SetSize(640, 480)     #设置显示窗口大小
renWin.Render()   #开始渲染

iren = vtk.vtkRenderWindowInteractor()    #实例化一个窗口交互对象
iren.SetRenderWindow(renWin)  #设置渲染窗口
iren.Initialize()  #交互对象初始化
iren.Start()  #开始交互事件
```

运行上述示例代码，弹出一个窗口并显示图 9-4 所示的 VTK 3D 数据可视化结果。在程序运行的过程中，我们可通过操作键盘、鼠标等计算机外部设备来对窗口中的对象进行平移、旋转、缩放等交互操作，还可以通过按键盘上的 "P" 键来查看物体的框架。交互操作演示效果可参见本书配套的电子资源。

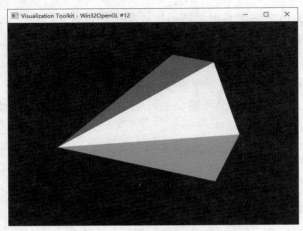

图 9-4　VTK 3D 数据可视化

我们在上面的例子中用到的是圆锥三维对象数据源，其他常用的数据源还有立方体对象数据源、圆柱对象数据源、圆弧对象数据源及箭头三维对象数据源等。

**2. 基于表面渲染的三维重建**

表面渲染，也称为面绘制，是采用分割技术对一系列二维图像进行轮廓识别、提取等操作，最终还原出被检测物体的 3D 模型，并以表面的方式显示出来的一种三维重建技术。在计算机视觉中，三维重建是指根据单视图或多视图的图像重建物体三维信息的过程。三维重建作为物理环境感知的关键技术之一，已广泛应用于自动驾驶、虚拟现实、数字孪生、智慧城市等场景。

VTK 中基于面绘制实现三维重建，使用的是经典的移动立方体法（MC）算法。MC 算法也称等值面提取算法，于 1987 年由 W. E.Lorensen 提出，Hoppe 和 J. C.Carr 等人分别于 1992 年和 2001 年提出了不同的改进方法，以将其用于点云表面重建。该算法主要应用于医学领域的可视化场景，例如 CT 扫描和 MRI 扫描的三维重建等。MC 算法的主要思想是在三维离散数据场中通过线性插值来逼近等值面。首先，假定原始数据是离散的三维空间规则数据场，其中每个栅格单元作为一个体素，体素的每个顶点都存在对应的标量值。若体素顶点上的值大于或等于等值面值，则定义该顶点位于等值面之外，标记为"0"；而如果体素顶点上的值小于等值面值，则定义该顶点位于等值面之内，标记为"1"。VTK 提供了两种提取等值面的类：vtkContourFilter 和 vtkMarchingCubes。VTK 通过 vtkPolyDataNormals 在等值面上产生法向量，通过 vtkStripper 在等值面上产生纹理或三角面片。

体素是体积元素的简称，包含体素的立体可以通过立体渲染或者提取给定阈值轮廓的多边形等值面表现出来。体素是数字数据于三维空间分割上的最小单位，用于三维成像、科学数据与医学影像等领域。其在概念上类似于二维空间的最小单位——像素，像素是用于二维计算机图像的影像数据。

以下示例用于演示 VTK 基于等值面提取来实现脑部图像表面三维重建。其中，MC 算法采用 vtkMarchingCubes()函数实现。示例代码如下。

```
import vtk
reader = vtk.vtkMetaImageReader()  #实例化一个图像数据读取器
#注意 brain.mhd 和 brain.raw 两个文件需在同一个目录下，若缺少 RAW 文件则会显示不正常
reader.SetFileName(r'./brain.mhd')  #读取脑部三维医学图像
```

```python
reader.Update()  #更新操作完成切片数据读取

surface = vtk.vtkMarchingCubes()  #基于MC算法的等值面提取。针对规则体数据生成等值面数据
surface.SetInputData(reader.GetOutput())#在图像数据输出与显示对象输入之间建立连接
surface.ComputeNormalsOn()  #设置计算等值面的法向量。法向量可以提高渲染质量
surface.SetValue(0, 200)    #设置等值面的值,第一个参数表示等值面序号
surface.Update()

mapper = vtk.vtkPolyDataMapper()  #定义映射器
#映射器与数据源建立连接。数据源输出给映射器输入
mapper.SetInputConnection(surface.GetOutputPort())
mapper.ScalarVisibilityOff()  #阻止颜色映射,否则对Actor的颜色设置可能会无效

actor = vtk.vtkActor()      #实例化一个Actor
actor.SetMapper(mapper)     #为Actor添加映射器
actor.GetProperty().SetColor(0.0, 1.0, 0.0)  #设置Actor颜色为绿色(R, G, B)

renderer = vtk.vtkRenderer()  #实例化一个渲染器
renderer.AddActor(actor)     #将Actor加入渲染器
renderer.SetBackground(1.0, 1.0, 1.0)  #设置背景颜色为白色(R, G, B)
renderWindow = vtk.vtkRenderWindow()  #实例化一个渲染窗口对象
renderWindow.AddRenderer(renderer)  #将渲染器加入渲染窗口
renderWindow.SetSize(640, 480)  #设置渲染窗口大小:宽×高
renderWindow.SetWindowName('基于MC算法的脑部图像三维重建示例')
renderWindow.Render()  #开始渲染

#实例化一个交互对象
renderWindowInteractor = vtk.vtkRenderWindowInteractor()#实例化一个交互窗口对象
renderWindowInteractor.SetRenderWindow(renderWindow)  #为渲染窗口设置交互对象

renderWindowInteractor.Initialize()  #交互对象初始化
renderWindowInteractor.Start()  #开始交互事件
```

运行上述代码,显示基于等值面提取的脑部图像三维重建示例,如图9-5所示。交互操作演示效果可参见本书配套的电子资源。

图9-5 基于等值面提取的脑部图像三维重建示例

对于光学扫描设备（例如激光雷达）采集到的非规则点云数据，最重要的需求之一就是进行表面重建，即对成片密集分布的点云以三角片拟合，形成连续、精确、良态的曲面表示。目前主流的算法可分为剖分类、组合类和拟合类。剖分类算法，例如 Delaunay 三角剖分，原始数据点即顶点，数据无损失，数据冗余多，生成的曲面不光滑，容易受噪声影响。组合类算法，例如 Power Crust，在剖分的基础上使用简单几何形状组合，使算法更稳定，并提供了拓扑信息。拟合类算法，例如 SDF，所得曲面并不完全与数据点重合，而是进行了一定的合并和简化，有一定的抗噪声能力。VTK 库提供的 vtkSurfaceReconstructionFilter 类实现了该算法。

点云是某个坐标系下的点的数据集。点云含有丰富的信息，包括三维坐标、颜色、分类值、强度值、时间等。点云主要在通过三维扫描仪进行数据采集时获取；其次是通过二维影像进行三维重建，在重建过程中获取；另外一些点云数据则是通过三维模型来计算获取。

以下示例演示了从一个示例人脸模型中读取点云数据进行表面三维重建，并分别显示点云数据与三维表面重建后的人脸。示例代码如下。

```python
import vtk
reader = vtk.vtkPolyDataReader() #实例化一个数据读取器
reader.SetFileName(r'vtx_data/data/fran_cut.vtk') #读取示例人脸数据
reader.Update() #更新数据读取器

points = vtk.vtkPolyData() #实例化一个点云数据对象
points.SetPoints(reader.GetOutput().GetPoints())    #获得网格模型中的点云数据

'''
三维点云隐式曲面重建，将曲面看作一个符号距离函数的等值面，曲面内外的距离值的符号相反，而零等值面即所求的曲面。
该方法需要对点云数据进行网格划分，然后估算每个点的切平面和方向，并以每个点与最近的切平面距离来近似表面距离，这样可以得到一个符号距离的体数据
'''
surf = vtk.vtkSurfaceReconstructionFilter()

surf.SetInputData(points) #表面重建数据来自点云
'''
SetNeighborhoodSize 设置邻域点的个数，这些邻域点则用于估计每个点的局部切平面，默认为 20，能够处理大多数重建问题，个数设置越大，计算消耗时间越长，当点的分布不均匀时，可以适当增加该值
'''
surf.SetNeighborhoodSize(20)

surf.SetSampleSpacing(0.005) #用于设置划分网格的网格间距，间距越小，网格越密集，一般采用默认值
surf.Update()

'''
过滤器 vtkContourFilter 用于从数据中抽取一系列等值面。抽取轮廓的操作对象是标量数据。
其思想是将数据集中标量值等于某一指定恒量值的部分提取出来。对于 3D 的数据集而言，
产生的是一个等值面。提取零等值面即可得到相应的网格
'''
contour = vtk.vtkContourFilter() #实例化一个 vtkContourFilter()过滤器
#在 surf 的输出与 contour 的输入之间建立数据连接
```

```python
contour.SetInputConnection(surf.GetOutputPort())
contour.SetValue(0, 0.0)  #设置等值面。第一个参数是序号,第二个参数是指定值
contour.Update()

#设置视窗大小(xmin, ymin, xmax, ymax)
leftViewport = [0.0, 0.0, 0.5, 1.0]   #定义左视窗
rightViewport = [0.5, 0.0, 1.0, 1.0]  #定义右视窗

#实例化一个vtkVertexGlyphFilter()过滤器对象,此过滤器专门用于具有多个顶点的数据
vertexGlyphFilter = vtk.vtkVertexGlyphFilter()
vertexGlyphFilter.AddInputData(points)     #为点云上的每个点创建顶点
vertexGlyphFilter.Update() #更新过滤器数据

vertexMapper = vtk.vtkPolyDataMapper() #实例化一个vtkPolyDataMapper映射器对象
vertexMapper.SetInputData(vertexGlyphFilter.GetOutput()) #建立数据连接
vertexMapper.ScalarVisibilityOff() #阻止颜色映射,否则Actor颜色设置可能无效

vertexActor = vtk.vtkActor() #实例化一个Actor对象
vertexActor.SetMapper(vertexMapper) #为Actor添加映射器
vertexActor.GetProperty().SetColor(0.0, 0.0, 1.0) #设置Actor颜色为蓝色

vertexRenderer = vtk.vtkRenderer() #实例化一个渲染器对象
vertexRenderer.AddActor(vertexActor) #将Actor加入渲染器
vertexRenderer.SetViewport(leftViewport) #设置渲染视窗为左视窗
vertexRenderer.SetBackground(1.0, 1.0, 1.0) #设置背景颜色为白色

surfMapper = vtk.vtkPolyDataMapper() #实例化一个vtkPolyDataMapper()映射器对象
surfMapper.SetInputData(contour.GetOutput()) #建立数据连接
surfMapper.ScalarVisibilityOff() #阻止颜色映射

surfActor = vtk.vtkActor() #实例化另一个Actor对象
surfActor.SetMapper(surfMapper) #为Actor添加映射器
surfActor.GetProperty().SetColor(0.0, 1.0, 0.0) #设置Actor颜色为绿色

surfRenderer = vtk.vtkRenderer() #实例化一个渲染器对象
surfRenderer.AddActor(surfActor) #将Actor加入渲染器
surfRenderer.SetViewport(rightViewport) #设置渲染视窗为左视窗
surfRenderer.SetBackground(1.0, 1.0, 1.0)  #设置背景为白色

renderWindow = vtk.vtkRenderWindow() #实例化一个渲染窗口对象
renderWindow.AddRenderer(vertexRenderer) #将渲染器加入渲染窗口
renderWindow.AddRenderer(surfRenderer) #将另一个渲染器加入渲染窗口
renderWindow.SetSize(640, 320) #设置渲染窗口大小:宽×高
renderWindow.Render()   #开始渲染
renderWindow.SetWindowName('基于点云的三维表面重建示例')

renderWindowInteractor = vtk.vtkRenderWindowInteractor() #实例化一个交互窗口对象
renderWindowInteractor.SetRenderWindow(renderWindow) #为渲染窗口设置交互对象
```

```
renderWindowInteractor.Initialize() #交互对象初始化
renderWindowInteractor.Start() #开始交互事件
```

运行上述示例代码，显示点云三维表面重建结果，如图9-6所示。图9-6中左边图案显示的是点云数据，右边图案显示的是三维表面重建的人脸。交互操作演示效果可参见本书配套的电子资源。

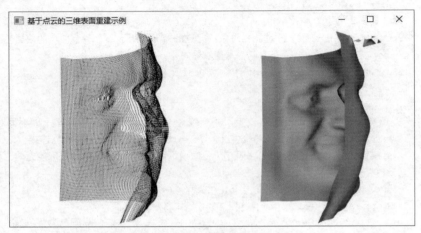

图9-6　点云三维表面重建示例

### 3. 基于体渲染的三维重建

VTK既支持基于体素的立体渲染，又保留了传统的表面渲染，从而在极大地改善可视化效果的同时可以充分利用现有的图形库和图形硬件。立体渲染又称为体绘制。体绘制的原理和面绘制完全不同。面绘制需要生成中间图元，而体绘制则是直接在原图上进行绘制，内容需求较面绘制小。体绘制每切换一个视角需要重新对所有的像素点进行颜色和透明度计算，因而体绘制花费的时间比面绘制长。

VTK中基于体绘制实现三维重建，通常使用的算法有光线投射算法、错切变形算法、频域算法及抛雪球算法。其中以光线投射算法最为重要和通用。

光线投射算法的基本原理：图像平面的每个像素都沿着视线方向发出一条射线，此射线穿过体数据集，按一定步长进行采样，由内插计算每个采样点的颜色值和不透明度，然后由前向后或由后向前逐点计算累计的颜色值和不透明度值，直至光线完全被吸收或穿过物体。该方法能很好地反映物质边界的变化，使用Phong模型，引入镜面反射、漫反射和环境反射能得到很好的光照效果，在医学上可将各组织器官的性质属性、形状特征及相互之间的层次关系表现出来，从而丰富图像的信息。

以下示例演示VTK基于体绘制的三维重建。示例代码如下。

```
import vtk
renderer = vtk.vtkRenderer() #实例化一个渲染器对象
renderer.SetBackground(1.0, 1.0, 1.0) #设置背景颜色

renderWindow = vtk.vtkRenderWindow() #实例化一个渲染窗口对象
renderWindow.AddRenderer(renderer)    #将渲染器加入渲染窗口
```

```python
renderWindowInteractor = vtk.vtkRenderWindowInteractor()  #实例化一个交互窗口对象
renderWindowInteractor.SetRenderWindow(renderWindow)  #为渲染窗口设置交互对象

#设置期望的帧更新速率,以在交互速度与渲染质量方面取得平衡
renderWindowInteractor.SetDesiredUpdateRate(3)

reader = vtk.vtkStructuredPointsReader()  #实例化一个数据读取器对象
reader.SetFileName(r'./vtx_data/data/ironProt.vtk')  #读取示例数据

thresh = vtk.vtkThreshold()  #实例化一个阈值点集对象
thresh.ThresholdByUpper(80)  #设置大于阈值的数值为有效子集
thresh.AllScalarsOff()  #若开启,则栅格中所有点的所有标量都必须满足阈值标准
thresh.SetInputConnection(reader.GetOutputPort())  #建立数据连接

#创建了一个三角形滤波器实例,用于将输入数据集转换为三角形表示的数据集
trifilter = vtk.vtkDataSetTriangleFilter()
trifilter.SetInputConnection(thresh.GetOutputPort())  #数据连接

'''
不透明度传输函数是一个分段线性标量映射函数,利用该函数可将光线投影过程中的采样点灰度值映射为不同的
不透明度值,以决定最终颜色值
'''
opacityTransferFunction = vtk.vtkPiecewiseFunction()  #实例化一个不透明度设置对象
#Addpoint()实现将灰度值映射为不透明度,两个参数为自变量和映射值,分别代表灰度值和不透明度
opacityTransferFunction.AddPoint(80.0, 0.0)
opacityTransferFunction.AddPoint(120.0, 0.2)
opacityTransferFunction.AddPoint(255.0, 0.2)

colorTransferFunction = vtk.vtkColorTransferFunction()  #实例化一个颜色传输设置对象
#AddRGBPoint()设置基于RGB值设定的颜色参数,第一个参数代表灰度值,后三个参数代表颜色(R, G, B)
colorTransferFunction.AddRGBPoint(80.0, 0.0, 0.0, 1.0)
colorTransferFunction.AddRGBPoint(120.0, 0.0, 0.0, 1.0)
colorTransferFunction.AddRGBPoint(160.0, 1.0, 0.0, 0.0)
colorTransferFunction.AddRGBPoint(200.0, 0.0, 1.0, 0.0)
colorTransferFunction.AddRGBPoint(255.0, 0.0, 1.0, 1.0)

volumeProperty = vtk.vtkVolumeProperty()  #实例化一个体属性对象
volumeProperty.SetColor(colorTransferFunction)  #设置颜色属性
volumeProperty.SetScalarOpacity(opacityTransferFunction)  #设置灰度不透明度属性
volumeProperty.ShadeOff()  #关闭阴影效果
volumeProperty.SetInterpolationTypeToLinear()  #设置插值方式为线性插值

volume = vtk.vtkVolume()  #实例化一个体绘制对象
volume.SetProperty(volumeProperty)  #设置体绘制对象属性

#实例化一个基于不规则网格光线投射算法的映射对象
volumeMapper = vtk.vtkUnstructuredGridVolumeRayCastMapper()
volumeMapper.SetInputConnection(trifilter.GetOutputPort())  #建立数据连接
```

```
volume.SetMapper(volumeMapper)  #为体绘制对象设置映射器
renderer.AddVolume(volume)  #将体绘制对象加入渲染器

renderWindow.SetSize(640, 480)  #设置渲染窗口大小
renderWindow.SetWindowName('VTK体绘制三维重建示例')
renderWindow.Render()  #开始渲染

renderWindowInteractor.Start()  #开始交互事件
```

运行上述示例代码，显示 VTK 体绘制三维重建结果，如图 9-7 所示。交互操作演示效果可参见本书配套的电子资源。

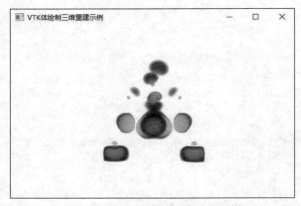

图 9-7　VTK 体绘制三维重建示例

## 9.3　基于 Mayavi 的 3D 数据展示

### 9.3.1　Mayavi 简介

Mayavi 是一款基于 VTK 开发的高效数据可视化软件，完全由 Python 语言实现。它简单易用，可视化功能非常强大，能够满足我们对各种数据的可视化需求，而且可以使用 Python 编写扩展程序，嵌入用户程序。

在 Anaconda 控制台，输入以下命令，即可实现 Mayavi 的在线安装。其中，镜像源地址可以参考本书配套的电子资源。

```
pip install mayavi -i 镜像源地址
```

为了确保 GUI 图像界面能正常运行和显示，我们还需安装 PyQt5，命令如下。

```
pip install pyqt5 -i 镜像源地址
```

安装完成后，在 Python 解释器中执行以下语句，若无出错信息，则表明安装正确。

```
>>> import mayavi
>>> mayavi.__version__
'4.8.0'
>>> from PyQt5.QtCore import QT_VERSION_STR
```

```
>>> QT_VERSION_STR
'5.15.2'
```

## 9.3.2 基于 Mayavi 的 3D 数据可视化方法

### 1. Mayavi 3D 数据可视化简介

Mlab 模块是 Mayavi 提供的面向脚本的 API，利用它可以方便快捷地实现 3D 数据可视化。Mlab 模块提供了丰富的各种函数用于数据处理，包括绘图函数、图形控制函数、图形修饰函数、相机控制函数、管线控制函数等。我们主要关注的是 3D 数据可视化相关的函数。

首先，我们通过一个非常简单的例子来直观地了解一下如何利用 Mlab 快速实现 3D 数据可视化并进行交互。示例代码如下。

```
from mayavi import mlab
#构造三维数据
x = [[-1, 1, 1, -1, -1], [-1, 1, 1, -1, -1]]
y = [[-1, -1, -1, -1, -1], [1, 1, 1, 1, 1]]
z = [[1, 1, -1, -1, 1], [1, 1, -1, -1, 1]]

#对数据进行 3D 可视化
s = mlab.mesh(x, y, z)
mlab.show()
```

运行上述示例代码，弹出 Mayavi 场景 GUI，显示 Mlab 数据可视化结果，如图 9-8 所示。交互操作演示效果可参见本书配套的电子资源。

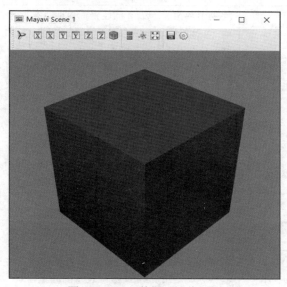

图 9-8　Mlab 数据可视化示例

我们可通过键盘和鼠标与 3D 数据展示场景进行以下交互操作。

① 旋转场景：使用鼠标左键拖动或用键盘的方向键。
② 平移场景：按住 Shift 键并使用鼠标左键拖动，或按住 Shift+方向键。

③ 缩放场景：使用鼠标右键上下拖动或使用+和-键。
④ 滚动相机：按住 Ctrl 键并用鼠标左键拖动。
⑤ 工具栏：从坐标轴 6 个方向观察场景、等角投影、切换平行透视和成角透视等。

  Mayavi 可视化工具主要由两大部分组成，一部分是负责图形处理与可视化操作的各类函数，另一部分是操作管线对象的各种 API。Mlab 常用绘图函数及其功能与参数说明见表 9-1。

表 9-1  Mlab 常用绘图函数及其功能与参数说明

| 函数名称 | 功能描述与参数说明 |
| :---: | :--- |
| imshow(s,⋯) | 将二维数组可视化为一张图像。<br>s 是一个二维数组，其值通过 colormap 被映射为颜色 |
| surf(s,⋯)<br>surf(x, y, s,⋯)<br>surf(x, y, f,⋯) | 将二维数组可视化为一个平面，z 轴描述了数组点的高度。<br>x、y 是一维或二维数组，可由 np.mgrid 得到，s 是一个高程矩阵，用二维数组表示，f 是可调用的函数 |
| contour_surf(s,⋯)<br>contour_surf(x, y, s,⋯)<br>contour_surf(x, y, f,⋯) | 将二维数组可视化为等高线，高度值由数组点的值来确定。<br>x、y 是一维或二维数组，可由 np.mgrid 得到，s 是一个高程矩阵，用二维数组表示，f 是可调用的函数 |
| mesh(x, y, z, ⋯) | 绘制由 3 个二维数组 x、y、z 描述坐标点的网络平面 |
| barchart(s, ⋯)<br>barchart(x, y, s,⋯)<br>barchart(x, y, f,⋯)<br>barchart(x, y, z, s,⋯)<br>barchart(x, y, z, f,⋯) | 根据二维、三维或点云数据绘制 3D 柱形图。<br>x、y 是一维或二维数组，s 是一个高程矩阵，用二维数组表示，f 是可调用的函数 |
| triangular_mesh(x, y, z, triangles,⋯) | 绘制由数组 x、y、z 描述坐标点的三角网格面。<br>x、y、z 是给出网格面顶点位置的数组。三角形是一个三元组（或数组）列表，列出每个三角形中的顶点。顶点按其在位置阵列中的编号进行索引 |
| points3d(x, y, z,⋯)<br>points3d(x, y, z, s,⋯) | 基于 x、y、z 提供的三维坐标点绘制点云图形。<br>x、y、z、s 都是具有相同 shape 的 numpy 数组或列表，x、y、z 是三维坐标，也就是空间中数据点的位置。s 是与每个点关联的可选标量值，此标量值可用于调整点的颜色和大小 |
| plot3d(x, y, z,⋯)<br>plot3d(x, y, z, s,⋯) | 在数据点之间绘制线段。<br>x、y、z、s 都是具有相同 shape 的 numpy 数组或列表，x、y、z 是三维坐标，也就是空间中数据点的位置。s 是与每个点关联的可选标量值，此标量值可用于调整点的颜色和大小 |
| coutour3d(scalars,⋯)<br>coutour3d(x, y, z, scalars,⋯)<br>coutour3d(x, y, z, f,⋯) | 绘制三维数组定义的体数据的等值面。<br>scalars 是由三维数组所表示的网格数据，x、y、z 是三维空间坐标 |
| quiver3d(u, v, w, ⋯)<br>quiver3d(x, y, z, u, v, w,⋯)<br>quiver3d(x, y, z, f,⋯) | 三维矢量数组的可视化，箭头表示在该点的矢量数据。<br>u、v、w 是用 numpy 数组表示的向量，x、y、z 表示箭头的位置，f 是可调用的函数 |
| flow(u, v, w,⋯)<br>flow(x, y, z, u, v, w,⋯)<br>flow(x, y, z, f,⋯) | 绘制粒子沿着三维数组所描述的矢量场的运动轨迹。<br>u、v、w 是用 numpy 数组表示的向量，x、y、z 表示箭头的位置，f 是可调用的函数 |

Mlab 管线控制函数的调用方式为 mlab.pipeline.function(…)，其中 function 可以是 Sources（数据源）、Filters（过滤器）及 Modules（模块）等类型的函数。Sources 类型函数主要用于创建各种数据源。Sources 类型常用函数名称及其功能描述见表 9-2。

表 9-2 Sources 类型常用函数名称及其功能描述

| 函数名称 | 功能描述 |
| --- | --- |
| grid_source | 创建 2D 网格数据 |
| line_source | 创建线数据 |
| open | 打开一个数据文件 |
| scalar_field | 建立标量场数据 |
| vector_field | 建立矢量场数据 |
| volume_field | 建立立体数据 |

Filters 类型函数主要用于进行数据变换，但不具有可视化功能，通常作为 Sources 和 Modules 的中介。Filters 类型常用函数名称及其功能描述见表 9-3。

表 9-3 Filters 类型常用函数名称及其功能描述

| 函数名称 | 功能描述 |
| --- | --- |
| contour | 对输入数据集计算等值面 |
| cut_plane | 对数据进行切面计算 |
| delaunay2d | 执行二维 Delaunay 三角化 |
| delaunay3d | 执行三维 Delaunay 三角化 |
| extract_grid | 允许用户选择 structured grid 的一部分数据 |
| extract_vector_norm | 计算数据矢量的法向量，特别是用在计算矢量数据的梯度时 |
| mask_points | 对输入数据进行采样 |
| threshold | 选取一定阈值范围内的数据 |
| transform_data | 对输入数据执行线性变换 |
| tube | 将线转换成管线数据 |

Modules 类型函数的主要功能是利用数据在三维场景中创建视觉元素，实现数据可视化。Modules 类型常用函数名称及其功能描述见表 9-4。

表 9-4 Modules 类型常用函数名称及其功能描述

| 函数名称 | 功能描述 |
| --- | --- |
| axes | 绘制坐标轴 |
| glyph | 根据输入点处的标量或矢量数据，显示不同类型符号的方向和颜色 |
| vectors | 根据输入点处的矢量数据，显示不同类型符号的方向和颜色 |
| image_plane_widget | 绘制某一平面的数据和细节 |
| iso_surface | 根据输入的体数据绘制其等值面 |
| outline | 根据输入数据绘制外轮廓 |
| scalar_cut_plane | 根据输入的标量数据绘制特定位置的切平面 |

续表

| 函数名称 | 功能描述 |
| --- | --- |
| streamline | 根据给定矢量数据绘制流线。支持各种类型的种子对象（线、球体、平面等） |
| surface | 使用可选轮廓为任何输入数据集绘制曲面 |
| text | 在屏幕上绘制文本 |
| vector_cut_plane | 根据输入的矢量数据绘制特定位置的切平面 |
| volume | 根据标量场数据进行体绘制 |

以下内容将基于上述 Mlab 提供的绘图函数与管线控制函数来实现不同类型数据的 3D 可视化。

**2. 标量数据可视化**

标量指的是只有大小没有方向的一种量。例如，物理学中的质量、温度、密度、体积等。在数学上，等值面、等高线、切平面等皆由标量数据构成。典型的标量三维体数据由一个三维数据数组和三个维度相同的坐标数组组成。坐标数组指定每个数据点的(x,y,z)坐标。

Mlab 提供的许多函数对于可视化标量数据很有用，例如，我们可以指定用来为等值面着色的数据，以便通过颜色和曲面形状显示不同的信息。等高线切片是在三维体内的特定坐标处绘制的等高线图，等高线图能够让我们看到给定平面内哪些位置的数据值是相等的。切平面通过将数值映射到颜色，为了解数据值在三维体内的分布提供了一种很好的途径。

下面，我们通过几个例子来展示基于 Mlab 的标量数据可视化方法。

（1）点云可视化

以下示例代码演示了从一个 TXT 格式的点云文件读取数据，并通过 Mlab 的 points3d() 函数对它进行可视化的过程。

```
from mayavi import mlab
import numpy as np

def mayavi_pcd_visulization(points):
    x = points[:, 0]  # x position of point
    y = points[:, 1]  # y position of point
    z = points[:, 2]  # z position of point
    fig = mlab.figure(bgcolor = (0, 0, 0), size = (640, 360)) #指定图片背景和尺寸
    mlab.points3d(x, y, z,
                  z,  #将 z 值指定为颜色变化依据
                  mode = "sphere", #指定绘制模式
                  colormap = 'spectral', #指定伪彩色图映射类型
                  )
    mlab.show() #显示点云图像

pcd = np.loadtxt('chair.txt', delimiter = ' ')
mayavi_pcd_visulization(points)
```

运行上述示例代码，输出 Mlab 读取并显示的点云图像，如图 9-9 所示。在上述示例代码中，我们用点的 z 坐标值作为伪彩映射的依据，生成了彩色的点云图案。也可用 color 参数为每个点指定 RGB 固定值，例如用 color=(0, 1, 0)指定点云中所有的点皆为绿色。

图 9-9 Mlab 读取并显示的点云图像

（2）等值面可视化

等值面是指空间中的一个曲面，在该曲面上函数 F(x, y, z) 的值等于某一给定值 Ft，即等值面是由所有点 S = {(x, y, z)：F(x, y, z) = Ft} 组成的一个曲面。等值面技术在可视化中应用很广，许多标量场的可视化问题都可归纳为等值面的抽取和绘制，例如各种等势面、等压面、等温面等。等值面的生成和显示是可视化研究中的一个重要领域。

绘制等值面可用 Mlab 的 contour3d 函数来实现，示例代码如下。

```
import numpy as np
from mayavi import mlab

#生成标量数据
x, y, z = np.ogrid[-1:1:64j, -1:1:64j, -1:1:64j]
scalars = 5*x**2 + 4*y**2 + 3*z**2

#绘制等值面
mlab.contour3d(scalars, contours = 4, transparent = True)
mlab.show()
```

运行上述示例代码，显示等值面，如图 9-10 所示。交互操作演示效果可参见本书配套的电子资源。

图 9-10 等值面

（3）等高线可视化

以下示例代码先定义了一个复杂的曲面方程，接着对曲面进行可视化，最后利用 Mlab 的 contour_surf()函数绘制出曲面的等高线并进行可视化。

```python
import numpy as np
from numpy import exp
from mayavi import mlab
from matplotlib import pyplot as plt

#设置绘图区域显示比例
plt.figure(figsize = (10, 5))
#绘制方式设置为3D投影模式
ax = plt.axes(projection = "3d")
#定义(x,y)
x, y = np.mgrid[-3:5:65j, -3:5:65j]
#定义一个具有多个顶点的曲面
z = np.sin(np.sqrt(x ** 2 + y ** 2))
#绘制三维曲面
ax.plot_surface(x, y, z)
plt.show()

#绘制曲面的等高线
mlab.contour_surf(x, y, z, contours = 8)
mlab.colorbar()
mlab.show()
```

运行上述示例代码，显示曲面及其等高线，如图 9-11 所示。其中图 9-11（a）为自定义三维曲面，图 9-11（b）为曲面的等高线。

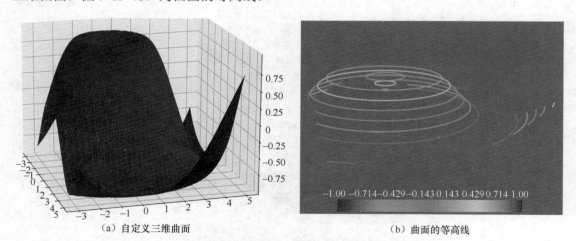

(a) 自定义三维曲面　　　　　　　　　　(b) 曲面的等高线

图 9-11　自定义与绘制出的曲面等高线

（4）切平面可视化

在一定条件下，过曲面 Σ 上的某一点 M 的曲线有无数条，每一条曲线在点 M 处有一条切线，在一定条件下这些切线位于同一平面，该平面称为曲面 Σ 在点 M 处的切平面，点 M 被称为切点。

以下示例先用管线控制函数 scalar_field()创建一个标量数据场，接着通过 iso_surface()函数绘制其等值面，然后用 image_plane_widget()函数绘制出其切平面，并对二者进行可视化。示例代码如下。

```
from mayavi import mlab
import numpy as np
from mayavi.tools import pipeline

#生成标量，用于绘制等值面
x, y, z = np.ogrid[-10:10:20j, -10:10:20j, -10:10:20j]
scalars = np.sin(np.sqrt(x ** 2 + y ** 2 + z**2))

#创建标量场数据
src = mlab.pipeline.scalar_field(scalars)
#绘制等值面
mlab.pipeline.iso_surface(src, contours = [scalars.max()-0.1*scalars.ptp(), ])
#绘制切平面
mlab.pipeline.image_plane_widget(src, #数据源
                                 plane_orientation = 'z_axes', #切平面初始化方向
                                 slice_index = 10, #初始化位置
)
#可视化显示
mlab.show()
```

运行上述示例代码，显示等值面，如图 9-12 所示。交互操作演示效果可参见本书配套的电子资源。

### 3. 矢量数据可视化

矢量是一种既有大小又有方向的量，例如，物理学中的速度、磁场强度、加速度、涡流张力等。对这些矢量数据进行可视化时，我们经常用箭头等图形符号来模拟其大小和方向。其中，箭头大小可以表示标量信息，箭头方向可以表示矢量的方向。在一般情况下，由于矢量数据过于密集，为了使绘制速度更快，让箭头的密度适中，我们可以使用降维的方法来降低数据的密度。下面，我们通过几个例子来展示基于 Mlab 的矢量数据可视化方法。

图 9-12　等值面

（1）三维矢量场可视化与数据降维

以下示例通过 quiver3d()函数实现了三维矢量数据的可视化，但数据比较密集，影响了可视化效果。我们又用管线控制函数 vectors()来可视化矢量场数据，并通过对其参数 mask_points（代表采样率）进行设置来达到数据降维的目的，从而实现更好的可视化效果。示例代码如下。

```
import numpy as np
from mayavi import mlab
```

```python
#箭头空间位置坐标
x, y, z = np.mgrid[0:1:20j, 0:1:20j, 0:1:20j]

#三维矢量(u,v,w)
u = np.sin(np.pi*x) * np.cos(np.pi*z)
v = -2*np.sin(np.pi*y) * np.cos(2*np.pi*z)
w = np.cos(np.pi*x)*np.sin(np.pi*z) + np.cos(np.pi*y)*np.sin(2*np.pi*z)

#三维矢量数组可视化，箭头表示该点的矢量数据
mlab.quiver3d(x, y, z, u, v, w)
#显示轮廓线
mlab.outline()
#数据可视化
mlab.show()

#创建矢量数据场
src = mlab.pipeline.vector_field(u, v, w)

#对数据进行采样以实现降维
mlab.pipeline.vectors(src,
                      mask_points = 20,   #设置采样率为20，即每20个点采集一个样本
                      scale_factor = 2.0  #设置缩放比例为2.0
                      )
mlab.outline()
mlab.show()
```

运行上述示例代码，显示矢量场可视化及降维后的图像如图 9-13 所示。其中图 9-13（a）为原三维矢量场，图 9-13（b）为降维后的矢量场。交互操作演示效果可参见本书配套的电子资源。

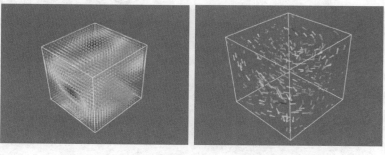

(a) 原三维矢量场　　　　　　　(b) 降维后的矢量场

图 9-13　矢量场可视化及降维后的图像

（2）矢量场切平面可视化

以下示例通过管线控制函数 vector_cut_plane() 实现根据输入的矢量数据绘制出其特定位置的切平面。示例代码如下。

```python
import numpy as np
from mayavi import mlab
```

```python
#定义点的三维空间坐标
x, y, z = np.mgrid[0:1:20j, 0:1:20j, 0:1:20j]

#定义三维矢量(u,v,w)
u = np.sin(np.pi*x) * np.cos(np.pi*z)
v = -2*np.sin(np.pi*y) * np.cos(2*np.pi*z)
w = np.cos(np.pi*x)*np.sin(np.pi*z) + np.cos(np.pi*y)*np.sin(2*np.pi*z)

#创建三维矢量场数据源
src = mlab.pipeline.vector_field(u, v, w)

#根据输入的矢量场数据绘制特定位置的切平面
mlab.pipeline.vector_cut_plane(src, #数据源
                               mask_points = 10,   #每10个点采集一个样本，实现数据降维
                               scale_factor = 2.0 #缩放比例2.0
                               )
#数据可视化
mlab.outline()
mlab.show()
```

运行上述示例代码，显示三维矢量场切平面可视化及降维图像，如图9-14所示。交互操作演示效果可参见本书配套的电子资源。

上述代码也在切平面可视化函数中利用对采样率的设置达到了数据降维的目的，以实现更好的可视化效果。

（3）流场可视化

流场可视化作为面向计算流体力学（CFD）的可视化技术，是科学计算可视化研究和CFD研究的一个重要部分，它主要涉及流场数据的

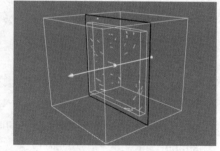

图9-14 三维矢量场切平面可视化及降维图像

表示、变换、绘制和操作，在流体力学、天气预报、爆轰数据模拟中都有着广泛的应用。

以下示例利用Mlab中的flow()函数实现了一个简单的流场可视化场景。示例代码如下。

```python
import numpy as np
from mayavi import mlab

#定义点的三维空间坐标
x, y, z = np.mgrid[-4:4:40j, -4:4:40j, 0:4:20j]

#定义三维矢量(u,v,w)，它是在点x、y、z处的矢量数据
r = np.sqrt(x ** 2 + y ** 2 + z ** 2 + 0.1)
u = y * np.sin(r) / r
v = -x * np.sin(r) / r
w = np.ones_like(z)*0.05

#以默认参数对流场数据进行可视化
mlab.flow(u, v, w)
```

```
mlab.outline()
mlab.show()
```

运行上述示例代码,显示流场,如图 9-15 所示。交互操作演示效果可参见本书配套的电子资源。

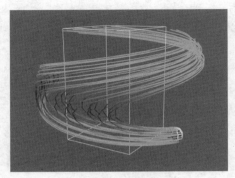

图 9-15　流场可视化

#### 4. 基于 Mlab 的动画数据展示

在很多应用场景中,仅仅绘制静态数据是不够的,我们还希望在不需要重建整个可视化流程的基础上,对绘制的数据进行动态更改并更新绘图,也就是实现动画效果。Mayavi 的 Mlab 模块提供了 animate() 装饰器来实现动画效果,其函数原型如下。函数返回一个 Animator 实例。

```
Mayavi.mlab.animate(func = None, delay = 500, ui = True, support_movie = True)
```

主要参数说明如下。

① delay:int 类型,指定函数调用之间的时间间隔(以毫秒为单位),若没有指定,则默认为 500 毫秒。

② ui:bool 类型,指定是否提供动画控制 UI,默认为 True。

③ support_movie:指定动画是否支持电影的录制,默认为 True。

以下示例基于 Mlab 的装饰器函数 animate() 生成一个简单的动画。首先,通过调用 points3d() 函数绘制了由 30 个点组成的点云图像,每个点的坐标由 ($x, y, z$) 确定,然后,在每次装饰器函数调用时,根据循环变量对坐标中的 $z$ 值进行修改使点云坐标产生变化,从而实现了简单的动画效果。示例代码如下。

```
import numpy as np
from mayavi import mlab

#linspace 根据起止数据等间距填充数据,分为 30 组,将产生 30 个点
t = np.linspace(0, 2*np.pi, 30)
x = np.sin(2*t)
y = np.cos(3*(t+1))
z = np.cos(2*np.pi*t)
s = 2 + np.sin(t)

#points 对象是包含 30 个点的点云
points = mlab.points3d(x, y, z, s, colormap = "spectral")
```

```
#定义动画
@mlab.animate(delay = 50) #设置延时 50ms
def Anim():
    for i in range(1000):
        '''
        在不改变形状和大小的情况下用 set()函数来更改属性值。此处为更改点云图像中的 z 值。
        通过循环使每次调用时 z 值产生小变动,从而产生动画效果
        '''
        points.mlab_source.set(z = np.cos(2*t+0.1*i))
        yield
#播放动画
Anim()
mlab.show()
```

运行上述示例代码,显示 Mlab 动画,如图 9-16 所示。交互操作演示效果可参见本书配套的电子资源。

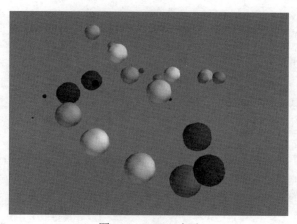

图 9-16　Mlab 动画

在上述示例代码中,利用 points 对象的 mlab_source 属性进行 z 值设置时,也可以使用以下示例代码,效果完全相同。

```
new_z = np.cos(2*t+0.1*i)
points.mlab_source.z = new_z
```

需要注意的是,在对变量进行修改时,要确保其维度和大小等属性不改变,否则在重新调用绘图函数时,可能会导致数据类型不匹配而出错。

## 9.4　基于 Open3D 的数据可视化方法

### 9.4.1　Open3D 简介

Open3D 是一个支持快速开发 3D 数据处理应用的开源库,使用 C++和 Python 实现前端和算法。后端经过高度优化,已实现并行化。其主要功能包括 3D 数据可视化、基于物理的

渲染、3D数据处理算法、场景重建等。

在Anaconda控制台，输入以下命令即可实现Open3D的在线安装。其中，镜像源地址可以在本书配套的电子资源中找到。

```
pip install pyaudio -i 镜像源地址
```

安装完成后，在Anaconda控制台中执行以下命令，若能正确显示出版本号则表明Open3D安装正确。

```
python -c "import open3d as o3d; print(o3d.__version__)"
```

### 9.4.2 Open3D与点云数据可视化

#### 1. 点云文件数据格式简介

点云数据通常由以下几种形式的数据经排列组合而成。常见的点云存储格式包括PCD、PLY、TXT、BIN等。

① (x, y, z)：每个点的空间坐标。
② i：强度值，代表点的密集程度。
③ (r, g, b)：色彩信息。
④ alpha：透明度。
⑤ (nx, ny, nz)：点云的法向量。

PCD格式是最常用的一种点云文件格式。一个PCD文件通常由两部分组成，分别是文件说明和点云数据。文件说明由11行组成，具体如下。

```
# .PCD v0.7 - Point Cloud Data file format #点云文件说明
VERSION 0.7      #版本说明
FIELDS x y z     #每个点的组成，x、y、z为点的空间坐标
SIZE 4 4 4       #FILEDS中每个数据占用的字节数
TYPE F F F       #FILEDS数据对应的类型，F表示浮点类型，U表示无符号整型，I表示整型
COUNT 1 1 1      #FIELDS数据对应的维度
WIDTH 35947      #无序点云为点的数量，有序点云为一圈点的数量
HEIGHT 1         #无序点云取值默认为1，有序点云为垂直方向上的点数
VIEWPOINT 0 0 0 1 0 0 0 #点云获取的视点，用于坐标变换
POINTS 3500      #点的数量
DATA binary      #点云数据的存储类型，0.7版本支持两种存储方式：ASCII和Binary
```

从第12行开始为点云数据，每个点与上面的FIELDS相对应。例如，以下就是一个ASCII存储类型的PCD点云文件说明与部分数据。

```
# .PCD v0.7 - Point Cloud Data file format
VERSION 0.7
FIELDS x y z rgb
SIZE 4 4 4 4
TYPE F F F F
COUNT 1 1 1 1
WIDTH 640
HEIGHT 480
VIEWPOINT 0 0 0 1 0 0 0
```

```
POINTS 307200
DATA ascii
-0.68586004 -0.51412672 1.1270001 1.6180383e-38
nan nan nan 1.6455532e-38
nan nan nan 1.6087107e-38
nan nan nan 1.5719765e-38
nan nan nan 1.5625418e-38
0.074228577 -0.27217144 1.7320001 6.1659515e-39
0.077527627 -0.27217144 1.7320001 6.4414341e-39
0.08082667 -0.27217144 1.7320001 6.4414089e-39
0.08412572 -0.27217144 1.7320001 6.3499588e-39
0.17540477 -0.54607147 3.4750001 6.533655e-39
……
nan nan nan 1.8163266e-38
nan nan nan 1.8621739e-38
nan nan nan 1.8621739e-38
```

与 PCD 格式类似，PLY 格式的点云文件也是由文件说明与点云数据等两部分构成。示例文件如下。

```
ply #声明是 PLY 文件
format ascii 1.0 #存储方式
comment zipper output #备注说明，解释性描述
element vertex 5096   #表示第一种元素构成是顶点，共5096个，下面的property对应点的组成
property float x #点的第一个元素，x，浮点型
property float y #点的第二个元素，y，浮点型
property float z #点的第三个元素，z，浮点型
property float confidence #点的第四个元素，置信度，浮点型
property float intensity #点的第五个元素，强度，浮点型
element face 3476    #表示第二种元素构成是面，共3476个，下面的property对应面的组成
property list uchar int vertex_indices #list uchar表示面类型，int vertex_indices 面中
对应上述点的索引
end_header #描述结束，下面开始逐一按行列举上述两种元素，第一种元素是5096个点，每行有5个属性，
#共5096行。同样，开始按行列举上述第二种元素（从文件中5096+12行开始）。第二种元素是3476个面，
每行1个属性，共3476行
-0.0378297 0.12794 0.00447467 0.850855 0.5
-0.0447794 0.128887 0.00190497 0.900159 0.5
-0.0680095 0.151244 0.0371953 0.398443 0.5
-0.00228741 0.13015 0.0232201 0.85268 0.5
……
```

TXT 格式的点云文件从形式上看是最简单的点云描述文件。与 PCD 和 PLY 格式的主要区别在于，其通常只含点云信息，不含文件说明部分。TXT 格式的点云文件中的每行代表一个点，文件的行数即点的个数。每行中的数据除了点云的空间坐标、强度值、色彩信息、透明度、点云法向量等一种或多种信息的组合，不含其他描述信息。

例如，以下 TXT 格式点云示例文件中仅包含点云空间坐标及点的法向量。

```
1.333558 -0.925183 0.750000 -0.965926 -0.258820 0.000000
1.333558 -0.925183 0.750000 -0.906308 -0.422619 -0.000000
1.333558 -0.925183 1.000000 -0.906308 -0.422619 -0.000000
```

```
1.317443 -0.890625  1.000000 -0.906308 -0.422619 -0.000000
1.317443 -0.890625  0.750000 -0.906308 -0.422619  0.000000
1.317443 -0.890625  0.750000 -0.819153 -0.573574 -0.000000
1.317443 -0.890625  1.000000 -0.819153 -0.573574 -0.000000
1.295572 -0.859390  1.000000 -0.819153 -0.573574 -0.000000
……
```

BIN 格式点云文件是以二进制形式进行存储的，优点是读写速度快，精度不丢失。其与 TXT 格式点云文件类似，没有文件说明部分，只包含点云数据。TXT 格式文件按行来存储点的信息，每行代表一个点，而 BIN 格式文件则是将全部数据合并为一个序列，也可以理解为一行。因此，读取一个 BIN 格式文件的输出（一个长串的序列信息）之后，通常需要经过 numpy.reshape 操作后再进行后续处理。例如，以下 BIN 格式的点云示例文件中，每 4 个数据（x, y, z, alpha）代表一个点，因此，我们可以将读取的点云序列数组 reshape 为（N,4）维度的数组，N 为点云数据中点的个数。

```
45.881 22.95  1.944  0.23  45.721 23.05  1.941  0.   45.763 23.252 1.945  0.12
45.617 23.358 1.942  0.12  45.667 23.565 1.947  0.16 45.65  23.738 1.949
0.28   45.586 23.796 1.948 0.11  45.591 23.981 1.951 0.   48.238 25.569 2.055
0.05   43.789 23.385 1.888 0.14  43.779 23.556 1.89  0.   43.784 23.737 1.893
0.     43.719 23.88  1.894 0.    43.987 24.116 1.905 0.   43.024 23.763 1.871 0.
```

### 2. 使用 Open3D 读写点云数据并可视化

（1）点云数据的可视化

使用 Open3D 从文件中读取点云数据的函数是 read_point_cloud()，其函数原型如下。

```
open3d.io.read_point_cloud(filename, format = auto, remove_nan_points = False,
remove_infinite_points = False, print_progress = False)
```

参数说明如下。

① filename：文件路径。

② format：输入文件的格式。如果未指定或设置为 auto，则从文件扩展名推断格式。

③ remove_nan_points：bool 类型，若为 True，则所有包含 NaN 的点都会从点云数据中移除。

④ remove_infinite_points：bool 类型，若为 True，则从点云数据中删除所有包含无限值的点。

⑤ print_progress：bool 类型，若为 True，则会在控制台中显示进度条。

返回值：open3d.geometry.PointCloud 类型的点云数据。

从文件中读取点云数据后，可利用 draw_geometries()函数进行数据可视化，其函数原型如下。

```
open3d.visualization.draw_geometries(geometry_list, window_name = 'Open3D', width =
1920, height = 1080, left = 50, top = 50, point_show_normal = False, mesh_show_wire
frame = False, mesh_show_back_face = False)
```

参数说明如下。

① geometry_list：list 类型，要可视化的几何图形列表。

② window_name：可视化窗口的显示主题。

③ width：可视化窗口的宽度。

④ height：可视化窗口的高度。

⑤ left：可视化窗口的左边距。
⑥ top：可视化窗口的上边距。
⑦ point_show_normal：bool 类型，若设置为 True，则可视化点法线。
⑧ mesh_show_wireframe：bool 类型，若设置为 True，则可视化网格线框。
⑨ mesh_show_back_face：bool 类型，若设置为 True，则可视化网格三角形的背面。
返回值为 None。

利用上述两个函数，通过以下 3 行代码就可轻松实现点云数据的可视化。

```
import open3d as o3d
pcd = o3d.io.read_point_cloud("pcd/michael.pcd")
o3d.visualization.draw_geometries([pcd], window_name = "点云文件读取示例")
```

运行上述示例代码，显示点云数据可视化的结果，如图 9-17 所示。按键盘上的+键，则可使点云中点的直径变大，按−键则会变小。将键盘上 Shift、Ctrl、Alt 等键与鼠标左键进行组合操作还可实现图像的平移、旋转、缩放等效果。交互操作演示效果可参见本书配套的电子资源。

图 9-17　点云数据可视化示例

（2）点云着色

为点云中选定的点分配相同的颜色，可通过 paint_uniform_color()函数来实现。该函数只有一个参数 color，用于指定 RGB 颜色。示例代码如下。

```
import open3d as o3d
pcd = o3d.io.read_point_cloud("pcd/michael.pcd")
pcd_vector = o3d.geometry.PointCloud() #实例化一个点云对象
#将点坐标转换为三维向量。向量化后可以进行颜色绘制、可视化、保存等一系列操作
pcd_vector.points = o3d.utility.Vector3dVector(pcd.points)
pcd_vector.paint_uniform_color([0, 0, 1]) #设置为蓝色显示
#显示着色后的点云图像
o3d.visualization.draw_geometries([pcd_vector], window_name = "点云着色示例")
```

运行示例代码，显示点云着色结果，如图 9-18 所示。

图 9-18 点云着色结果

（3）点云的剪裁

Open3D 对点云进行剪裁的核心函数是 read_selection_polygon_volume()。该函数只有一个参数，用于指定包含多边形选择区域数据的 JSON 文件所在路径。以下示例中 JSON 文件指定 20 个点以构成包围被裁剪物体的截面。

```
{
    "axis_max" : 4.022921085357666,
    "axis_min" : -0.76341366767883301,
    "bounding_polygon" :
    [
        [ 2.6509309513852526, 0.0, 1.6834473132326844 ],
        [ 2.5786428246917148, 0.0, 1.6892074266735244 ],
        [ 2.4625790337552154, 0.0, 1.6665777078297999 ],
        [ 2.2228544982251655, 0.0, 1.6168160446813649 ],
        [ 2.166993206001413, 0.0, 1.6115495157201662 ],
        [ 2.1167895865303286, 0.0, 1.6257706054969348 ],
        [ 2.0634657721747383, 0.0, 1.623021658624539 ],
        [ 2.0568612343437236, 0.0, 1.5853892911207643 ],
        [ 2.1605399001237027, 0.0, 0.96228993255083017 ],
        [ 2.1956669387205228, 0.0, 0.95572746049785073 ],
        [ 2.2191318790575583, 0.0, 0.88734449982108754 ],
        [ 2.2484881847925919, 0.0, 0.87042807267013633 ],
        [ 2.6891234157295827, 0.0, 0.94140677988967603 ],
        [ 2.7328692490470647, 0.0, 0.98775740674840251 ],
        [ 2.7129337547575547, 0.0, 1.0398850034649203 ],
        [ 2.7592174072415405, 0.0, 1.0692940558509485 ],
        [ 2.7689216419453428, 0.0, 1.0953914441371593 ],
        [ 2.6851455625455669, 0.0, 1.6307334122162018 ],
        [ 2.6714776099981239, 0.0, 1.675524657088997 ],
        [ 2.6579576128816544, 0.0, 1.6819127849749496 ]
    ],
```

```
    "class_name" : "SelectionPolygonVolume",
    "orthogonal_axis" : "Y",
    "version_major" : 1,
    "version_minor" : 0
}
```

在读取由 JSON 文件指定的多边形选择区域后，再使用 crop_point_cloud()函数进行剪裁操作。示例代码如下。

```
import open3d as o3d
import numpy as np

#载入示例点云文件
path = "fragment.ply"
pcd = o3d.io.read_point_cloud(path)    #path 为文件路径
#可视化点云数据
o3d.visualization.draw_geometries([pcd], window_name = '示例点云图像',
                                 zoom = 0.3412,
                                 front = [0.4257, -0.2125, -0.8795],
                                 lookat = [2.6172, 2.0475, 1.532],
                                 up = [-0.0694, -0.9768, 0.2024])

#通过读取 JSON 文件来获取多边形选择区域
section = o3d.visualization.read_selection_polygon_volume('cropped.json')
#根据指定选择区域执行点云剪裁
chair = section.crop_point_cloud(pcd)
#可视化剪裁后的点云数据
o3d.visualization.draw_geometries([chair], window_name = '剪裁后的点云图像',
                                 zoom = 0.7,
                                 front = [0.5439, -0.2333, -0.8060],
                                 lookat = [2.4615, 2.1331, 1.338],
                                 up = [-0.1781, -0.9708, 0.1608])
```

运行上述示例代码，显示点云剪裁结果，如图 9-19 所示。其中，图 9-19（a）为原始点云图像，图 9-19（b）为剪裁后的点云图像。

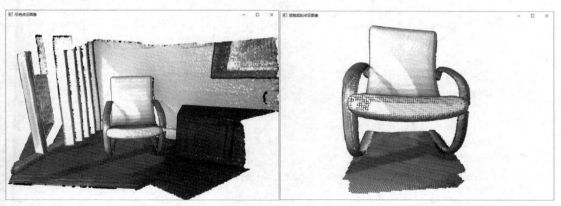

（a）原始点云图像　　　　　　　　　　（b）剪裁后的点云图像

图 9-19　点云剪裁结果

(4) 法向量计算

法向量通常是针对平面而言的,即垂直于平面的向量。因此,对于点云来说,需要先拟合出一个平面,然后方可求出相应的法向量。对于一个点,可以用其周围邻近的点来拟合平面。Open3D 库中用来计算点云法向量的函数为 estimate_normals(),其函数原型如下。

```
Open3d.geometry.PointCloud.estimate_normals(self, search_param = KDTreeSearchParamKNN
with knn = 30, fast_normal_computation = True)
```

主要参数说明如下。

① search_param:用于邻域搜索的 KDTree 搜索参数。

② fast_normal_computation:bool 类型。若为真,则正态估计使用非迭代方法从协方差矩阵中提取特征向量,速度更快,但数值不稳定。

如前文所述,计算法向量需要拟合出一个平面,该平面由其临近点来确定。Open3D 中提供了 3 种方法来确定这些邻近点,函数原型及其用法如下。

```
#搜索邻近的 20 个点
o3d.geometry.KDTreeSearchParamKNN(knn = 30)
#搜索半径 0.02 以内的所有邻近点
o3d.geometry.KDTreeSearchParamRadius(radius = 0.02)
#搜索半径在 0.02 以内及最大邻近点个数为 30 的所有邻近点
o3d.geometry.KDTreeSearchParamHybrid(radiu = 0.02, max_nn = 30)
```

以下示例演示了从 PCD 格式的点云文件中读取数据,然后计算每个点的法向量并对带有法向量的点云进行可视化。示例代码如下。

```
import open3d
import numpy as np
import mayavi.mlab as mlab

pcd = open3d.io.read_point_cloud("pcd/wolf.pcd")  #读取示例点云数据

max_nn = 20 #邻域内用于计算法向量的最大邻近点数
#基于KDTreeSearchParamKNN 算法生成平面来计算法向量
pcd.estimate_normals(search_param = open3d.geometry.KDTreeSearchParamKNN(max_nn))
normals = np.array(pcd.normals)      #法向量转化为 numpy 数组
points = np.array(pcd.points)        #点云数据转化为 numpy 数组
print(normals.shape, points.shape) #控制台输出法向量与点云数组的维度,结果应该一致

#验证法向量模长
normals_length = np.sum(normals**2, axis = 1)
verification = np.equal(np.ones(normals_length.shape, dtype = float), normals_length).all()
print('所有计算结果皆为1:', verification)

#法向量可视化
open3d.visualization.draw_geometries([pcd], window_name = "PCD格式点云法向量计算示例",
                                     point_show_normal = True,
                                     width = 800,    #窗口宽度
                                     height = 600)   #窗口高度
```

运行上述示例代码，显示 PCD 格式点云数据法向量计算结果，如图 9-20 所示。图中针刺状的线条为各点对应的法向量。控制台中的输出结果也表明法向量与点云数组维度完全一致。交互操作演示效果可参见本书配套的电子资源。

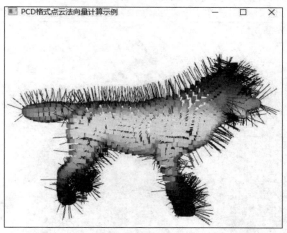

图 9-20　PCD 格式点云数据法向量计算结果

对于 PCD 格式的点云文件，获取数据后可以直接进行法向量计算。而 PLY 格式的数据不支持直接计算法向量，需按照以下示例代码中的方式进行数据转换之后再计算。

```python
import numpy as np
import open3d as o3d

ply = o3d.io.read_triangle_mesh('bunny.ply')  #读取 PLY 格式的点云文件

pcd = o3d.geometry.PointCloud()  #实例化一个点云对象
pcd.points = ply.vertices        #将 PLY 格式数据转换为 PCD 格式数据

radii = 0.01      #搜索半径
max_nn = 30       #邻域内用于计算法向量的最大邻近点数

#基于 KDTreeSearchParamHybrid 算法生成平面来计算法向量
pcd.estimate_normals(search_param = o3d.geometry.KDTreeSearchParamHybrid(radii, max_nn))
normals = np.array(pcd.normals)  #法向量结果

#验证法向量模长(有时有偏差，不会全为 1)
normals_length = np.sum(normals**2, axis = 1)
verification = np.equal(np.ones(normals_length.shape, dtype = float), normals_length).all()
print('所有计算结果皆为 1:', verification)

#法向量可视化
o3d.visualization.draw_geometries([pcd], window_name = "PLY 格式点云法向量计算示例",
                                  point_show_normal = True,
```

```
                                    width = 800,      #窗口宽度
                                    height = 600)     #窗口高度
```

运行上述示例代码，显示 PLY 格式点云数据法向量计算结果，如图 9-21 所示。交互操作演示效果可参见本书配套的电子资源。

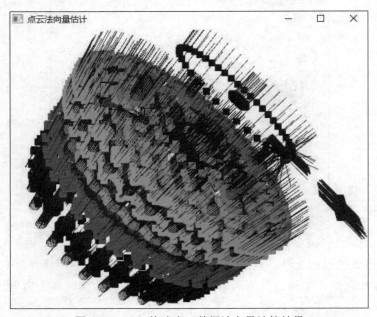

图 9-21  PLY 格式点云数据法向量计算结果

（5）获取点云坐标

从点云数据中获取某个点的坐标可通过 Open3D 中具有编辑功能的可视化工具 VisualizerWithEditing 来实现。示例代码如下。

```
import open3d as o3d
import numpy as np

#读取示例 PCD 格式点云文件
pcd = o3d.io.read_point_cloud("pcd/two_human.pcd")
#实例化一个具有编辑功能的交互可视化对象
vis = o3d.visualization.VisualizerWithEditing()
#创建显示窗口
vis.create_window(window_name = "手动获取点云坐标示例")
#在窗口中加载显示点云图像
vis.add_geometry(pcd)
#等待用户操作。按 Shift+鼠标左键进行点的选取，有效点的坐标信息在控制台输出
vis.run()
#按 Q 退出并销毁窗口
vis.destroy_window()

#获取选取点的集合
point_index = vis.get_picked_points()
#输出有效选取点集合及第一个有效选取点的坐标
```

```
print("选取的有效数据点序号集合：", point_index)
print("第一个被选有效数据点的坐标：", pcd.points[point_index[0]])
```

运行上述示例代码，在弹出窗口中按 Shift 和鼠标左键从点云图像中随机选取几个点，按 Q 键退出显示窗口，控制台将输出以下信息。

```
[Open3D INFO] Picked point #18609 (-0.75, -0.47, 1.7) to add in queue.
[Open3D INFO] Picked point #13896 (-0.62, -0.53, 1.8) to add in queue.
[Open3D INFO] Picked point #8124 (-0.36, -0.65, 1.9) to add in queue.
[Open3D INFO] No point has been picked.
[Open3D INFO] Picked point #84307 (-0.28, 0.19, 2.8) to add in queue.
[Open3D INFO] No point has been picked.
[Open3D INFO] Picked point #66255 (0.044, -0.047, 1.7) to add in queue.
[Open3D INFO] Picked point #138024 (-0.21, 0.56, 1.9) to add in queue.
[Open3D INFO] Picked point #107692 (0.031, 0.48, 2.5) to add in queue.
[Open3D INFO] Picked point #111324 (0.8, 0.41, 2.0) to add in queue.
选取的有效数据点序号集合：[18609, 13896, 8124, 84307, 66255, 138024, 107692, 111324]
第一个被选有效数据点的坐标：[-0.7522648  -0.47280574  1.7060001 ]
```

从上述信息可看出，我们总共选取了 10 个点，其中有两个无效点（选在了点云图像中的空白处）。手动从点云图像中选点并获取其坐标值如图 9-22 所示。交互操作演示效果可参见本书配套的电子资源。

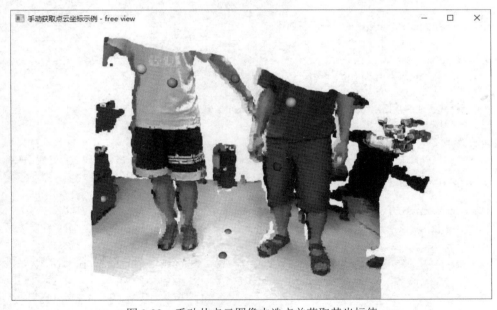

图 9-22  手动从点云图像中选点并获取其坐标值

（6）点云之间的距离计算

Open3D 提供了 compute_point_cloud_distance() 函数来计算两个点云之间的距离，也就是计算从源点云中的每个点到目标点云中最近邻点的距离。以下示例先从 PCD 格式点云文件中读取数据，然后计算两个点云之间的距离，并根据预置条件从源点云中筛选符合条件的数据点，最后对 3 个点云数据进行可视化。示例代码如下。

```
import open3d as o3d
```

```python
import numpy as np

#读取两个点云文件数据并在控制台输出每个点云中点的个数
pcd_source = o3d.io.read_point_cloud("pcd/pig1.pcd")
pcd_target = o3d.io.read_point_cloud("pcd/pig2.pcd")

#从点云数据读取的返回信息中提取数字。返回字符串类似于"PointCloud with 180905 points."
source_point_num = [int(s)for s in str(pcd_source).split() if s.isdigit()]
target_point_num = [int(s)for s in str(pcd_target).split() if s.isdigit()]

print("源点云中点的个数:", source_point_num, ", 目标点云中点的个数:", target_point_num)

#计算两个点云之间的距离
distance = pcd_source.compute_point_cloud_distance(pcd_target)
distance = np.asarray(distance)   #将点云数据转换为numpy数组

N = 10
print("两个模型之间前", N, "个点的距离:\n", distance[:10])

#提取距离大于0.15的点
ind = np.where(distance > 0.15)[0]

#从第一个点云数据中选取符合条件的点构成新的点云
pcd_selection = pcd_source.select_by_index(ind)
#另一种方式获取点云个数
selection_point_num = len(np.asarray(pcd_selection.points))

print("符合筛选条件的数据点个数:", selection_point_num)

#可视化点云数据
o3d.visualization.draw_geometries([pcd_source],    window_name = "源点云数据",
                                                   width = 800,     #窗口宽度
                                                   height = 600)    #窗口高度
o3d.visualization.draw_geometries([pcd_target],    window_name = "目标点云数据",
                                                   width = 800,     #窗口宽度
                                                   height = 600)    #窗口高度
o3d.visualization.draw_geometries([pcd_selection], window_name = "符合条件的点云数据",
                                                   width = 800,     #窗口宽度
                                                   height = 600)    #窗口高度
```

运行上述示例代码，显示点云之间的距离计算结果，如图9-23所示。其中，图9-23（a）为原始点云数据，图9-23（b）为目标点云数据，图9-23（c）为符合条件的点云数据。程序还在控制台输出以下信息。

```
源点云中点的个数: [180905] , 目标点云中点的个数: [188013]
两个模型之间前10个点的距离:
[0.25975992 0.25728751 0.25483782 0.25241168 0.25000962 0.24763242
 0.24528081 0.25498249 0.15287181 0.15497028]
符合筛选条件的数据点个数: [23448]
```

(a) 原始点云数据

(b) 目标点云数据

(c) 符合条件的点云数据

图 9-23 点云之间的距离计算

因为两个示例点云之间的数据差异不是很大，若在程序中将筛选条件数字设置得越大，则符合条件的点数就越少。若超过一定数值，则两者之间的差异会为 0。点云之间的距离通常可用于度量两个 3D 物体之间的相似度。

（7）点云边界可视化

点云对象可通过调用包围盒计算函数计算出点云的边界框。包围盒是一种求解离散点集最优包围空间的算法，基本思想是用体积稍大且特性简单的几何体来近似地代替复杂的几何对象，常用于模型的碰撞检测。最常见的包围盒有 AABB 包围盒、包围球、有向包围盒（OBB）及凸包围盒等。AABB 包围盒是采用一个长方体将物体包裹起来，进行两个物体的相交性检测时仅检测物体对应包围盒（包裹物体的长方体）的相交性。另外，AABB 包围盒有一个重要特性，就是包围盒对应的长方体每一个面都是与某个坐标轴平面平行的，因此，AABB 包围盒又称为轴对齐包围盒。有向包围盒比包围球和 AABB 包围盒更加逼近物体，能显著减少包围体的个数。

在 Open3D 中，get_axis_aligned_bounding_box() 函数用于实现 AABB 包围盒算法，get_oriented_bounding_box() 函数用于实现 OBB 包围盒算法。下面我们用这两个函数来实现一个简单的点云边界可视化，示例代码如下。

```
import numpy as np
import open3d as o3d
```

```
#读取示例点云文件
pcd = o3d.io.read_point_cloud("pcd/michael.pcd")
#计算AABB类型包围盒边界
aabb = pcd.get_axis_aligned_bounding_box()
#设置包围盒颜色为红色
aabb.color = (1, 0, 0)
#计算OBB类型包围盒边界
obb = pcd.get_oriented_bounding_box()
#设置包围盒颜色为绿色
obb.color = (0, 1, 0)
#点云及其两种类型包围盒边界可视化
o3d.visualization.draw_geometries([pcd, aabb, obb], window_name = "点云边界计算示例")
```

运行上述示例代码，显示点云边界计算结果，如图9-24所示。

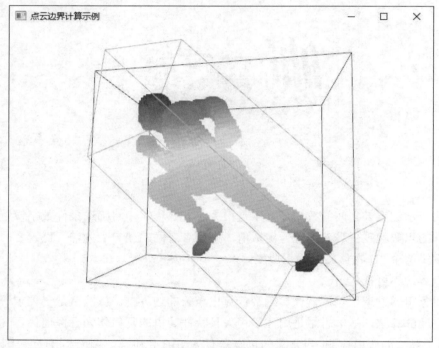

图 9-24　点云边界计算结果

### 9.4.3　基于Open3D的三维重建

三维点云由一系列离散的点组成，其所构成的空间中必然会有一些位置是空的，没有信息存在。点云三维重建指的是根据点云重新生成目标的表面或轮廓，即表面重建，使目标表面成为连续状态。Open3D提供了几种不同的方法用于实现基于点云的三维重建。

**1. Alpha Shapes算法**

Alpha Shapes算法也称为散点轮廓算法，是一种简单、有效的快速提取边界点或轮廓的算法。其克服了点云边界点形状影响的缺点，可快速准确提取边界点。Open3D通过

create_from_point_cloud_alpha_shape() 函数实现该算法，其关键参数为 alpha，代表在搜索外轮廓时的半径大小。alpha 值越小，网格的细节就越多，分辨率越高。

基于 Alpha Shapes 算法的点云三维重建的示例代码如下。

```
import open3d as o3d
import numpy as np

pcd = o3d.io.read_point_cloud("bunnyMesh.ply")
o3d.visualization.draw_geometries([pcd], width = 800, height = 800) #可视化点云数据
alpha = 0.01 #设置 alpha 值
#基于 Alpha Shapes 算法的点云表面重建
mesh = o3d.geometry.TriangleMesh.create_from_point_cloud_alpha_shape(pcd, alpha)
mesh.compute_vertex_normals() #计算 mesh 的法线
#可视化表面重建的物体对象
o3d.visualization.draw_geometries([mesh], mesh_show_back_face = True)
```

运行上述示例代码，显示基于 Alpha Shapes 算法的三维重建，如图 9-25 所示。其中，图 9-25（a）为点云可视化，图 9-25（b）为表面重建后的物体。

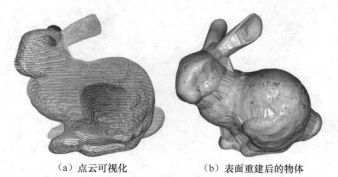

（a）点云可视化　　（b）表面重建后的物体

图 9-25　基于 Alpha Shapes 算法的三维重建示例

对于 Alpha Shapes 算法，选择合适的 alpha 值对结果影响很大。本例中选择 alpha=0.01 能获得较好的效果，若选择较大的 alpha 值，例如 0.5，则表面重建后的物体已经看不到本来形状。

### 2. Ball Pivoting 算法

Ball Pivoting（滚球）算法的思路来源于 Alpha Shapes，是从二维到三维的一种转换。Ball Pivoting 也是一种用于点云三角化的常用方式。Open3D 通过 create_from_point_cloud_ball_pivoting() 函数实现该算法，其关键参数为 radii，代表滚球的半径，可以设置多个值，也就是可以用多个尺寸的滚球来进行三角面构建。需要注意的是，该方法要求点云必须有法向量，或者在此之前使用法向量计算函数计算出法向量。

基于 Ball Pivoting 算法的点云三维重建的示例代码如下。

```
import open3d as o3d
import numpy as np
gt_mesh = o3d.io.read_triangle_mesh('bunny.ply') #读取示例点云文件
gt_mesh.compute_vertex_normals() #计算 mesh 的法线
```

```
pcd = gt_mesh.sample_points_poisson_disk(30000) #泊松圆盘采样，使采样点均匀分布
o3d.visualization.draw_geometries([pcd]) #点云可视化

radii = [0.005, 0.01, 0.02, 0.04] #设置多个滚球半径
#基于Ball Pivoting算法进行点云表面重建
rec_mesh = o3d.geometry.TriangleMesh.create_from_point_cloud_ball_pivoting(
            pcd, o3d.utility.DoubleVector(radii))
#可视化点云与表面重建后物体的叠加图
o3d.visualization.draw_geometries([pcd, rec_mesh])
```

运行上述示例代码，显示基于 Ball Pivoting 算法的三维重建，如图 9-26 所示。其中，图 9-26（a）为点云图，图 9-26（b）为点云与表面重建后的 3D 物体叠加图。

（a）点云图　　　　　　　　（b）点云与表面重建后的3D物体叠加图

图 9-26　基于 Ball Pivoting 算法的三维重建

### 3. 泊松表面重建算法

泊松表面重建算法解决了一个正则化优化问题，以获得光滑曲面。因此，泊松表面重建算法比前两种算法更可取，因为它们会产生非平滑结果，因为点云的点也是生成的三角形网格的顶点，不需要任何修改。

Open3D 通过 create_from_point_cloud_poisson()函数实现该算法。该函数的一个重要参数是 depth，它定义了用于曲面重建的八叉树的深度，因此表示生成的三角形网格的分辨率。depth 值越高，网格的细节就越多。create_from_point_cloud_poisson()函数除了返回重建的表面，还会返回各处重建后的点密度，通过设置一个阈值去除一些低密度处的重建结果。需要注意的是，该方法要求点云必须有法向量，或者在此之前使用法向量计算函数计算出法向量。

泊松表面重建的示例代码如下：

```
import open3d as o3d
import numpy as np
import matplotlib.pyplot as plt

pcd = o3d.io.read_point_cloud('EaglePointCloud.ply') #示例点云文件
o3d.visualization.draw_geometries([pcd],
                                  zoom = 0.664,
                                  front = [-0.4761, -0.4698, -0.7434],
                                  lookat = [1.8900, 3.2596, 0.9284],
                                  up = [0.2304, -0.8825, 0.4101])

print('开始泊松表面重建')
```

```python
#定义一个上下文管理器来暂时改变Open3D的冗长级别,主要是在控制台输出一些debug相关信息
with o3d.utility.VerbosityContextManager(o3d.utility.VerbosityLevel.Debug) as cm:
    #运行泊松表面重建算法
    mesh, densities = o3d.geometry.TriangleMesh.create_from_point_cloud_poisson(pcd, depth = 9)

o3d.visualization.draw_geometries([mesh], zoom = 0.664,
                                  front = [-0.4761, -0.4698, -0.7434],
                                  lookat = [1.8900, 3.2596, 0.9284],
                                  up = [0.2304, -0.8825, 0.4101])

print('密度可视化')
densities = np.asarray(densities) #密度值
#根据密度值来定义伪彩映射:将灰度图映射成彩色图
density_colors = plt.get_cmap('plasma')(
    (densities - densities.min()) / (densities.max() - densities.min()))
density_colors = density_colors[:, :3]
density_mesh = o3d.geometry.TriangleMesh() #实例化一个TriangleMesh对象
density_mesh.vertices = mesh.vertices #获取TriangleMesh对象的顶点集合
density_mesh.triangles = mesh.triangles #获取TriangleMesh对象的三角面集合
density_mesh.triangle_normals = mesh.triangle_normals #获取对象的三角形法线集合
#将顶点颜色数据转换为Open3D格式
density_mesh.vertex_colors = o3d.utility.Vector3dVector(density_colors)
#伪彩映射密度图可视化
o3d.visualization.draw_geometries([density_mesh],
                                  zoom = 0.664,
                                  front = [-0.4761, -0.4698, -0.7434],
                                  lookat = [1.8900, 3.2596, 0.9284],
                                  up = [0.2304, -0.8825, 0.4101])
```

运行上述示例代码,显示基于泊松表面重建算法的点云三维重建结果,如图9-27所示。其中,图9-27(a)为三维点云图,图9-27(b)为泊松表面重建后的3D物体,图9-27(c)为密度值经伪彩映射后的表面重建3D物体。

(a) 三维点云图　　　　(b) 泊松表面重建后的3D物体　　　　(c) 密度值经伪彩映射后的表面重建3D物体

图9-27　基于泊松表面重建算法的点云三维重建示例

泊松表面重构也会在低密度区域创建三角面，甚至外推到一些其他区域（如图 9-27（b）中物体图像底部区域）。create_from_point_cloud_poisson()函数有两个返回值，其中一个是密度值，表示每个顶点的密度。低密度值意味着顶点仅由来自输入点云的少量点支持。我们使用伪颜色在 3D 物体中进行密度可视化，其中紫色表示低密度，黄色表示高密度（如图 9-27（c）所示）。

本节简单展示了 Open3D 在点云数据处理中的基本应用，对于 Open3D 的更多功能，读者可参阅其丰富的官方文档进行学习和探索。

# 第 10 章　基于动画的数据展示

动画是可视化设计中经常使用的手段，它从时间维度上增强了图表数据所传达的信息，通过展示数据变化的中间步骤，从而陈述数据中的逻辑。利用 Python 语言进行动画数据展示可以借助 Matplotlib、OpenGL、MoviePy 等第三方工具库来实现。

## 10.1　基于 Matplotlib Animation 的动画绘制

Matplotlib 是一个应用非常广泛的库，它从 1.1.0 版本以后开始支持图形动画。其动画工具以 matplotlib.animation 模块中的 Animation 基类为中心，提供了一个框架，并围绕该框架构建动画功能，主要接口有 FuncAnimation 和 ArtistAnimation，两者中 FuncAnimation 是使用最方便的。

FuncAnimation 接口的函数原型如下。

```
FuncAnimation(fig = fig, func = update, frames = 100, init_func = init, interval = 1, blit = False)
```

参数说明如下。

① fig：表示绘制动画的画布对象 figure。

② func：表示动画函数，用于不断更新图像，生成新的 xdata 和 ydata。

③ frames：表示动画长度，一次循环包含的帧数。在函数运行时，其值会传给动画函数 update(i)的形参 i。

④ init_func：表示动画初始化函数，用于自定义开始帧。

⑤ interval：表示时间间隔或更新频率，单位为毫秒（ms）。

⑥ blit：表示是否进行整图更新。False 表示更新整张图，True 表示只更新有变化的点。macOS 系统用户需要将该参数设置为 False，否则可能无法正常显示。

以下示例代码展示了如何利用 matplotlib.animation 模块的 FuncAnimation()函数以一定的帧速率来动态生成一个正弦曲线。

```
import numpy as np
import matplotlib.pyplot as plt
from matplotlib.animation import FuncAnimation
fig, ax = plt.subplots() #定义用于动画显示的画布和子图对象
xdata, ydata = [], []
#创建名为 line 的绘图对象，并以蓝色点来进行图像绘制
line, = plt.plot([], [], 'b.', animated = True)
ax.set_title("正弦曲线动画示例", color = 'b', fontsize = 14) #设置图像标题
```

```
def init():  #声明一个初始化函数 init。调用此函数来创建动画第一帧
    ax.set_xlim(0, 2*np.pi)   #设置 x 轴视图限制
    ax.set_ylim(-1, 1)  #设置 y 轴视图限制
    return line,  #注意这个逗号，返回的是元组

def update(frame):
    xdata.append(frame)
    ydata.append(np.sin(frame))
    line.set_data(xdata, ydata)  #函数设置 x 和 y 数据，然后返回绘图对象 line
    return line,

ani = FuncAnimation(fig, update, frames = np.linspace(0, 2*np.pi, 128),
                    init_func = init, blit = True, interval = 20)
#ani.save('sinwave.gif', fps = 20) #动画保存为 GIF 图片，fps 为每秒帧数
plt.show()   #若前面保存了动画，则这里只显示最后一帧
```

运行上述示例代码，可直接看到正弦曲线动态生成的动画，因在书中无法直接展示动画，故用图 10-1 所示的截图来代替显示。若启用注释掉的示例代码中用于动画保存的语句，则可在程序运行的当前目录中找到一个名为"sinwave.gif"的图片，使用鼠标双击打开也可看到该示例中所展示的动画。动画演示效果可参见本书配套的电子资源。

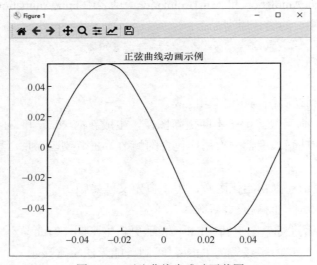

图 10-1　正弦曲线生成动画截图

在使用 FuncAnimation 时，不是每次都需提供完整参数，通过其中几个关键参数也可生成动画。例如，在以下示例中，通过提供绘图对象、动画生成函数及图像更新频率 3 个参数给接口函数，即可生成一个动态六边形箱体图，并将动画结果保存为".mp4"格式的视频。示例代码如下。

```
from matplotlib import animation
import matplotlib.pyplot as plt
import numpy as np

fig, ax = plt.subplots() #定义用于动画显示的画布和子图对象
```

```python
def animate(i):      #定义动画生成函数
    ax.clear()       #清除坐标系中的图形
    x0, y0 = np.random.random(size = (2, ))*4-2  #初始化起始坐标
    x = np.random.normal(loc = x0, size = (1000, )) #定义 x
    y = 2.0 + 3.0 * x + 4.0 * np.random.normal(loc = y0, size = (1000, ))  #定义 y
    hexlayer = ax.hexbin(x, y, gridsize = 20, cmap = 'viridis') #绘制二维六边形箱体图
    return ax

ani = animation.FuncAnimation(fig, animate, frames = 12) #生成动画
ani.save('test.mp4') #在当前目录下将动画保存为MP4格式的视频
plt.show()
```

示例代码中所用到的 hexbin()函数中的 x、y 参数是数据序列,二者长度必须相同。gridsize 参数表示 x 方向或 x、y 两个方向上的六边形数量。cmap 指配色方案。

运行上述示例代码,可直接看到动画演示效果,因在书中无法直接展示动画,故用图 10-2 所示的截图来代替显示。程序运行时还在当前目录下生成了一个名为"test.mp4"的视频文件, 使用鼠标双击打开也可看到该示例中所展示的动画。动画演示效果可参见本书配套的电子资源。

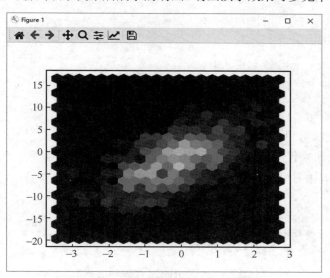

图 10-2　Matplotlib Animation 示例截图

ArtistAnimation 是基于一组 Artist 对象的动画类,它通过调用一个固定的 Artist 对象来制作动画,例如给定的一系列图片或 Matplotlib 的绘图对象。其接口的函数原型如下。

```
ArtistAnimation(fig, artists, interval, repeat_delay, repeat, blit)
```

参数说明如下。

① fig:表示绘制动画的画布对象 figure。

② artists:表示一组 Artist 对象的列表。

③ interval:表示时间间隔或更新频率。以毫秒为单位,默认为 200。

④ repeat_delay:表示再次播放动画之前延迟的时长。

⑤ repeat:表示是否重复播放动画。

⑥ blit：表示是否进行整图更新。False 表示更新整张图，True 表示只更新有变化的点。

以下示例通过 ArtistAnimation 接口来动态生成一个正弦曲线，代码如下。

```python
import numpy as np
import matplotlib.pyplot as plt
from matplotlib.animation import ArtistAnimation

#创建用于显示动画的画布和子图对象
fig = plt.figure()
ax = fig.subplots()

plt.title("基于ArtistAnimation的正弦曲线生成动画演示")
plt.axis("off")  #不显示坐标轴

arts = []  #定义一个artists对象
x = np.linspace(0, 2*np.pi, 20)

for i in range(20):
    x+ = np.pi*2/20
    y = np.sin(x)
    line = ax.plot(y, '.-', c = 'blue')      #以蓝色点线来绘制一帧图像
    arts.append(line)                         #每帧图像都保存至artists对象列表中
#根据artists对象存储的一组图形创建动画
ani = ArtistAnimation(fig = fig, artists = arts, repeat = True, blit = True)
ani.save("animation_artist.gif")
plt.show()
```

运行上述示例代码，可看到正弦曲线动态生成的动画，因在书中无法直接展示动画，故用图 10-3 所示的截图来代替显示。可在程序运行的当前目录中找到名为"animation_artist.gif"的图片，使用鼠标双击打开也可看到该示例中所展示的动画。动画演示效果可参见本书配套的电子资源。

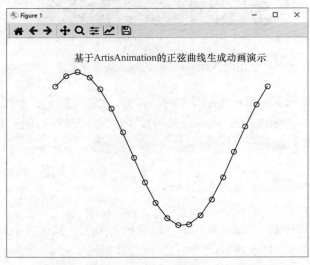

图 10-3　Matplotlib Animation 示例截图

通过比较可以发现，FuncAnimation 使用起来很方便且定制化程度较高。如果想将很多图片合并为一个动画，那么 ArtistAnimation 是非常合适的选择。

## 10.2 基于 PyOpenGL 的动画

开放图形库（OpenGL）是一个用于 2D、3D 矢量图形的跨语言、跨平台的 API。该接口由约 350 个不同的函数组成，用于绘制从简单的几何图形到非常复杂的三维场景。OpenGL 不是一个独立的平台，因此，它需要借助一种编程语言才能被使用，C/C++、Java、Python 等都能很好地支持它。

### 10.2.1 PyOpenGL 简介及安装

PyOpenGL 是 OpenGL 在 Python 语言中所用的封装模块，提供了 OpenGL API 绝大部分的功能。OpenGL 函数的命名格式如下。

```
<库前缀><根命令><可选的参数个数><可选的参数类型>
```

常见的库前缀有 gl、glu、glut、aux、wgl、glx、agl 等。库前缀表示该函数属于 OpenGL 的哪一个开发库。函数名后面还可以看出需要多少个参数及参数的类型。i 代表 int 类型，f 代表 float 类型，d 代表 double 类型，u 代表无符号整型。例如，glVertex2f()表示该函数属于 gl 库，根命令为 Vertex，用于生成顶点，参数为 2 个浮点数。

OpenGL 函数库相关的 API 有核心库（gl）、实用库（glu）、实用工具库（glut）、辅助库（aux）、窗口库（glx、agl、wgl）和扩展函数库等。gl 是核心库，包含 115 个函数，函数名的前缀为 gl。这部分函数用于常规的、核心的图形处理。实用库（glu）是对 gl 的部分封装。实用工具库（glut）是跨平台的 OpenGL 程序的工具包，比 aux 功能强大。窗口库（glx、agl、wgl）是针对不同窗口系统的函数。扩展函数库是硬件厂商为实现硬件更新利用 OpenGL 的扩展机制开发的函数。

打开 Anaconda 控制台，在命令行中输入"pip install pyopengl"命令即可完成 PyOpenGL 的在线安装。不过要注意的是，该指令默认安装的是 32 位版本的 PyOpenGL，若运行在 64 位操作系统，则会报错。因此，建议下载适合本机配置的".whl"安装文件（下载地址请参考本书配套的电子资源）。例如，Windows 64 位系统 Python 3.8 版本的 PyOpenGL 安装指令如下。

```
pip install PyOpenGL-3.1.6-cp38-cp38-win_amd64.whl
```

安装完成后，打开 Python 解释器，运行以下语句，若无出错信息，则表明 PyOpenGL 已正确安装。

```
from OpenGL.GL import *
from OpenGL.GLU import *
from OpenGL.GLUT import *
print(OpenGL.__version__)
```

## 10.2.2 基于 PyOpenGL 的动画示例

由于 OpenGL 涉及的函数接口众多，我们在此不进行过多介绍。下面我们通过几个例子来演示如何利用 PyOpenGL 实现简单的动画功能。首先，我们将用一个 OpenGL 的入门学习经典示例来进行演示。该程序会显示一个按照一定倾斜角度进行旋转的犹他茶壶。该茶壶作为 3D 动画软件里的一个经典模型，是计算机图形学界广泛采用的标准参照物体。示例代码如下。

```
#导入相关的 OpenGL 封装库
from OpenGL.GL import *
from OpenGL.GLU import *
from OpenGL.GLUT import *
import time

def Draw():   #定义一个绘图函数，用于实现 OpenGL 的各种绘图操作命令
    glClear(GL_COLOR_BUFFER_BIT)    #按照参数指定的缓冲类型清除先前画面
    glRotatef(-1, 0, 0.5, 1)        #物体按照所给参数旋转一定角度
    glutWireTeapot(0.6)             #绘制线状茶壶，参数代表茶壶大小的百分比
    time.sleep(0.01)                #延时等待 0.01 秒
    glFlush()                       #刷新画面显示

if __name__ == "__main__":
    glutInit()    #OpenGL 的初始化
    glutInitDisplayMode(GLUT_SINGLE | GLUT_RGBA)   #告诉系统我们需要一个怎样的显示模式
    glutInitWindowSize(400, 400)    #设置动画显示窗口的大小
    glutCreateWindow("Teapot Animation With PyOpenGL")   #设置窗口标题
    glutDisplayFunc(Draw)  #注册先前定义的 OpenGL 窗口绘图函数
    glutIdleFunc(Draw)  #OpenGL 在闲暇之余调用窗口绘图函数，以产生动画效果
    glutMainLoop()       #主循环
```

该示例之所以成为经典，是因为其中 OpenGL 的初始化、窗口大小及标题的设置、画面的清除与刷新、绘图函数的实现与注册及主循环的启动等操作所对应的相关代码在所有基于 OpenGL 的开发中皆会用到。该示例中茶壶模型动画实现的关键语句是 glutIdleFunc(Draw)，其作用是让 OpenGL 在闲暇之余主动调用窗口绘图函数。

运行上述示例代码，可看到黑色背景中白色线状茶壶模型以一定速度和倾斜角度进行旋转。因在书中无法直接展示动画，故用图 10-4 所示的茶壶模型动画截图来代替显示。动画演示效果可参见本书配套的电子资源。

在了解 OpenGL 图像绘制的基本原理之后，我们再用一个稍微复杂的例子来演示动画的生成。在这个示例中，我们不再使用 OpenGL 自带的模型，而是通过一系列绘图工具来生成不同颜色的几何对象，并通过动态更新其坐标值的方式实现动画效果。在 OpenGL 的定义中，几何对象数据的输入通过调用 glBegin()和 glEnd()接口对来实现。glBegin()中的参数表示它所接收的数据是哪种类型，例如，点（GL_POINTS）、线段（GL_LINES）、三角形（GL_TRIANGLES）、多边形（GL_POLYGON）等。示例代码如下。

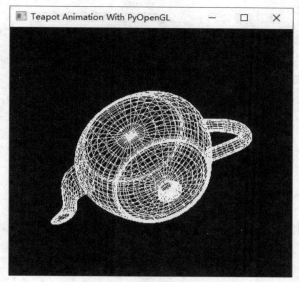

图 10-4　茶壶模型动画截图

```
from OpenGL.GL import *
from OpenGL.GLUT import *
from OpenGL.GLU import *
from math import pi
import numpy as np
import time

#定义几个常数
a = -2*pi
b = 2*pi
c = 0

def init(): #绘图窗口初始化
    glClearColor(0, 0, 0, 1) #设置为黑色背景
    gluOrtho2D(a, b, a, b)   #指定屏幕区域对应的模型坐标范围

def RenderScene(): #主绘图函数
    glClear(GL_COLOR_BUFFER_BIT) #把窗口清除为当前颜色

    #建立坐标系
    glColor3f(1, 1, 1) #坐标轴颜色设置为白色
    glLineWidth(1.0)   #设置线段的宽度

'''
使用glBegin()和glEnd()接口对来实现几何对象的数据输入
'''
    glBegin(GL_LINES)      #GL_LINES 参数代表绘制的是线段
    glVertex2f(a, 0)       #调用glVertex2f方法设置成对的点，每两个点代表一条线，注意必须成对设置
    glVertex2f(b, 0)
    glVertex2f(0, a)       #另一条线段的两个端点
```

```python
        glVertex2f(0, b)
    glEnd() #绘制结束

    #绘制一条正弦曲线
    glColor3f(0, 0, 1) #将曲线颜色设置为蓝色
    glLineWidth(4.0)        #设置线宽
    glBegin(GL_LINE_STRIP) #GL_LINE_STRIP 参数,用于绘制各个点依次连接的线,但是首尾不相连
    for x in np.arange(a, b, 0.1):
        y = np.sin(x-c)*1 #正弦曲线定义
        glVertex2f(x, y)
    glEnd() #结束绘制

    #绘制一条余弦曲线
    glColor3f(1, 0, 0) #将曲线颜色设置为红色
    glBegin(GL_LINE_STRIP) #开始绘制
    for x in np.arange(a, b, 0.1):
        y = np.cos(x+c)*1 #余弦曲线定义
        glVertex2f(x, y)
    glEnd()#结束绘制

    glFlush() #刷新画面显示

def update(): #用于更新曲线坐标点
    global c
    if c <= b:
        c = c + b/100
    else:
        c = 0b/50
    time.sleep(0.02)        #时延
    glutPostRedisplay()      #标记当前窗口需要重新绘制

def main():
    glutInit() #初始化 OpenGL
    glutInitDisplayMode(GLUT_RGBA|GLUT_SINGLE) #设置显示模式
    glutInitWindowSize(500, 500) #设置窗口大小
    glutCreateWindow('OpenGL Curve Animation Demo') #设置窗口标题

    glutDisplayFunc(RenderScene)    #注册绘图函数 RenderScene,该函数用于绘制 OpenGL 窗口
    init()
    glutIdleFunc(update) #让 OpenGL 在闲暇之余调用参数中指定的函数,用于产生动画效果
    glutMainLoop() #主循环

if __name__ == "__main__":
    main()
```

运行上述示例代码,可看到黑色背景中蓝色的正弦曲线和红色的余弦曲线缓缓左右移动。因在书中无法直接展示动画,故用图 10-5 所示的 OpenGL 示例截图来代替显示。动画演示效果可参见本书配套的电子资源。

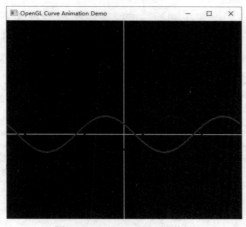

图 10-5　OpenGL 示例截图

## 10.3　基于 MoviePy 的动画

MoviePy 是一个用于视频编辑的第三方 Python 模块。它可用于视频的剪切、拼接、字幕插入及视频合成或创建高级效果等各种操作。MoviePy 可以读/写绝大多数常见的视频格式，甚至包括 GIF 格式。MoviePy 的核心对象是音视频片段（Clip），包括 VideoClip 或者 AudioClip。开发者可以对这些片段进行编辑（剪切、调节亮度、速度等）或者和其他片段混合拼接到一起，使用 Jupyter Notebook 可以进行效果预览。

### 10.3.1　MoviePy 的安装与测试

MoviePy 的安装非常简单，打开 Anaconda 控制台，并直接输入以下命令即可。

```
pip install moviepy -i 镜像源地址
```

当然，我们也可以选择从源码中进行安装。主要步骤包括下载源码包、解压缩，然后切换到含有 setup.py 的目录，执行 python setup.py install。

安装完成后，打开 Jupyter Notebook 并执行以下语句，若无出错信息，则表明 MoviePy 安装正常，且代码中所指定的视频，将被旋转 90°后进行播放。

```
from moviepy.editor import *
clip = VideoFileClip("test.mp4").rotate(90)
clip.ipython_display(width = 200)
```

### 10.3.2　基于 MoviePy 的动画示例

基于 MoviePy 进行动画生成的基本思路是利用 moviepy.editor 中的 VideoClip()函数将通过 Matplotlib 绘制出的一系列图像帧合成一个动画。再通过 write_gif()方法将动画写入 GIF 图像文件，或通过 write_videofile()方法将动画写入视频文件。

以下示例用于生成一个二维曲线动画，曲线的形状由给定的曲线方程决定，例如本例中的数学函数为 $f(x,t) = \sin(x^2) + \cos(x^2 + 2\pi t)$。其中定义了一个 make_frame(t)函数，用于在 $t$ 时刻生成一帧基于给定函数的曲线图。而 mplfig_to_npimage(figure)函数则通过对画布对象进行转化，将所有生成的图像皆放在同一个 figure 画布对象上。

```
#导入相关处理模块
import matplotlib.pyplot as plt
import numpy as np
from moviepy.editor import VideoClip
from moviepy.video.io.bindings import mplfig_to_npimage

x = np.linspace(-2, 2, 100)  #创建等差数列作为 x 的值
duration = 3    #设置动画持续时间长度为 3 秒
fig, ax = plt.subplots()    #定义用于动画显示的画布和子图对象

def make_frame(t):  #该函数用于返回 t 时刻的一帧画面
    ax.clear()  #清除子图
    ax.set_title("Simple Animation with MoviePy")  #设置子图标题
    #绘制 t 时刻的曲线图
    ax.plot(x, np.sin(x**2) + np.cos(x + 2*np.pi/duration * t), lw = 5, color = 'blue')
    ax.set_ylim(-2, 2.5)  #设置 y 轴区间
    return mplfig_to_npimage(figure)  # 返回当前帧图像

if __name__ == "__main__":
    #将 make_frame 函数中生成的每帧图片合成为一个动画
    animation = VideoClip(make_frame, duration = duration)
    #将动画保存为 GIF 格式的图片文件
    animation.write_gif("floating_curve.gif" , fps = 20, loop = True)
    #将动画保存为 MP4 格式的视频文件
    animation.write_videofile("curve.mp4", fps = 10)
    #用于在 Jupyter Notebook 中直接演示动画，并设置为以每秒 30 帧的速率自动循环播放
    animation.ipython_display(fps = 30, loop = True, autoplay = True)
```

运行上述示例代码，可看到一条舞动的蓝色曲线动画。因在书中无法直接展示动画，故用图 10-6 所示的 MoviePy 示例截图来代替显示。动画演示效果可参见本书配套的电子资源。

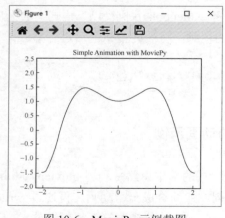

图 10-6　MoviePy 示例截图

以下示例用于生成一个 3D 动画。

```
import matplotlib.pyplot as plt
import numpy as np
from moviepy.video.io.bindings import import mplfig_to_npimage
import moviepy.editor as mpy

fig = plt.figure(figsize = (10, 8))
ax = fig.gca(projection = '3d')  #获取当前绘图区
xlin = np.linspace(-10, 10, 100)
ylin = np.linspace(-10, 10, 100)
x, y = np.meshgrid(xlin, ylin) #生成网格数据
z = np.exp(-(np.power(x, 2) + np.power(y, 2))) #定义曲线函数 z = -(x**2+y**2)

ax.plot_surface(x, y, z)  #绘制 3D 曲面
duration = 5   #设置动画持续时间长度为 5 秒

#用于返回 t 时刻的一帧画面
def make_frame(t):
    z = np.exp(-(np.power(x, 2) + np.power(y, 2))/(4*t+1))  #t 时刻的 z 值
    plt.cla()  #清除 axes, 即当前 figure 中活动的 axes, 但其他 axes 保持不变
    ax.plot_surface(x, y, z, cmap = "rainbow")  #绘制 3D 曲面
    return mplfig_to_npimage(fig)  #返回当前图像帧
#创建动画对象
animation = mpy.VideoClip(make_frame, duration = duration)
#用于在 Jupyter Notebook 中直接演示动画, 并设置为以每秒 20 帧的速率自动循环播放
animation.ipython_display(fps = 20, loop = True, autoplay = True)
#将动画保存为 GIF 格式的图片
animation.write_gif('3dsurface.gif', fps = 10) #保存动画到 GIF 文件
```

运行上述示例代码,可看到一个 3D 曲面逐渐生成的动画。因为书中无法直接展示动画,故用图 10-7 所示的 3D 示例截图来代替显示。动画演示效果可参见本书配套的电子资源。

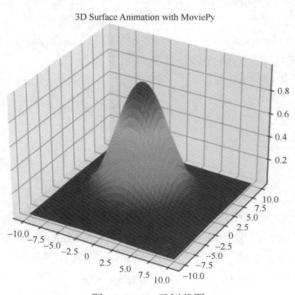

图 10-7　3D 示例截图

## 10.4 基于 Manim 的动画

Manim 是一个数学动画引擎,用于以编程的方式创建精确的动画。它可以用来制作各种数学和计算机科学动画,包括几何、代数、微积分、抽象代数、物理学、概率和统计学等。Manim 提供了一组用于在动画中构建和操作几何图形的工具,可以让用户轻松地制作各种复杂的动画。

### 10.4.1 Manim 的安装与运行

Manim 的安装命令如下。

```
pip install manim -i 安装包镜像源地址
```

安装好 Manim 后,我们可以通过在 Anaconda 控制台中运行以下命令来渲染动画。

```
manim example_scenes.py ExampleScene -p
```

其中,example_scenes.py 是包含动画代码的文件,ExampleScene 是要渲染的动画的类名称,-p 参数表示要在渲染完成后播放生成的动画视频。

要想创建自己的动画,我们需要编写 Python 代码来定义场景和动画,然后使用 Manim 的 API 来渲染它们。关于 Manim 的使用,其相关官方文档中有详细的说明,读者可以查阅以获得更多的信息。

总之,Manim 是一个强大的工具,可以帮助我们创建复杂的数学动画。它的使用可能有一个学习的过程,但是一旦我们掌握了它,就可以创建出非常不错的动画。

### 10.4.2 基于 Manim 的动画示例

下面是一个简单的 Manim 动画程序(保存文件名为 ManimDemo1.py),用于创建一个圆形和正方形的动态显示动画,示例代码及其说明如下。

```
from manim import *

class MyScene(Scene):
    def construct(self):
        circle = Circle()
        square = Square()
        self.add(circle)
        self.add(square)
        self.play(Create(circle), Create(square))
```

首先,在代码的开头,使用 from manim import *导入 Manim 库中的所有内容。然后,创建一个名为 MyScene 的场景类,该类继承自 Manim 的 Scene 类。在场景类中,实现一个 construct 方法,该方法是场景中所有动画的主要实现方法。

在 construct 方法中,首先创建一个圆形和一个正方形,将它们添加到场景中。然后调用

play 方法，播放动画。要想运行这个程序，需要在命令行中进入程序所在的目录（例如"C:\Test"），然后执行以下命令。

```
manim ManimDemo1.py MyScene -p
```

这样，Manim 就会自动生成动画，并将其保存到指定的输出目录中（例如，本例中的"C:\Test\media\videos\ManimDemo1\1080p60\MyScene.mp4"），并自动播放该动画视频。

下面是一个较为复杂的基于 Manim 生成数学动画的例子，它实现了一个圆点绕圆周运动，并画出正弦曲线的场景。示例代码如下。

```
from manim import *
class SineCurveUnitCircle(Scene):

    def construct(self):  #类的构造函数
        self.show_axis()  #显示坐标轴
        self.show_circle()  #显示圆形
        self.move_dot_and_draw_curve()  #移动圆周上的点并画出正弦曲线
        self.wait()  #等待

    '''
    show_axis()函数用于在三维坐标系中显示 x、y 轴。在函数中，通过使用 NumPy 数组来定义
    x 轴和 y 轴的起点和终点，并使用 Line 类来定义 x、y 轴。最后，通过调用 self.add()函数
    来添加这些坐标轴到坐标系中。此外，这段代码还定义了坐标原点的坐标及曲线的起点坐标
    '''
    def show_axis(self):
        x_start = np.array([-6, 0, 0])
        x_end = np.array([6, 0, 0])

        y_start = np.array([-4, -2, 0])
        y_end = np.array([-4, 2, 0])

        x_axis = Line(x_start, x_end)
        y_axis = Line(y_start, y_end)

        self.add(x_axis, y_axis)

        self.origin_point = np.array([-4, 0, 0])   #圆点坐标
        self.curve_start = np.array([-3, 0, 0])    #曲线起始位置


    def show_circle(self):
        circle = Circle(radius = 1)
        circle.move_to(self.origin_point)
        self.add(circle)
        self.circle = circle
    '''
    move_dot_and_draw_curve()方法用于移动圆周上的一个圆点并画出正弦曲线。
    该方法使用了一个更新函数 go_around_circle()来移动圆点，并使用 always_redraw()
```

辅助方法在每帧动画中重新绘制圆点到圆心的连线、圆点到曲线的连线及曲线。
在动画结束后，圆点的更新函数被移除
'''
```python
    def move_dot_and_draw_curve(self): #移动圆周上的一个圆点并画出正弦曲线
        orbit = self.circle
        origin_point = self.origin_point

        dot = Dot(radius = 0.08, color = YELLOW)
        dot.move_to(orbit.point_from_proportion(0))
        self.t_offset = 0
        rate = 0.25

        def go_around_circle(mob, dt):
            self.t_offset += (dt * rate)
            # print(self.t_offset)
            mob.move_to(orbit.point_from_proportion(self.t_offset % 1))

        def get_line_to_circle():
            return Line(origin_point, dot.get_center(), color = BLUE)

        def get_line_to_curve():
            x = self.curve_start[0] + self.t_offset * 4
            y = dot.get_center()[1]
            return Line(dot.get_center(), np.array([x, y, 0]),
                        color = YELLOW_A, stroke_width = 2 )
```
'''
这段代码创建了一个空的 VGroup，然后将一条从起点(self.curve_start)到另一个起点的直线添加到该 VGroup 中。VGroup 是 Manim 中的一个类，它可以将多个对象组合在一起，并作为一个单独的对象进行操作。
因此，这段代码创建了一条从一个起点到另一个起点的直线，并将其添加到 VGroup 中
'''
```python
        self.curve = VGroup()
        self.curve.add(Line(self.curve_start, self.curve_start))

        def get_curve():
            last_line = self.curve[-1]
            x = self.curve_start[0] + self.t_offset * 4
            y = dot.get_center()[1]
            new_line = Line(last_line.get_end(), np.array([x, y, 0]), color = YELLOW_D)
            self.curve.add(new_line)

            return self.curve
```
'''
通过更新函数实现一个对象跟随另一个对象的运动而运动的效果，也就是将一个对象的值绑定到另一个对象身上。
此处是指圆点做圆周运动
'''
```python
        dot.add_updater(go_around_circle)
```

```
#绘制圆点到圆心的连线
origin_to_circle_line = always_redraw(get_line_to_circle)
dot_to_curve_line = always_redraw(get_line_to_curve)  #绘制圆点到曲线的连线
sine_curve_line = always_redraw(get_curve)  #绘制正弦曲线

self.add(dot)  #添加定义的圆点到场景中
#添加圆、原点到圆周的连线、圆点到曲线之间的连线及正弦曲线到场景中
self.add(orbit, origin_to_circle_line, dot_to_curve_line, sine_curve_line)
self.wait(8.5)
dot.remove_updater(go_around_circle)  #解除绑定
```

在 construct() 方法中，它先显示 x 轴和 y 轴，然后显示一个圆形。接着，它使用 move_dot_and_draw_curve() 方法来移动圆周上的一个点并画出正弦曲线。该方法使用了一个更新函数 go_around_circle() 来移动这个点，并使用 always_redraw() 方法在每帧动画中重新绘制圆点到圆心的连线、圆点到曲线的连线及正弦曲线本身。在动画结束后，圆点的更新函数被移除。

运行上述示例代码，可看到一个绕圆周运动的点及一条正在逐渐生成的正弦曲线的动画。因在书中无法直接展示动画，故用图 10-8 所示的 Manim 生成正弦曲线示例截图来代替显示。动画演示效果可参见本书配套的电子资源。

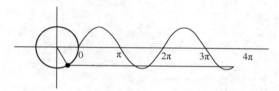

图 10-8　Manim 生成正弦曲线示例截图

在数学动画中，经常会出现各种数学公式，而 Manim 可以在屏幕上渲染 LaTeX 文本。为了正确显示公式文本，我们需要在本机上预先安装支持 LaTeX 语法的相关软件。LaTeX 是一种基于 TeX 的排版系统，由美国计算机科学家莱斯利·兰伯特在 20 世纪 80 年代初开发。利用这种格式，用户可在很短的时间内生成很多高质量的印刷品文档。因此，它非常适用于生成高印刷质量的科技和数学类文档，特别是在处理复杂的数学公式时非常方便。

本书采用 TeXLive 软件来实现对 LaTeX 的支持。从其官方网址（请参见本书配套电子资源）下载对应操作系统的最新版本的安装文件（本书采用的是 TeXLive 2022）后，按照提示逐步完成安装即可。TeXLive 安装完成后，将其安装目录下的 bin 子目录置于系统环境变量 Path 中即可。安装设置完成后，打开系统控制台分别输入以下命令来获取软件安装的相关信息。

```
tex -v
latex -v
xelatex -v
pdflatex -v
```

若看到的版本信息能够正常输出，则表明 TeX Live 软件安装正确。以 TeXLive 2022 为例，其对应上述命令的输出信息如下。

```
C:\>tex -v
TeX 3.141592653 (TeX Live 2022)
kpathsea version 6.3.4
Copyright 2022 D.E. Knuth.
There is NO warranty.  Redistribution of this software is
covered by the terms of both the TeX copyright and
the Lesser GNU General Public License.
For more information about these matters, see the file
named COPYING and the TeX source.
Primary author of TeX: D.E. Knuth.


C:\>latex -v
pdfTeX 3.141592653-2.6-1.40.24 (TeX Live 2022)
kpathsea version 6.3.4
Copyright 2022 Han The Thanh (pdfTeX) et al.
There is NO warranty.  Redistribution of this software is
covered by the terms of both the pdfTeX copyright and
the Lesser GNU General Public License.
For more information about these matters, see the file
named COPYING and the pdfTeX source.
Primary author of pdfTeX: Han The Thanh (pdfTeX) et al.
Compiled with libpng 1.6.37; using libpng 1.6.37
Compiled with zlib 1.2.11; using zlib 1.2.11
Compiled with xpdf version 4.03

C:\>xelatex -v
XeTeX 3.141592653-2.6-0.999994 (TeX Live 2022)
kpathsea version 6.3.4
Copyright 2022 SIL International, Jonathan Kew and Khaled Hosny.
There is NO warranty.  Redistribution of this software is
covered by the terms of both the XeTeX copyright and
the Lesser GNU General Public License.
For more information about these matters, see the file
named COPYING and the XeTeX source.
Primary author of XeTeX: Jonathan Kew.
Compiled with ICU version 70.1; using 70.1
Compiled with zlib version 1.2.11; using 1.2.11
Compiled with FreeType2 version 2.11.1; using 2.11.1
Compiled with Graphite2 version 1.3.14; using 1.3.14
Compiled with HarfBuzz version 3.4.0; using 3.4.0
Compiled with libpng version 1.6.37; using 1.6.37
Compiled with pplib version v2.05 less toxic i hope
Compiled with fontconfig version 2.13.96; using 2.13.96

C:\>pdflatex -v
pdfTeX 3.141592653-2.6-1.40.24 (TeX Live 2022)
kpathsea version 6.3.4
Copyright 2022 Han The Thanh (pdfTeX) et al.
```

```
There is NO warranty.  Redistribution of this software is
covered by the terms of both the pdfTeX copyright and
the Lesser GNU General Public License.
For more information about these matters, see the file
named COPYING and the pdfTeX source.
Primary author of pdfTeX: Han The Thanh (pdfTeX) et al.
Compiled with libpng 1.6.37; using libpng 1.6.37
Compiled with zlib 1.2.11; using zlib 1.2.11
Compiled with xpdf version 4.03
```

Manim 中的 LaTeX 文本对象是 tex_mobject，而非 LaTeX 文本对象是 text_mobject。如果没有公式的显示需求，则使用 text_mobject 的 Text 类，这是比较简单的文本添加方式。如果文本内容中包含数学公式，则需要使用 LaTeX 文本类 tex_mobject，它包含 Title、TextMobject、TexSymbol、TexMobject、Tex、SingleStringMathTex、MathTex 和 BulletedList 这 8 个子类。

例如，我们用 text_mobject 的子类 Text 来生成简单的示例文本，用 tex_mobject 的 Tex 子类和 MathTex 来生成 LaTeX 格式的数学公式。示例代码如下。

```
class LaTeXDemo(Scene):
    def construct(self):
        #设置示例文本字号大小为72，且颜色为黄色，注意代表颜色的单词要全部大写
        tex1 = Text(r"LaTeX  Demo in Manim", font_size = 72, color = YELLOW)
        #设置文本位置在最上方，且偏移位置为1
        tex1.to_edge(UP, buff = 1)
        self.add(tex1)    #添加渲染的文本tex1
        self.wait(1)      #延时等待

        #生成公式 $x^2 + y^2 = z^2$，并设置字号为96，显示颜色为红色
        tex2 = Tex(r'$x^2 + y^2 = z^2$', font_size = 96, color = RED)
        #设置该公式位于tex1文本下方，且偏移位置为1
        tex2.next_to(tex1, DOWN, buff = 1)
        #生成公式 $(a+b)^2 = a^2 + b^2 + 2ab$，并设置字号为96，显示颜色为蓝色
        tex3 = MathTex(r'(a + b)^2 = a^2+b^2+2ab', font_size = 96, color = BLUE)
        #设置该公式位于tex2下方，且偏移位置为1
        tex3.next_to(tex2, DOWN, buff = 1)
        self.add(tex2)    #添加渲染的公式文本tex2
        self.wait(1)      #延时等待
        self.add(tex3)    #添加渲染的公式文本tex3
        self.wait(1)      #延时等待
```

在以上示例中，我们用 3 种方式生成了 3 种不同颜色的文本。其中，用 Text() 方法生成了普通文本，用 Tex() 生成了第 1 个数学公式，用 MathTex() 生成了第 2 个数学公式。Tex() 和 MathTex() 对公式文本的封装方式稍有不同，默认情况下，传递给 MathTex() 的所有内容都处于数学模式，而在 Tex() 方法中使用$符号来对公式文本进行封装则可以实现类似的效果。例如，以下两条语句生成公式的效果等同。

```
MathTex(r'x^2 + y^2 = z^2')     #原始字符串即公式文本
Tex(r'$x^2 + y^2 = z^2$')       #使用$符号封装的公式文本
```

值得注意的是，我们在示例代码中对字符串的定义使用的是原始字符串（r'…'），而不是

常规字符串（'…'），这是因为 TeX 代码使用了许多特殊字符，例如"\"，而它在 Python 字符串中具有特殊含义。另一种处理"\"字符的方法是用"\\"来避免歧义，例如，Tex（'\\ LaTeX'）。

运行上述示例代码，可看到 3 行文本依次显示的动画。因在书中无法直接展示动画，故用图 10-9 所示的 Manim 生成 LaTeX 文本示例截图来代替显示。动画演示效果可参见本书配套的电子资源。

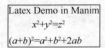

图 10-9　Manim 生成 LaTeX 文本示例截图

基于 LaTeX，我们可以生成各种非常复杂的数学公式，不过其语法不是本书要介绍的内容，读者可通过网络上提供的丰富资料自行学习。我们通过以下示例对其强大的功能进行验证。以下示例代码所展示的稍复杂的数学公式是导数的乘法运算法则。

```
class MathEquationDemo(Scene):
    def construct(self):
        '''
        定义导数运算数学公式：$\frac{d}{dx}f(x)g(x)=f(x)\frac{d}{dx}g(x)+g(x)\frac{d}{dx}f(x)$，并设置其字体大小为 44，颜色为蓝色
        '''
        text = MathTex(
            "\\frac{d}{dx}f(x)g(x) = ",
            "f(x)\\frac{d}{dx}g(x)",
            "+"'''
            "g(x)\\frac{d}{dx}f(x)",
            color = BLUE, font_size = 44
        )
        
        self.play(Write(text)) #模拟手写方式展示数学公式
        #定义第一个大括号的范围，置于公式上方，偏移量为 0.2
        brace0 = Brace(text[0], UP, buff = 0.2)
        #定义第二个大括号的范围，置于公式上方，偏移量为 0.2
        brace1 = Brace(text[1], UP, buff = 0.2)
        #定义第三个大括号的范围，置于公式上方，偏移量为 0.2
        brace2 = Brace(text[2], UP, buff = 0.2)
        
        t0 = brace0.get_text("$(f(x)*g(x))'$")  #定义第一个大括号上面的文本内容
        t1 = brace1.get_text("$f(x)*g'(x)$")    #定义第二个大括号上面的文本内容
        t2 = brace2.get_text("$g(x)*f'(x)$")    #定义第三个大括号上面的文本内容
        
        #以从中间生长的动画效果显示第一个大括号，然后以淡入的方式显示括号上的文本
        self.play(
            GrowFromCenter(brace0),
            FadeIn(t0)
        )
        self.wait() #延时等待
```

```
#以替换转化的方式实现第一个大括号和第二个大括号之间的替换更迭动画效果
self.play(
    ReplacementTransform(brace0, brace1),
    ReplacementTransform(t0, t1)
)

self.wait()#延时等待

#以替换转化的方式实现第二个大括号和第三个大括号之间的替换更迭动画效果
self.play(
    ReplacementTransform(brace1, brace2),
    ReplacementTransform(t1, t2)
)

self.wait()#延时等待
```

运行上述示例代码，可看到导数运算公式动态展示的动画。因动画在书中无法直接展示，故用图 10-10 所示的 Manim 生成 LaTeX 数学公式示例截图来代替显示。动画演示效果可参见本书配套的电子资源。

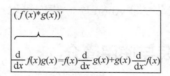

图 10-10　Manim 生成 LaTeX 数学公式示例截图

通过上述示例代码，我们演示了在场景中添加、移除或替换数学对象的效果。具体表现为以模拟手写的方式显示导数运算公式，通过淡入效果向场景添加对象，以从中间开始生长的方式显示大括号中的内容，以替换转化方法实现简单的对象"替换"动画效果等一系列操作。

# 第 11 章 基于 Python 的架构图可视化

系统架构图是一种展示软件和硬件相互关联，以及它们如何协同工作的图形化表达方式。它通常包括系统中的各种组件和它们之间的连接方式，以及它们如何与外部系统进行交互。系统架构图通常用于系统设计和开发，以帮助开发人员更好地理解系统的整体结构和功能。同时，它也可以作为沟通工具，帮助不同团队更好地协作和合作，也可以帮助开发人员将系统的各个组成部分分离出来，使每个组成部分皆可独立开发和测试，从而提高项目的整体开发效率。

在系统架构图中，软件和硬件通常被分别表示为不同的符号和形状，以便更好地区分它们的作用。此外，架构图还包括一些其他信息，例如数据流、处理流程等。

通过一个名为 Diagrams 的第三方 Python 库，我们可以绘制出很专业的系统架构图。

## 11.1 Diagrams 的安装与使用简介

Diagrams 的安装比较简单，在 Anaconda 控制台中执行以下命令即可。

```
pip install diagrams -i 镜像源地址
```

Diagrams 的图形绘制和保存功能需要通过调用 Graphviz 来实现，在此之前我们需要先安装好 Graphviz 并将其可执行文件的路径添加至系统路径之中。

安装完成后，我们可以在本机 Anaconda 对应的目录中（例如，E:\ProgramData\Anaconda3\Lib\site-packages\resources）找到绘制各种架构所需的图片元素。例如，我们绘制数据库相关的系统架构图，可以采用 AWS 的数据库架构元素图片（E:\ProgramData\Anaconda3\Lib\site-packages\resources\aws\database），如图 11-1（a）所示。

这些图片都被封装为不同的类，例如，AWS 数据库架构元素图片封装 Python 源文件，其对应的 Python 库文件如图 11-1（b）所示（Lib\site-packages\diagrams\aws\database.py）。我们可以根据类名，将其通过 import 指令导入程序中，然后生成目标架构图。当然，除了 AWS 类别的元素图片，还有其他诸多类别图片，例如，图 11-1（c）中的 Diagrams 元素图片类别目录，用户可以根据自己的喜好来选择其中的一种或多种进行组合使用，以生成美观的系统架构图。

第 11 章　基于 Python 的架构图可视化

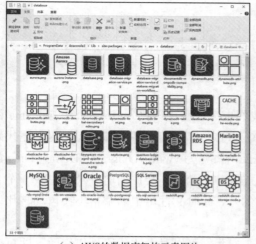

（a）AWS的数据库架构元素图片

（b）AWS数据库架构元素图片对应的Python库文件

（c）Diagrams元素图片类别目录

图 11-1　Diagrams 元素图片、库文件及图片类别目录

## 11.2　Diagrams 架构图绘制对象简介

### 11.2.1　Diagrams 对象

Diagrams 是绘制架构图的主要模块，我们可以通过 Diagrams 类来创建全局架构图上下文。Diagram 构造函数的第一个参数用于设置输出架构图的文件名，例如，运行以下示例代码，将在当前工作目录下生成一个名为 "demo_diagram.png" 的文件，并用操作系统默认的图片显示工具打开展示。示例 Diagram 如图 11-2 所示。若将 "show=True" 设置为 "show=False"，则图片不会被自动打开。

图 11-2　示例 Diagrams(1)

```
from diagrams import Diagram #导入Diagrams库
#导入Azure图库中的数据库类别图形
from diagrams.azure.database import SQLDatawarehouse as DW
#输出文件图片名会自动将大写字母转为小写，空格转为下画线，并默认输出PNG格式的图片
with Diagram("Demo Diagram", show = True) as diag:
    DW("database")
```

Diagrams 默认输出图片格式为".png"。我们也可以通过设置 outformat 和 filename 两个参数来设置输出图片的格式（例如，JPG、SVG、PDF 等）和文件名。例如，将上述代码中的 with Diagram("Demo Diagram", show=True) 替换为 with Diagram("Demo Diagram", outformat="jpg", filename="My First Diagram",show=True)，则会在当前目录中生成一个名为"My First Diagram.jpg"的图片文件。需要注意的是，此时文件名中的空格不会自动转化为下画线。

若使用 Jupyter Notebook 来运行和调试程序，我们可以对上述代码稍作修改，即可在其中显示生成的图片。示例代码如下。

```
from diagrams import Diagram
from diagrams.azure.database import SQLDatawarehouse as DW
#输出文件图片名会自动将大写字母转为小写，空格转为下画线，并默认输出PNG格式的图片
with Diagram("Demo Diagram") as diag:
    DW("database")
Diag
```

在这种情形下，将 show 参数设置为 True 或 False 对图片显示结果没有影响，因此可以直接省略。

此外，我们还可以通过设置 Graphviz 中的 graph_attr、node_attr 和 edge_attr 等属性来控制图形参数。例如，以下示例代码通过 Graphviz 的 graph_attr 设置了输出图形的字号、字体颜色及背景颜色属性等。

```
from diagrams.aws.blockchain import Blockchain
graph_attr = {
    "fontsize": "24",
    "bgcolor": "transparent",
    "fontcolor":"blue"
}
with Diagram("Example Diagram", show = False, graph_attr = graph_attr) as diag:
    Blockchain("blockchain")
diag
```

在 Jupyter Notebook 中运行上述代码，将生成图 11-3 所示的示例 Diagram 图像。

图 11-3　示例 Diagrams(2)

## 11.2.2　Nodes 对象

节点是表示单个系统组件对象的抽象概念,它是架构图的基本组成部分。一个节点对象通常由 3 个部分组成——提供者、资源类型和节点名称。例如,在以下示例代码中,Dns 表示节点名称,其提供者为 alibabacloud,资源类型为 web。我们可以通过查阅官方文档,了解更多其他类型节点的使用,例如 Azure、IBM、AWS 等。

```
from diagrams import Diagram
from diagrams.alibabacloud.web import Dns
with Diagram("Demo Diagram"):
    Dns("Critical Node")
```

定义完节点之后,我们可以通过使用以下运算符连接节点来表示数据流。

① >>：从左到右连接节点。

② <<：从右到左连接节点。

③ -：无方向连接节点。

示例代码如下。

```
#导入 Diagrams 库
from diagrams import Diagram
#导入阿里云图库中的弹性云计算服务图片
from diagrams.alibabacloud.compute import ElasticComputeService as ECS
#导入阿里云图库中的关系数据库图片
from diagrams.alibabacloud.database import RelationalDatabaseService as RDS
#导入阿里云图库中的服务器负载均衡图片
from diagrams.alibabacloud.network import ServerLoadBalancer as SLB
#导入阿里云图库中的对象存储服务图片
from diagrams.alibabacloud.storage import ObjectStorageService as OSS

#定义一个 Web Service 架构示意图
with Diagram("Web Services", show = False) as diag:
    SLB("lb") >> ECS("Web") >> RDS("userdb") >> OSS("store")
    SLB("lb") >> ECS("Web") >> RDS("userdb") << ECS("stat")
    (SLB("lb") >> ECS("Web")) - ECS("Web") >> RDS("userdb")
Diag
```

需要注意的是,架构图数据流呈现的顺序与声明顺序相反,即先声明的数据流后渲染。运行上述示例代码,将输出图 11-4 所示的 Web Service 架构。

我们也可以通过设置 direction 参数来设置图表数据流的方向,默认是从左到右（LR）。direction 参数含义如下。

① LR：从左往右。

② RL：从右往左。

③ TB：从上往下。

④ BT：从下往上。

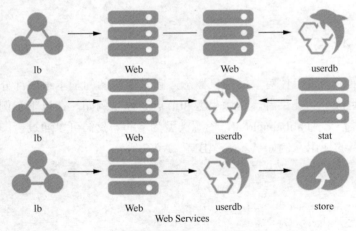

图 11-4　Web Service 架构

示例代码如下。

```
#导入Diagrams库
from diagrams import Diagram
#导入AWS图库中的弹性云计算服务图片
from diagrams.aws.compute import EC2
#导入AWS图库中的关系数据库图片
from diagrams.aws.database import RDS
#导入AWS图库中的弹性负载均衡图片
from diagrams.aws.network import ELB

#定义一个弹性云计算网络架构图，数据流方向为从下往上(BT)
with Diagram("Web Architecture", show = False, direction = "BT") as diag:
    lb = ELB("Elastic Load Balance") #弹性负载均衡
    db = RDS("Database") #数据库
    lb >> EC2("worker1") >> db
    lb >> EC2("worker2") >> db
    lb >> EC2("worker3") >> db
lb >> EC2("worker4") >> db
diag
```

运行上述示例代码，将输出图 11-5 所示的弹性云计算网络架构。

当然，我们也可以将多个节点表示为一组，即将多个节点放入一个 Python 列表中，但要注意的是，不支持列表与列表之间进行直接的连接，因为 Python 中不允许列表之间的移位/算术运算。例如，上个示例中的代码可修改如下。

```
from diagrams import Diagram
from diagrams.aws.compute import EC2
from diagrams.aws.database import RDS
from diagrams.aws.network import ELB

with Diagram("Web Architecture", show = False, direction = "BT") as diag:
    ELB("Load Balance") >> [EC2("worker1"),
```

```
                    EC2("worker2"),
                    EC2("worker3"),
                    EC2("worker4")] >> RDS("Database")
Diag
```

运行上述代码，将输出同样的结果，即如图 11-5 所示的架构。

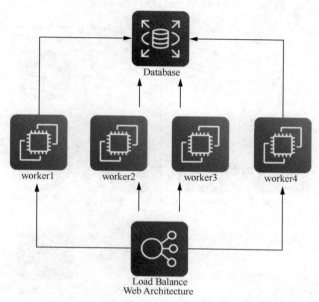

图 11-5　弹性云计算网络架构

### 11.2.3　Clusters 对象

通过使用 Cluster 类创建集群上下文，我们可以将部分节点进行聚合构成一个集群，并与其他节点隔离，还可以将集群中的节点连接到集群之外的其他节点。示例代码如下。

```
from diagrams import Cluster, Diagram
from diagrams.aws.compute import ECS
from diagrams.aws.database import RDS
#导入 AWS 图库中的网络路由器图片
from diagrams.aws.network import Route53

#定义一个基于云计算的数据库集群架构图
with Diagram("Cluster Demo", show = False) as diag:
    dns = Route53("DNS") #路由器
    web = ECS("Cloud Service") #弹性云计算

    #定义一个数据库集群，第一个值默认为集群名称，例如本例中的 db_primary
    with Cluster("Database Cluster"):
        db_primary = RDS("Primary Database")
        db_primary - [RDS("Replica1"),
```

```
                    RDS("Replica2"),
                    RDS("Replica3")]
    #设置数据流方向
    dns >> web >> db_primary
diag
```

运行上述示例代码,将输出图 11-6 所示的数据库集群架构。

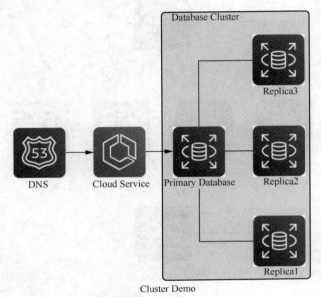

图 11-6　数据库集群架构

Cluster 类也支持创建嵌套集群,也就是在集群中创建一个或多个其他集群。示例代码如下。

```
from diagrams import Cluster, Diagram
from diagrams.aws.compute import ECS
from diagrams.aws.database import RDS
from diagrams.aws.network import ELB
from diagrams.aws.network import Route53
#导入 AWS 图库中的弹性数据缓存服务图片
from diagrams.aws.database import ElastiCache

'''
定义一个 Web Service 集群架构,主要包括路由服务、负载均衡服务、弹性云计算服务及后端数据库集群和数据缓存服务等
'''
with Diagram("Clustered Web Services", show = False) as diag:
    dns = Route53("DNS") #路由器
    lb = ELB("Load Balance") #负载均衡

    with Cluster("Web Services Cluster"): #定义 Web 服务集群
        svc_group = [ECS("Web1"),
                     ECS("Web2"),
                     ECS("Web3")]
```

```
    with Cluster("Backend Cluster"): #定义后端服务集群
        with Cluster("Database Cluster"):  #嵌套定义一个数据库集群
            db_primary = RDS("Primary Database")
            db_primary - [RDS("Slave"),
                          RDS("Replica1"),
                          RDS("Replica2")]

        memcached = ElastiCache("memcached") #缓存服务器

    #设置数据流方向
    dns >> lb >> svc_group
    svc_group >> db_primary
    svc_group >> memcached

diag
```

运行上述示例代码，将输出图 11-7 所示的嵌套集群架构。

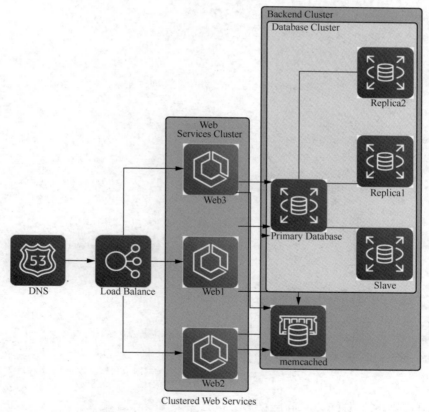

图 11-7 嵌套集群架构

## 11.2.4 Edges 对象

Diagram 的 Edges 对象用于设置节点间连接线的属性。它包含 3 个属性——标签（label）、颜色（color）和样式（style），它们对应 Graphviz 的 Edge 属性设置。

Edge 属性设置语句位于两个节点之间的数据流连接符号中，例如，以下语句将 node1 与 node2 两个节点之间的连线由默认的灰色设置为蓝色粗线条显示，并在连线旁设置标签为"link"。

```
node1>>Edge(color = "blue", style = "bold", label = "link")>>node2
```

完整的示例代码如下。

```
from diagrams import Cluster, Diagram, Edge
#导入Azure图库中诸多功能节点图片
from diagrams.azure.compute import AppServices
from diagrams.azure.mobile import AppServiceMobile
from diagrams.azure.compute import CloudServices
from diagrams.azure.database import SQLServers
from diagrams.azure.database import DatabaseForMysqlServers
from diagrams.azure.database import ElasticDatabasePools
from diagrams.azure.identity import Users
from diagrams.azure.analytics import AnalysisServices
from diagrams.azure.network import ApplicationGateway

#定义Diagram
with Diagram(name = "Cloud Based Database Analysis", show = False) as diag:
    #定义若干功能节点
    user = Users("user")
    gateway = ApplicationGateway("Gateway")
    analysis = AnalysisServices("Analytic Services")

    #定义Service集群，并设置其中的部分连接线属性
    with Cluster("Service Group"):
        svc_grp = CloudServices("Cloud Services")
        svc_grp-Edge(color = "red", style = "dashed")-[AppServices("Services"),
                                    AppServiceMobile("Mobile Services")]

    #定义Database集群，并设置其中的部分连接线属性
    with Cluster("Database Group"):
        svr_grp = ElasticDatabasePools("Database Pool")
        svr_grp-Edge(color = "red", style = "dashed")-[SQLServers("SQL Server"),
                                    DatabaseForMysqlServers("MySQL")]

    #设置数据流方向，并设置它们之间的连接线属性，包括颜色和线型及标签等
    user>>Edge(color = "blue", style = "bold")>>gateway>>Edge(color = "blue", style = "bold")>>svc_grp
    svc_grp>>Edge(color = "blue", style = "bold")>>analysis
    analysis>>Edge(color = "blue", style = "bold")>>svr_grp
diag
```

运行上述示例代码，将输出图 11-8 所示的架构图 Edges 属性设置。

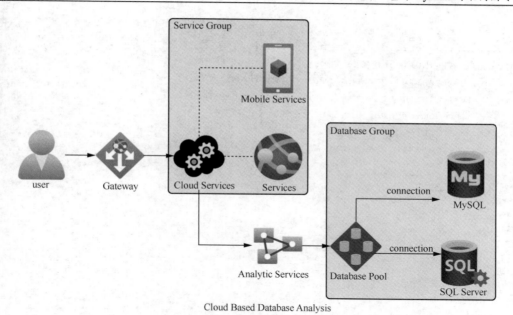

图 11-8　架构图 Edges 属性设置

## 11.3　基于 Diagrams 的架构图绘制示例

下面，我们通过一个完整的例子来演示基于 Python 的架构图的绘制。

众所周知，随着互联网等技术的快速发展，办公场所的各种设备都开始逐步接入网络，这对信息安全提出了更高的要求。此外，各重点区域位置的财产、装备、重要的文件资料、存储在各种数字媒介中的重要数据等都是需要重点保护的对象。这就需要我们建立起一套比较完整的安全监控网络系统，用于实时监控网络或主机活动、监视分析用户和系统的行为、审计系统配置和漏洞、评估敏感系统和数据的完整性、识别攻击行为，对各种异常行为进行统计和跟踪，识别违反安全法规的行为等，使管理员有效地监视、控制和评估网络或主机系统及其他相关财产的安全性。

一个安全监控网络主要包括控制中心、核心网络交换机、视频监控网络、视频数据存储阵列、数据服务器、网络防火墙等相关核心设备。这些功能设备通过安装部署与现有的办公场所、设备进行连接实现安全防护功能。下面我们通过 Python 的 Diagrams 库实现一个安全监控网络系统架构图。示例代码如下。

```
from diagrams import Cluster, Diagram, Edge
from diagrams.aws.general import Client #客户机
from diagrams.azure.identity import Groups as User #用户
from diagrams.aws.media import MediaServices as videoDecoder #视频解码器
from diagrams.onprem.compute import Server #服务器
from diagrams.azure.analytics import AnalysisServices #数据分析
from diagrams.ibm.network import Firewall #防火墙
from diagrams.azure.compute import Disks as NVR #视频数据存储
```

```python
from diagrams.generic.compute import Rack  #控制中心
from diagrams.generic.device import Mobile  #移动设备
from diagrams.generic.device import Tablet  #平板电脑
from diagrams.generic.network import Switch  #交换机
from diagrams.onprem.network import Internet  #互联网
from diagrams.ibm.general import Monitoring  #监控
from diagrams.azure.database import VirtualClusters  #控制中心
from diagrams.generic.os import Windows as TVGrid  #电视墙

#设置字体和颜色
graph_attr = {
    "fontsize": "32",
    "fontcolor":"blue"
}

#定义监控网络系统架构图
with Diagram(name = "监控网络系统架构", show = False, direction = "BT", graph_attr = graph_attr) as diag:
    with Cluster("监控器网络"):
        monitor = [Monitoring("高清监控"), Monitoring("高清监控"), Monitoring("高清监控")]
    with Cluster("办公网络"):
        pc = [Client("办公PC"), Mobile("移动办公设备"), Tablet("平板电脑")]
    with Cluster("视频存储阵列"):
        nvr = [NVR("网络录像机"), NVR ("网络录像机"), NVR ("网络录像机")]

    user = User("用户")
    sw1 = Switch("网络交换机")
    sw2 = Switch("网络交换机")
    coreRouter = Rack("核心交换机")
    server = Server("数据服务器")
    analysis = AnalysisServices("数据分析")
    firewall = Firewall("防火墙")
    internet = Internet("互联网")
    controlCenter = VirtualClusters("控制中心")
    media = videoDecoder("视频解码器")
    grid = TVGrid("电视墙")

    #设置数据流
    user-Edge(color = "black", style = "bold")-controlCenter
    controlCenter-Edge(color = "black", style = "bold")-coreRouter
    coreRouter-Edge(color = "black", style = "bold")-sw1-monitor
    sw1-Edge(color = "black", style = "bold")-media-nvr
    media-Edge(color = "black", style = "bold")-grid
    coreRouter-Edge(color = "black", style = "bold")-sw2-pc
controlCenter-Edge(color = "black", style = "bold")-server-Edge(color = "black", style = "bold")-analysis
```

```
coreRouter-Edge(color = "black", style = "bold")-firewall-Edge(color = "black",
style = "bold")-internet

diag
```

运行上述示例代码,将输出图 11-9 所示的监控网络架构。

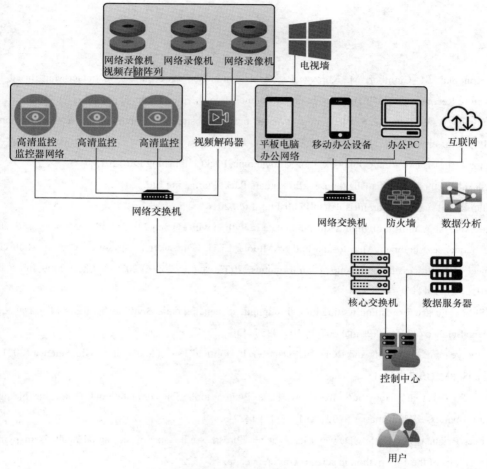

图 11-9　监控网络架构

在这个示例中,我们对 AWS、Azure、Onprem、IBM 等诸多类别图库中的图片进行组合,输出了较为美观的系统架构图。

# 参考文献

[1] B. Konopka, M. Ciombor, M. Kurczynska, et al. Automated Procedure for Contact-Map-Based Protein Structure Reconstruction[J]. The Journal of Membrane Biology, vol. 247, no. 5, pp. 409-420, 2014.

[2] A. Stivala, A. Wirth and P. Stuckey, Tableau-based protein substructure search using quadratic programming, BMC Bioinformatics, vol. 10, no. 1, p. 153, 2009.

[3] Python Data Visualization Cookbook, Igor Milovanovic, Packt Publishing Ltd., 2013.

[4] Mastering Python Data Visualization, Kirthi Raman, Packt Publishing Ltd., 2017.

[5] Python Data Analysis, Ivan Idris, Packt Publishing Ltd., 2016.

[6] Putri. Analysing high-throughput sequencing data in Python with HTSeq 2.0.,Bioinformatics,btac166, 2022.

[7] The Sequence Alignment/Map format and SAMtools. Li H, Handsaker B, Wysoker A, et al. 1000 Genome Project Data Processing Subgroup. Bioinformatics. 2009 Aug 15;25(16):2078-9. Epub 2009 Jun 8 btp352. PMID: 19505943.

[8] HTSlib: C library for reading/writing high-throughput sequencing data. Bonfield JK, Marshall J, Danecek P, et al. GigaScience (2021) 10(2) giab007. PMID: 33594436.

[9] Twelve years of SAMtools and BCFtools. Danecek P, Bonfield JK, Liddle J, et al. GigaScience (2021) 10(2) giab008. PMID: 33590861.

[10] Cock, P.J.A. et al. Biopython: freely available Python tools for computational molecular biology and bioinformatics. Bioinformatics 2009 Jun 1; 25(11) 1422-3.

[11] McFee, Brian, Colin Raffel, Dawen Liang, et al. librosa: Audio and music signal analysis in python. In Proceedings of the 14th python in science conference, pp. 18-25. 2015.

[12] Learning Geospatial Analysis with Python, Joel Lawhead, Packt Publishing Ltd., 2013.